职业教育校企合作精品教材

影视后期制作

◎ 寇义锋　刘巧玲　主　编

◎ 吴　瑞　石翠红　副主编

电子工业出版社
Publishing House of Electronics Industry
北京·BEIJING

内 容 简 介

本书以影视后期制作的工作过程为导向,内容涵盖素材管理、影视编辑、影视合成、音频处理和项目实践 5 个部分,深入浅出地讲解影视后期制作的流程及每个环节的操作要点。本书内容涉及图像、音频、视频、动画四大主要媒体,以及 Premiere Pro 2022、After Effects 2022、Audition 2022 三个软件,重点指引读者学习图形图像处理、音频制作、视频制作、动画制作的相关技术。

本书可以作为职业院校各类专业学生的教材,也可以作为多媒体技术应用培训学员的教学用书,还可以作为广大影视后期制作兴趣爱好者的学习参考教程。

未经许可,不得以任何方式复制或抄袭本书之部分或全部内容。
版权所有,侵权必究。

图书在版编目(CIP)数据

影视后期制作 / 寇义锋,刘巧玲主编. —北京:电子工业出版社,2023.8
ISBN 978-7-121-45309-0

Ⅰ.①影… Ⅱ.①寇… ②刘… Ⅲ.①视频编辑软件—中等专业学校—教材 Ⅳ.①TN94

中国国家版本馆 CIP 数据核字(2023)第 051780 号

责任编辑:罗美娜
印　　刷:天津千鹤文化传播有限公司
装　　订:天津千鹤文化传播有限公司
出版发行:电子工业出版社
　　　　　北京市海淀区万寿路 173 信箱　　　邮编:100036
开　　本:880×1 230　　1/16　　印张:16.75　　字数:354 千字
版　　次:2023 年 8 月第 1 版
印　　次:2025 年 2 月第 3 次印刷
定　　价:58.00 元

凡所购买电子工业出版社图书有缺损问题,请向购买书店调换。若书店售缺,请与本社发行部联系,联系及邮购电话:(010)88254888,88258888。

质量投诉请发邮件至 zlts@phei.com.cn,盗版侵权举报请发邮件至 dbqq@phei.com.cn。
本书咨询联系方式:(010)88254617,luomn@phei.com.cn。

河南省中等职业教育校企合作精品教材

出版说明

为深入贯彻落实《河南省职业教育校企合作促进办法（试行）》（豫政〔2012〕48号）精神，切实推进职教攻坚二期工程，编者在深入行业、企业、职业学校调研的基础上，经过充分论证，按照校企"1+1"双主编与校企编者"1∶1"的原则要求，组织有关职业学校一线骨干教师和行业、企业专家，编写了河南省中等职业学校计算机应用专业的校企合作精品教材。

这套校企合作精品教材的特点主要体现在以下方面：一是注重与行业联系，实现专业课程内容与职业标准对接，学历证书与职业资格证书对接；二是注重与企业的联系，将"新技术、新知识、新工艺、新方法"及时编入教材，使教材内容更具有前瞻性、针对性和实用性；三是反映技术技能型人才培养规律，把职业岗位需要的技能、知识、素质有机地整合到一起，真正实现教材由以知识体系为主向以技能体系为主的跨越；四是教学过程对接生产过程，充分体现了"做中学，做中教"和"做、学、教"一体化的职业教育教学特色。编者力争通过本套教材的出版和使用，为全面推行"校企合作、工学结合、顶岗实习"人才培养模式的实施提供教材保障，为深入推进职业教育校企合作做出贡献。

在这套校企合作精品教材的编写过程中，校企双方的编写人员力求体现校企合作精神，努力将教材高质量地呈现给广大师生。本次教材编写进行了创新，但是由于编者水平和编写时间所限，书中难免会存在疏漏和不足之处，敬请广大读者提出宝贵意见和建议。

河南省教育科学规划与评估院

前 言

为了实现职业教育与普通教育均衡发展，2021年以来，国家颁布和实施了一系列利好职业教育的政策，特别是2022年5月1日开始施行的新修订的《中华人民共和国职业教育法》，在宣示国家对发展职业教育的信心与决心的同时，也为职业教育发展拓宽了道路，使职业教育迎来了新的机遇。

近些年，计算机技术飞速发展，以计算机技术为基础的多媒体技术发展尤为迅猛。多媒体技术已成为信息技术领域中发展最快、应用最广的技术之一，被应用于各行各业，深刻影响和改变着人们的生活和工作。与此同时，多媒体相关领域的人才需求旺盛，成为广大有志青年奋斗的方向之一。

本书以产业发展需求为导向，以学习影视后期制作方法和应用技术为着力点，主要内容涉及Premiere Pro 2022、After Effects 2022、Audition 2022三个软件的使用，重点学习素材管理、影视编辑、影视合成、音频处理等相关技术，并进行项目实践。

项目1：素材管理。通过3个任务来说明多媒体素材的整理和Premiere Pro 2022的基本操作，并结合实例介绍如何在Premiere Pro 2022中建立序列，借此来介绍Premiere Pro 2022的基本知识和操作步骤。

项目2：影视编辑。通过5个具体的任务，介绍Premiere Pro 2022的进阶知识和操作技巧，使读者能够熟练使用该软件进行视频素材的剪辑、视频转场特效的运用、视频效果的运用、简单字幕的制作、音视频的合成，并最终输出影视成品文件。

项目3：影视合成。通过8个具体的任务，介绍After Effects 2022的各种基础知识和操作技巧，使读者能够熟练操作并使用该软件创建合成项目，导入素材并进行编辑管理，如制作关键帧动画、创建摄像机动画、创建三维空间效果、创建字幕特效、完成后期调色和键控抠像等，并最终输出影视特效成品文件。

项目4：音频处理。虽然Premiere Pro 2022和After Effects 2022中都包含了音频编辑、混

音和录制工具，但它们并没有提供用于复杂音频编辑的工具，因此在需要编辑相对复杂的音频文件时可以借助于专业的音频制作软件 Audition 2022。本项目通过两个具体任务来讲解音频处理的基础知识和操作技巧。

项目 5：项目实践。通过项目实践，使读者掌握对软件的综合使用能力，并且在熟练的基础上达到培养和训练创作能力的目的。

本书具有以下特色：

1. 在编写过程中，深入贯彻并落实习近平总书记关于职业教育工作和教材工作的重要指示批示精神，全面贯彻党的教育方针，落实立德树人根本任务，突显职业教育类型特色，坚持从岗位需求出发，理论结合实践，将企业用人标准作为教学标准。使用本书进行教学可以推进影视后期制作的教学与产业发展、社会应用的紧密结合，为培养影视后期制作人才创造良好的环境，促进人才培养质量的提升。

2. 贯穿核心素养。本书以提高实际操作能力、培养核心素养为目的，强调动手能力和创新能力，增强职业意识，提升职业素养。

3. 提炼各类媒体的制作与应用技法，不同于以软件为中心的大而全的学习，而是以岗位对专业技能的需求为出发点，以解决问题为目标，构造情景，生成任务，并以任务驱动的方式组织内容。

4. 提供丰富的教学资源与学习资源，为教师提供参考，为学生提供方便。本书配套资源包括项目素材、项目源文件、习题解答、部分教学视频、教案、教学课件等。

本书教学时长建议为 80 学时，在教学过程中可参考以下课时分配表。

项　目	项目内容	课时分配		
		讲　授	实　训	合　计
项目 1	素材管理	2	2	4
项目 2	影视编辑	6	14	20
项目 3	影视合成	10	30	40
项目 4	音频处理	2	2	4
项目 5	项目实践	2	10	12

本书由河南省教育科学规划与评估院组编，由寇义锋、刘巧玲担任主编，吴瑞、石翠红担任副主编，冯园园、周路参与编写。

由于编者水平所限，书中难免存在瑕疵之处，敬请读者批评指正。

编　者

目 录

项目1 素材管理 1
 项目目标 1
 项目描述 1

任务1 素材整理 1
 任务目标 1
 任务描述 1
 任务分析 1
 操作步骤 2
 相关知识 7

任务2 创建一个新的 Premiere Pro 2022
   项目 10
 任务目标 10
 任务描述 10
 任务分析 10
 操作步骤 10
 相关知识 13

任务3 Premiere Pro 2022 素材的导入 18
 任务目标 18
 任务描述 18
 任务分析 18
 操作步骤 19

项目2 影视编辑 24
 项目目标 24
 项目描述 24

任务1 视频素材的剪辑 24
 任务目标 24
 任务描述 24
 任务分析 24
 操作步骤 25
 相关知识 31

任务2 视频转场特效的运用 33
 任务目标 33
 任务描述 33
 任务分析 33
 操作步骤 33
 相关知识 38

任务3 视频效果的运用 61
 任务目标 61
 任务描述 61
 任务分析 61
 操作步骤 61
 相关知识 67

任务4 简单字幕的制作 98
 任务目标 98
 任务描述 98
 任务分析 98
 操作步骤 98
 相关知识 102

任务5 音视频的合成 107
 任务目标 107
 任务描述 107

　　　　任务分析 107
　　　　操作步骤 107
　　　　相关知识 110

项目3　影视合成 111

　　项目目标 111
　　项目描述 111

　任务1　基础动画的制作 111
　　　　任务目标 111
　　　　任务描述 111
　　　　任务分析 112
　　　　操作步骤 112
　　　　相关知识 115

　任务2　创建三维合成 121
　　　　任务目标 121
　　　　任务描述 122
　　　　任务分析 122
　　　　操作步骤 122
　　　　相关知识 126

　任务3　摄像机运动效果 134
　　　　任务目标 134
　　　　任务描述 134
　　　　任务分析 135
　　　　操作步骤 135
　　　　相关知识 138

　任务4　运动跟踪效果 146
　　　　任务目标 146
　　　　任务描述 146
　　　　任务分析 146
　　　　操作步骤 146
　　　　相关知识 149

　任务5　蒙版动画 153
　　　　任务目标 153
　　　　任务描述 153
　　　　任务分析 153
　　　　操作步骤 153
　　　　相关知识 159

　任务6　字幕特效 165
　　　　任务目标 165
　　　　任务描述 166
　　　　任务分析 166
　　　　操作步骤 166
　　　　相关知识 170

　任务7　色彩调整 178
　　　　任务目标 178
　　　　任务描述 178
　　　　任务分析 178
　　　　操作步骤 178
　　　　相关知识 182

　任务8　键控抠像 188
　　　　任务目标 188
　　　　任务描述 189
　　　　任务分析 189
　　　　操作步骤 189
　　　　相关知识 194

项目4　音频处理 203

　　项目目标 203
　　项目描述 203

　任务1　波形编辑器 203
　　　　任务目标 203
　　　　任务描述 203
　　　　任务分析 204
　　　　操作步骤 204
　　　　相关知识 212

　任务2　多轨混音的制作 217
　　　　任务目标 217
　　　　任务描述 217
　　　　任务分析 217
　　　　操作步骤 218
　　　　相关知识 220

项目5　项目实践 222

　　项目目标 222
　　项目描述 222

任务1 栏目包装——《校园摄影》
片头 222
　　任务目标 222
　　任务描述 222
　　任务分析 223
　　操作步骤 223
　　相关知识 229

任务2 遮罩动画——《水墨江山》 232
　　任务目标 232
　　任务描述 232
　　任务分析 233
　　操作步骤 233
　　相关知识 239

任务3 《校园掠影》片头 240
　　任务目标 240
　　任务描述 241
　　任务分析 241
　　操作步骤 241
　　相关知识 248

任务4 三维文字动画 249
　　任务目标 249
　　任务描述 249
　　任务分析 249
　　操作步骤 250
　　相关知识 254

项目 1　素材管理

项目目标

- 了解素材搜集、整理的方法。
- 掌握影视后期常用的多媒体格式，了解音视频格式的转换方法。
- 掌握 Premiere Pro 2022 的基本操作。

项目描述

本项目通过 3 个任务来说明多媒体素材的整理和 Premiere Pro 2022 的基本操作，并结合实例来介绍如何在 Premiere Pro 2022 中新建序列，以此理解 Premiere Pro 2022 的基本概念和操作步骤。

任务 1　素材整理

任务目标

- 了解常用多媒体素材的格式。
- 掌握多媒体素材整理的方法。
- 掌握音视频格式的转换方法。

任务描述

开始多媒体制作前，首先要进行素材的搜集和整理。本任务先介绍媒体素材的整理方法，再介绍音视频格式的转换方法。

任务分析

随着影视节目、影视广告制作技术的不断进步和视频存储、处理技术的飞速发展，影视后期制作已经成为影视节目制作过程中极其重要也是最为复杂的一个环节。在开始影视后期制作之前，素材的搜集和整理尤为重要。

操作步骤

1. 素材的搜集

近年来随着多媒体技术的飞速发展，视频、音频、动画、图形、图像、文字等各种多媒体素材被越来越多地应用到了影视后期的制作中。

获取素材的方法有自己采集、网上下载等。

2. 文件夹的创建

获取素材后，为了在使用过程中能够快速找到，需要将种类繁多的素材按照类别分别存放。下面以 Premiere 素材的存放规则为例向读者介绍素材文件夹的创建方法。

（1）打开"我的电脑"窗口，在 E 盘新建"素材文件"文件夹，如图 1.1 所示。

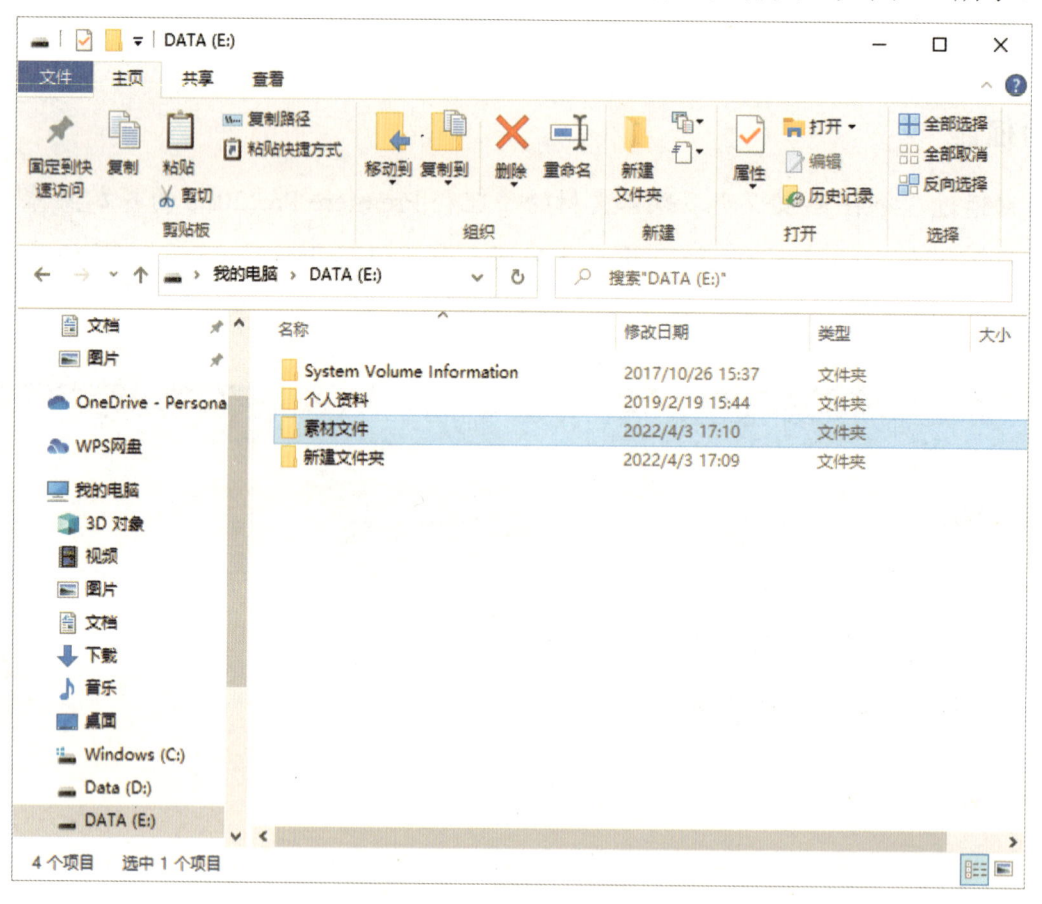

图 1.1　新建"素材文件"文件夹

（2）在"素材文件"文件夹中分别创建所用软件（如 Premiere、After Effects、Photoshop 等）的素材文件夹，如图 1.2 所示。

项目1 素材管理

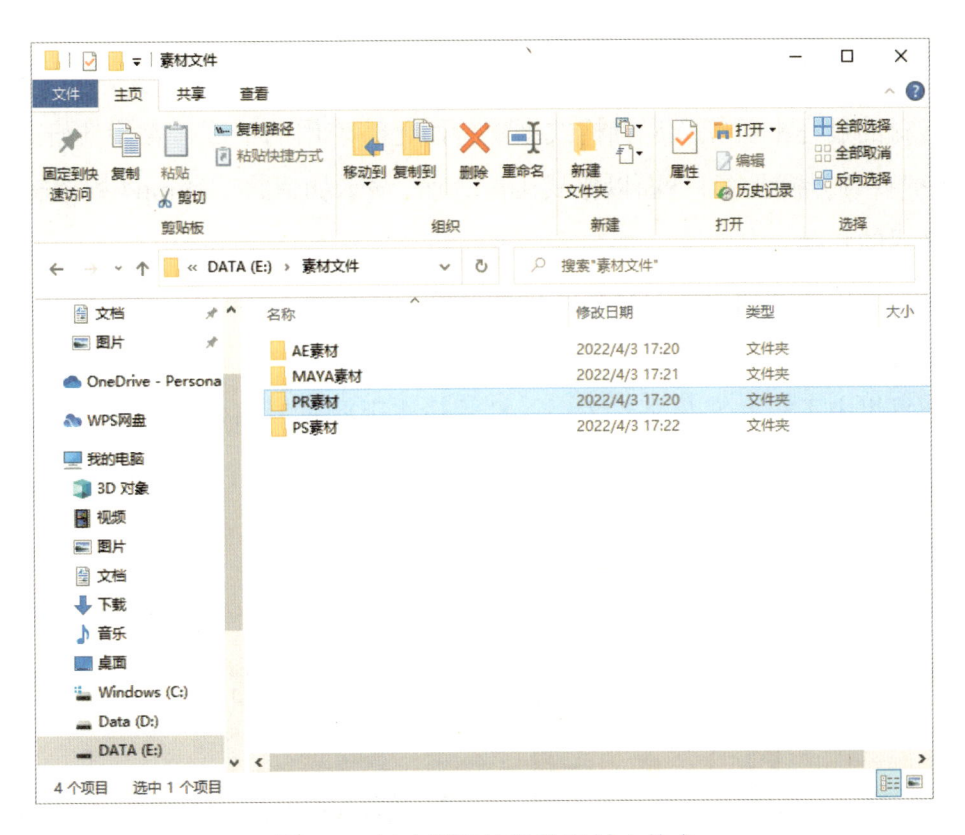

图1.2 创建所用软件的素材文件夹

（3）下面以 PR 素材为例，在"PR 素材"文件夹中创建不同格式素材的文件夹，如"图像素材"文件夹、"视频素材"文件夹、"音频素材"文件夹等，如图 1.3 所示。

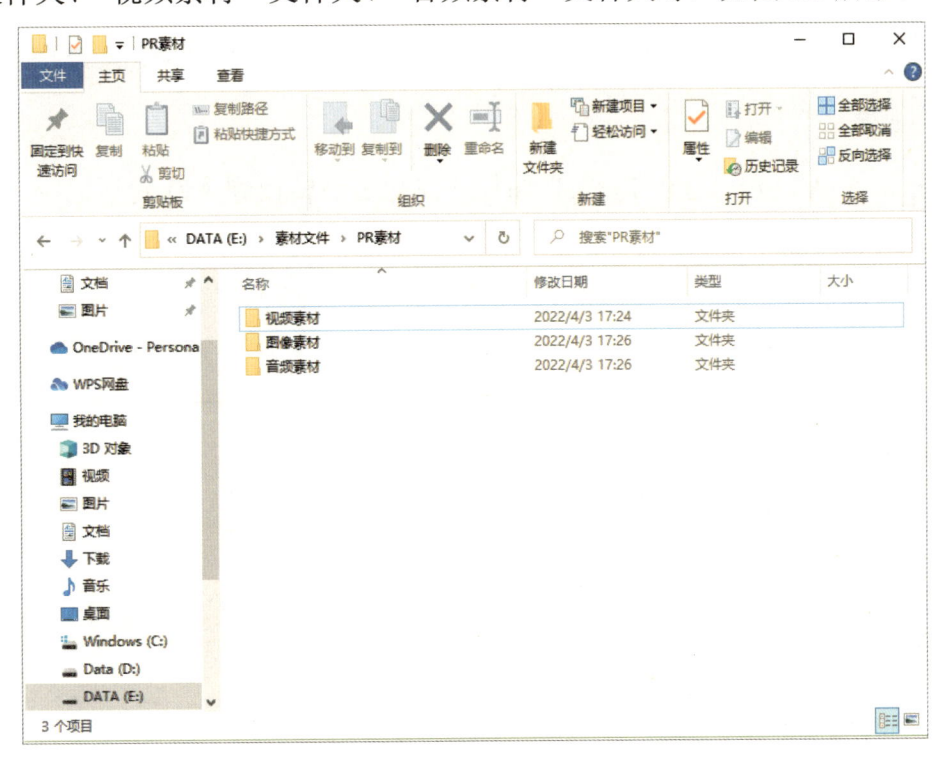

图1.3 创建不同格式素材的文件夹

3

3. 音视频格式的转换

在使用素材的过程中可能会遇到格式不支持而无法使用的情况，常用的格式转换软件有格式工厂、迅捷视频转换器等。下面以格式工厂为例，演示如何将 rain.mp4 视频转换为 rain.avi 视频，完成格式的转换。

格式工厂是一款多功能的多媒体格式转换软件，适用于 Windows 操作系统。它可以实现大多数视频、音频及图像等不同格式之间的相互转换。

（1）在计算机中下载并安装格式工厂，打开格式工厂主界面，单击需要转换的视频格式的图标，如图 1.4 所示。

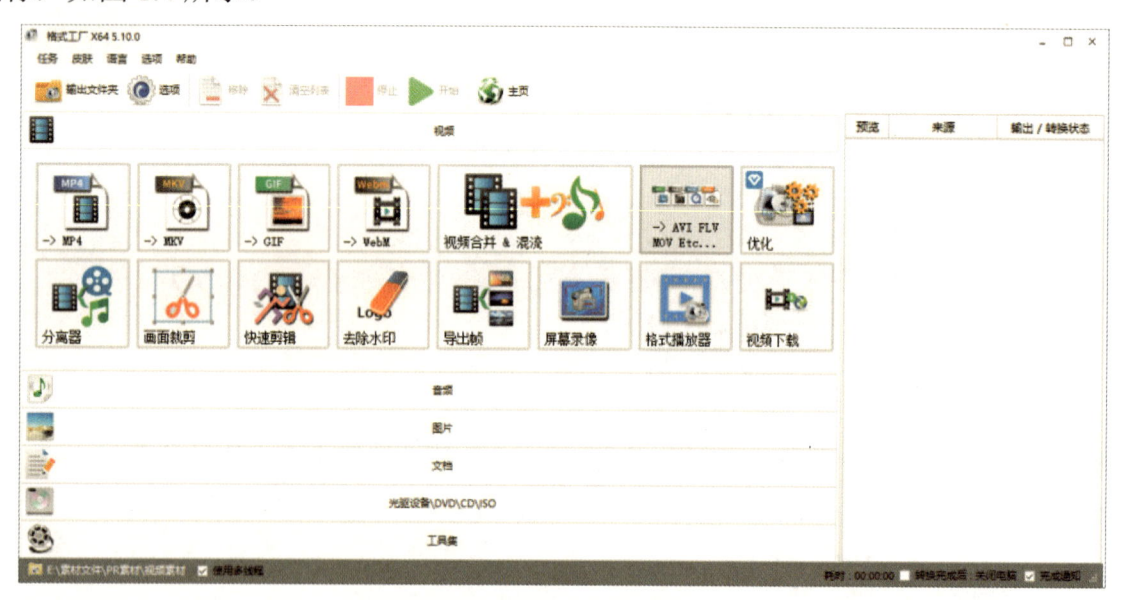

图 1.4　格式工厂主界面

（2）单击"->AVI FLV MOV Etc…"图标，在弹出的转换到 AVI 对话框中，将"输出格式"设置为"AVI"，如图 1.5 所示。

图 1.5　转换到 AVI 对话框

（3）单击"添加文件"按钮，弹出"请选择文件"对话框，选择"rain.mp4"素材，如图 1.6 所示。

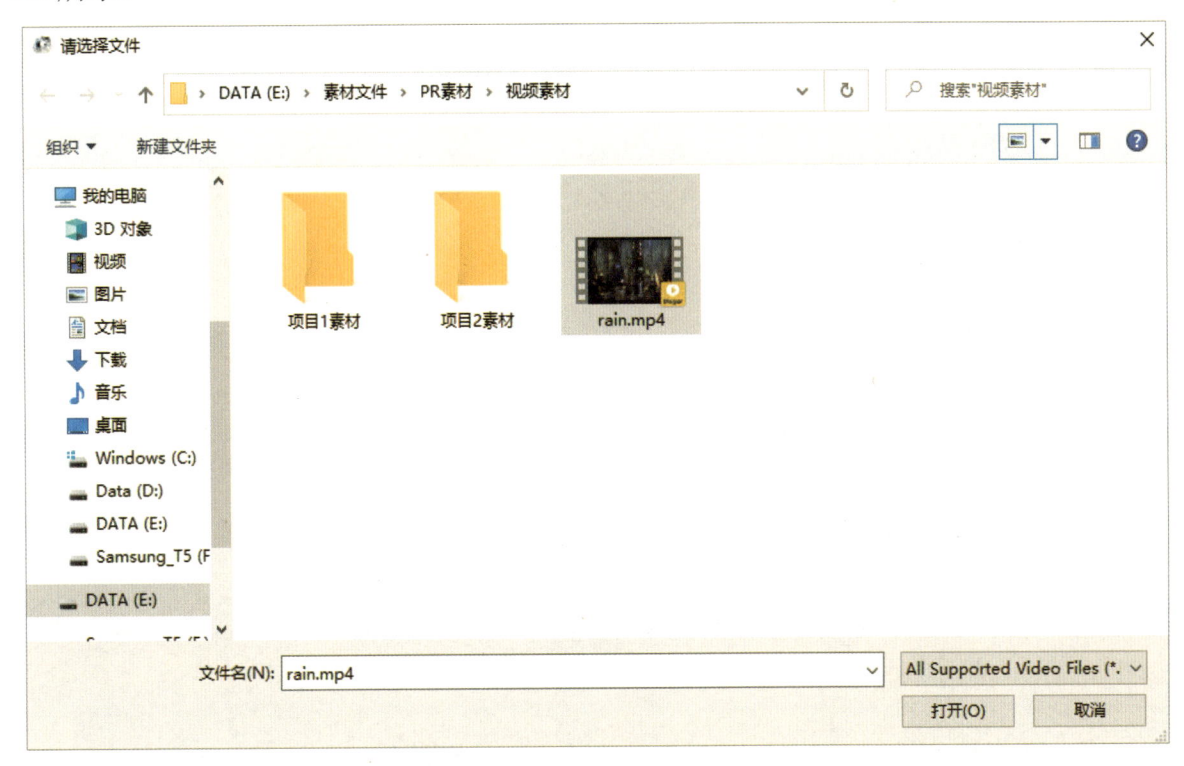

图 1.6 "请选择文件"对话框

（4）单击"打开"按钮，在转换到 AVI 对话框中显示已经添加的文件，如图 1.7 所示。

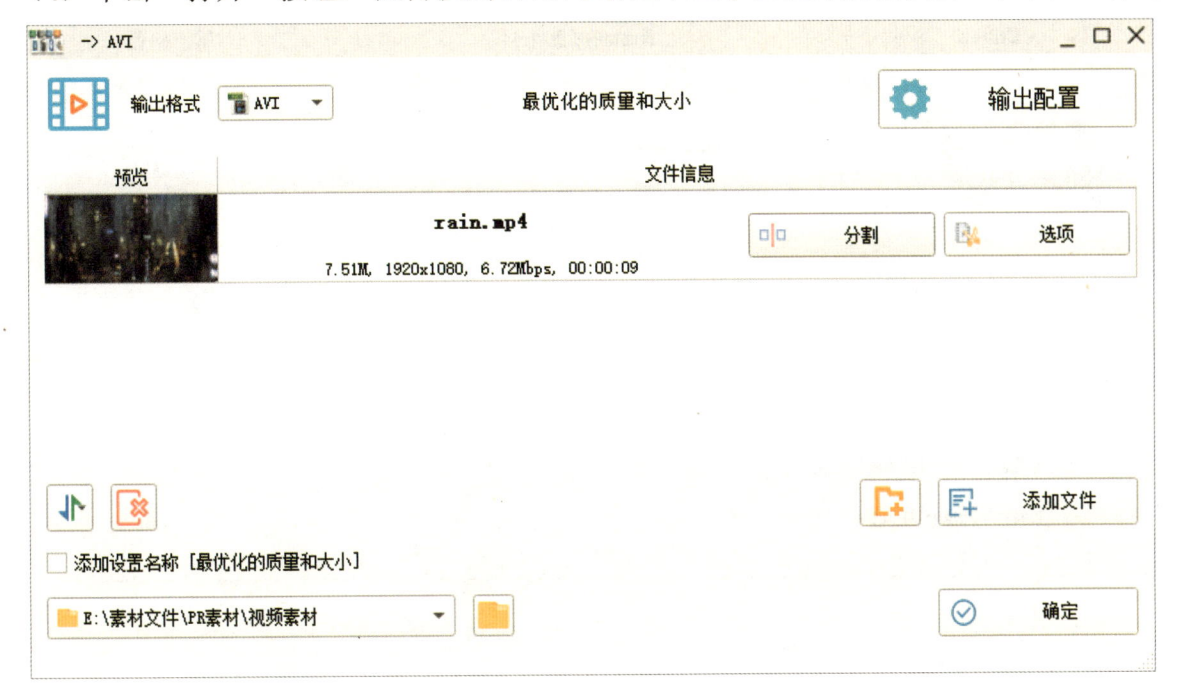

图 1.7 已添加的文件

(5)单击图1.7左下角的■按钮,弹出"Please select folder"(选择文件夹)对话框,选择相应文件夹,单击"选择文件夹"按钮,更改生成的AVI视频文件输出的位置,如图1.8所示。

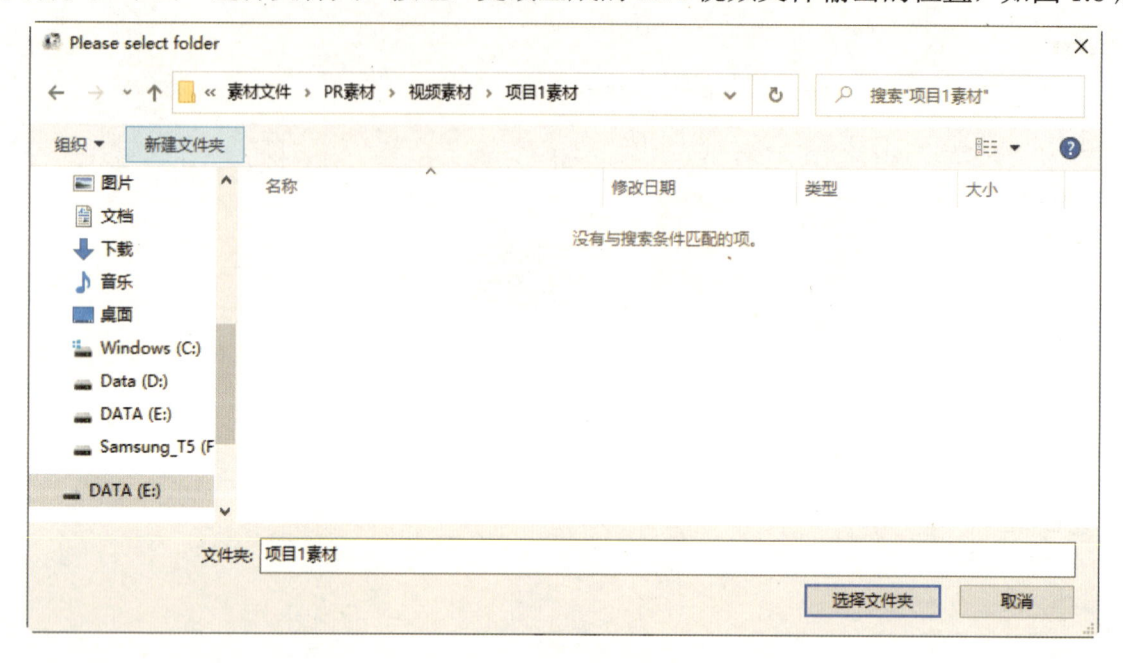

图1.8 "Please select folder"对话框

(6)在转换到AVI对话框中显示已更改的输出文件夹的位置,如图1.9所示。单击"确定"按钮,出现开始转换界面,如图1.10所示。

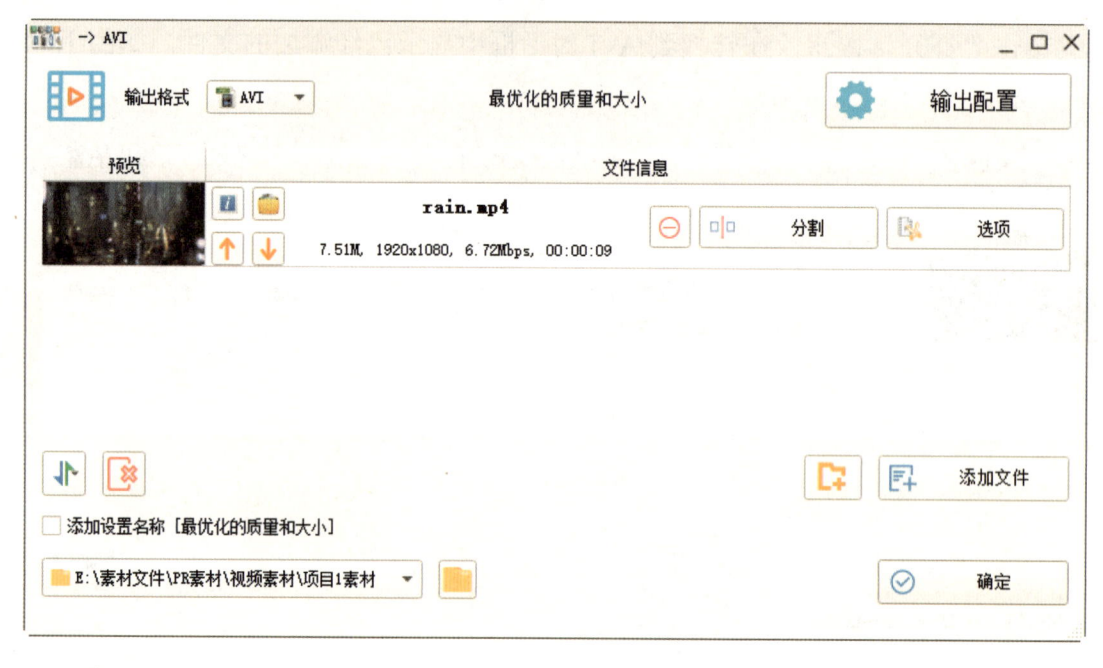

图1.9 显示已更改的输出文件夹的位置

(7)在开始转换界面中,单击上方的"开始"按钮,稍等几秒,就完成rain.mp4到rain.avi的文件格式转换。

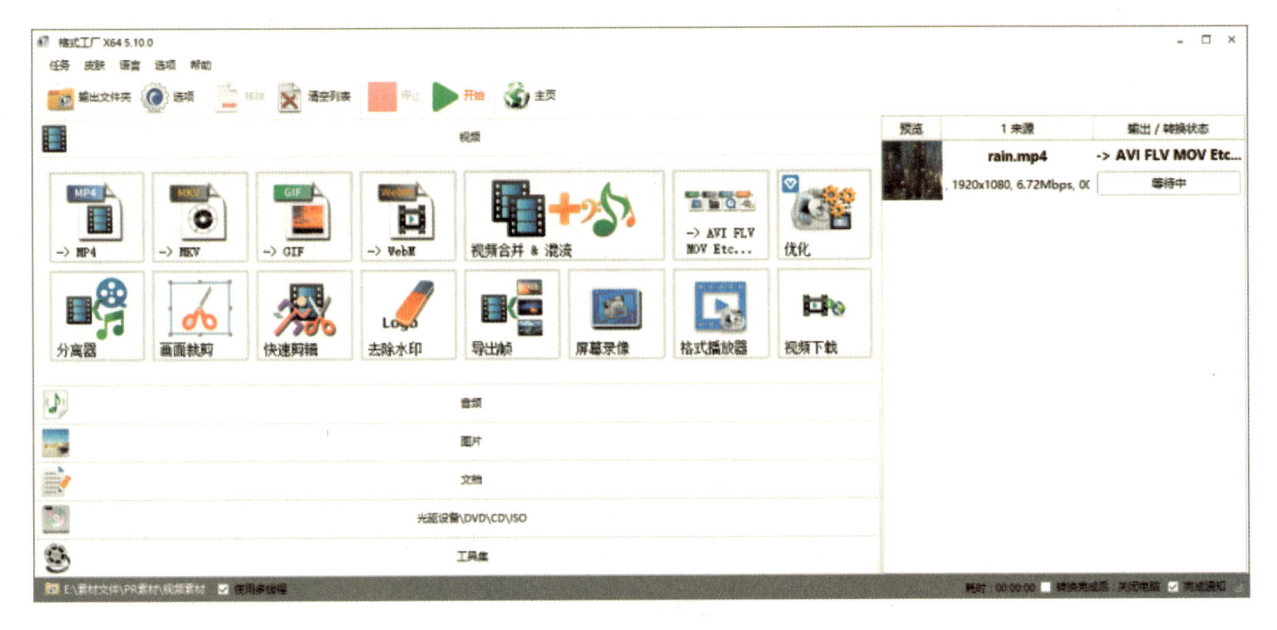

图 1.10　开始转换界面

相关知识

1. 常用视频文件格式

1）AVI 格式

AVI 是一种音频视频交错格式，1992 年由微软公司推出，在视频领域可以说是历史非常悠久的格式之一。AVI 格式调用方便、图像质量好，压缩标准可任意选择，主要应用在多媒体光盘上，用来存储电视剧、电影等各种影像信息。

2）MOV 格式

MOV 也被称为 QuickTime 格式，原本是 Apple 公司用于苹果计算机上的一种图像视频处理软件。QuickTime 提供了两种标准图像和数字视频格式，即静态的 PIC 和 JPG 图像格式，以及动态的基于 Indeo 压缩法的 MOV 格式和基于 MPEG 压缩法的 MPG 视频格式。在 Premiere 中，只有安装了 QuickTime 播放器，才能导入 MOV 格式视频。

3）MP4 格式

MP4 是一个支持 MPEG4 的标准音频和视频文件。MPEG 是为了播放流式媒体的高质量视频而专门设计的，可利用很窄的带宽，通过帧重建技术压缩和传输数据，从而实现使用最少的数据获得最佳的图像质量的效果。

目前，MPEG 最具吸引力的地方在于它能够保存接近于 DVD 画质的小体积视频文件。另外，MP4 格式包含了以前 MPEG 压缩标准不具备的比特率的可伸缩性、交互性，甚至是版权保护等特殊功能。

4）WMV 格式

WMV 是一种独立于编码方式的可在 Internet 上实时传播多媒体的技术标准。因此，微软公司希望用其取代 QuickTime 之类的技术标准，以及.mav 和.avi 之类的文件扩展名。

WMV 格式的主要优点包括可扩充媒体类型、本地或网络回放、可伸缩媒体类型、流的优先级化、支持多语言、扩展性等。

2．常用音频文件格式

1）MP3 格式

MP3 格式起始于 20 世纪 80 年代后期的德国，指的是 MPEG 标准中的音频部分，即 MPEG 音频层。根据压缩质量和编码处理的不同将其分为 3 层，分别对应 MP1、MP2、MP3 这 3 种声音文件。值得注意的是，MPEG 音频文件的压缩是一种有损压缩，MPEG3 音频编码具有 10∶1～12∶1 的高压缩率，同时基本保持低音频部分不失真，但是牺牲了声音文件中 12～16kHz 的高音频部分的质量来换取文件体积的减少。相同长度的音频文件，用 MP3 格式来储存，体积一般只有 WAV 文件的 1/10，因而音质要次于 CD 格式或 WAV 格式的声音文件。MP3 格式压缩音频的采样频率有很多种，可以用 64kbit/s 或更低的采样频率节省空间，也可以用 320kbit/s 的标准采样率达到极高的音质。

2）WAV 格式

这是一种古老的音频文件格式，由微软公司开发。WAV 对音频流的编码没有硬性规定，除了 PCM，几乎所有支持 ACM 规范的编码都可以为 WAV 的音频流进行编码。在 Windows 平台下，基于 PCM 编码的 WAV 是一种被支持得最好的音频格式，能完美支持所有音频软件，由于本身可以达到较高的音质要求，因此 WAV 也是音频编辑创作的首选格式，适合保存音频素材。

3）MIDI 格式

MIDI 是 Musical Instrument Digital Interface 的缩写，意为乐器数字接口，是数字音乐、电子合成乐器的国际标准。MIDI 文件中存储的是一些指令，把这些指令发送给声卡，由声卡按照指令将音频合成出来。

4）WMA 格式

WMA 是 Windows Media Audio 的缩写，是微软公司推出的一种用于 Internet 的音频格式，即使在较低的采样频率下也能产生较好的音质，支持音频流技术，适合在线播放。

3．常用图像文件格式

常见图像格式分为两大类：一类是位图，另一类是矢量图。

位图由不同亮度和颜色的像素组成，适合表现大量的图像细节，可以很好地反映明暗的变化、复杂的场景和颜色。它的特点是能表现逼真的图像效果，但是文件比较大，缩放时清晰度会降低并出现锯齿。位图有种类繁多的文件格式，常见的有 BMP、JPEG、PNG、PSD、TGA 和 TIFF 等。

1）BMP 格式

BMP 是 Windows 系统下的标准位图格式，未经过压缩，其图像文件比较大，在很多软件中被广泛应用。

2）JPEG 格式

JPEG 是应用非常广泛的图像格式之一，采用了一种特殊的有损压缩算法，将不易被人眼察觉的图像颜色删除，从而达到较大的压缩比（可达到 2∶1，甚至 40∶1）。因为 JPEG 格式的文件体积较小，下载速度快，所以它是互联网上使用广泛的格式。

3）PNG 格式

PNG 与 JPEG 格式类似，网页中有很多图像都采用了这种格式。PNG 的压缩比高于 GIF，支持图像透明，可以利用 Alpha 通道调节图像的透明度，是 Fireworks 的源文件。

4）PSD 格式

PSD 是 Photoshop 的专用图像格式，可以保存图像的完整信息，图层、通道、文字都可以被保存，但是图像文件一般较大。

5）TGA 格式

TGA 的结构比较简单，属于一种图形、图像数据的通用格式，在多媒体领域有很大影响，在进行影视编辑时经常使用，如 3ds Max 输出的就是 TGA 图像序列，需要将其导入 After Effects 中进行后期编辑。

6）TIFF 格式

TIFF 格式的特点是图像格式复杂，存储信息多，在 macOS 中使用广泛。正因为它存储的图像细微层次的信息非常多，图像的质量也非常高，所以非常有利于原稿的复制。很多地方将 TIFF 格式用于印刷。

以上介绍的是一些常用的位图图像的格式。虽然位图图像效果好，但是放大以后会失真。而矢量图则使用直线或曲线来描述图像，这些图像的元素是一些点、矩形、多边形、圆和弧形等，因为它们都是通过数学公式计算获得的，所以矢量图形文件一般较小。矢量图形的优点是无论放大、缩小或旋转等都不会失真，缺点是难以表现色彩层次丰富的逼真图像效果，显示矢量图也需要花费一些时间。矢量图形一般用于插画、文字和可以自由缩放的徽标等图形，常见的文件格式有 AI、CDR 等。矢量图形的效果比较差，但放大之后不会失真。

任务 2　创建一个新的 Premiere Pro 2022 项目

任务目标

- 了解电视制式及影视制作常用术语。
- 掌握 Premiere Pro 2022 项目的创建步骤。
- 掌握 Premiere Pro 2022 序列的创建方法。

任务描述

本任务通过一个实例来介绍如何在 Premiere Pro 2022 中创建一个新的项目和序列。

任务分析

Premiere Pro 2022 在开始工作前，需要对工作项目进行设置，从而确定编辑影片时使用的各项指标。在默认情况下，Premiere Pro 2022 会弹出预置项目供剪辑人员使用。

操作步骤

1. 启动软件

双击桌面上的 Premiere Pro 2022 快捷图标 Pr，启动 Premiere 软件，如图 1.11 所示。

图 1.11　启动 Premiere 软件

如果已经使用 Premiere 创建过项目，则用户可以打开最近编辑的几个影片项目文件，也可以执行新建项目、打开项目等操作，如图 1.12 所示。

项目1　素材管理

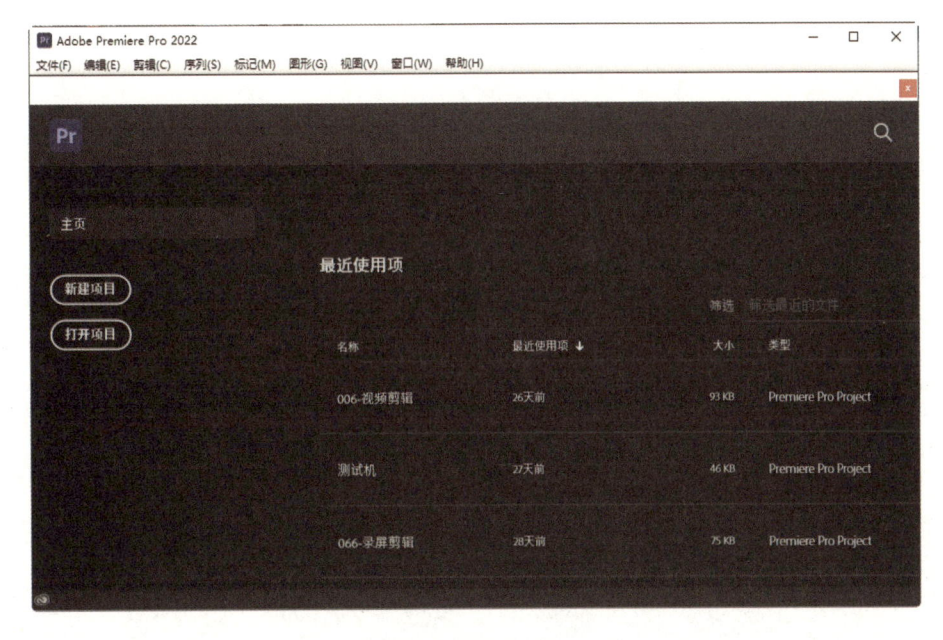

图 1.12　Premiere 启动后界面

2. 项目设置

单击"新建项目"按钮，在弹出的"新建项目"对话框中单击"位置"选项右侧的"浏览"按钮，在弹出的"浏览文件夹"对话框中将保存项目文件的路径设置为"D:\PR"，在"名称"文本框中输入项目的名称"001"，如图 1.13 所示。单击"确定"按钮，进入 Premiere 工作界面。

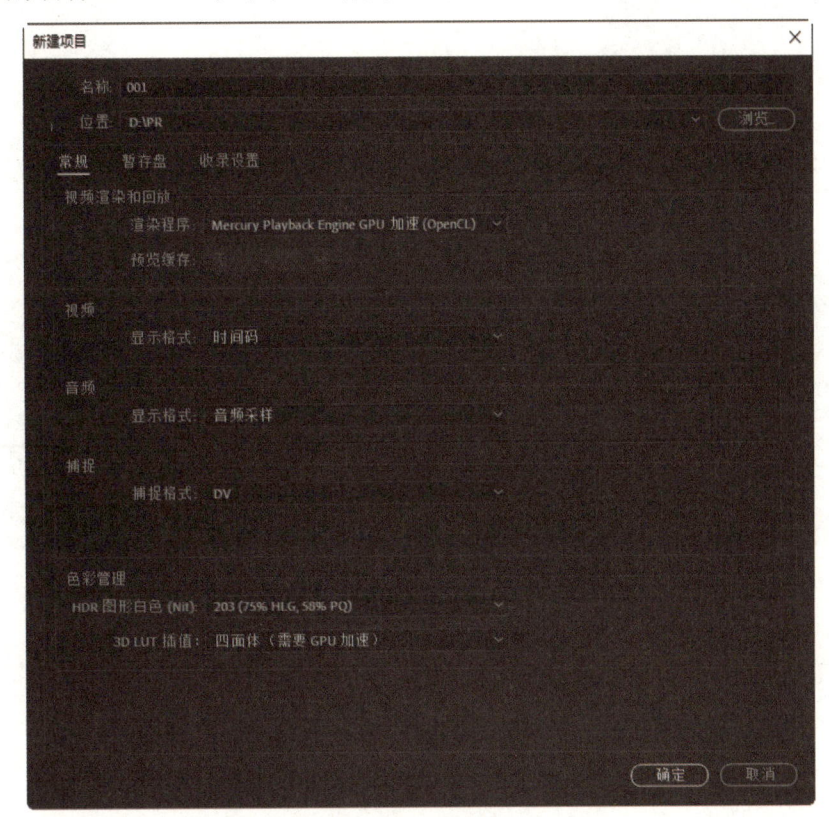

图 1.13　"新建项目"对话框

11

3. 新建一个序列，完成"序列"参数的设置

（1）在 Premiere 工作界面的"项目"面板空白处右击，在弹出的快捷菜单中选择"新建项目"→"序列"命令，如图 1.14 所示。

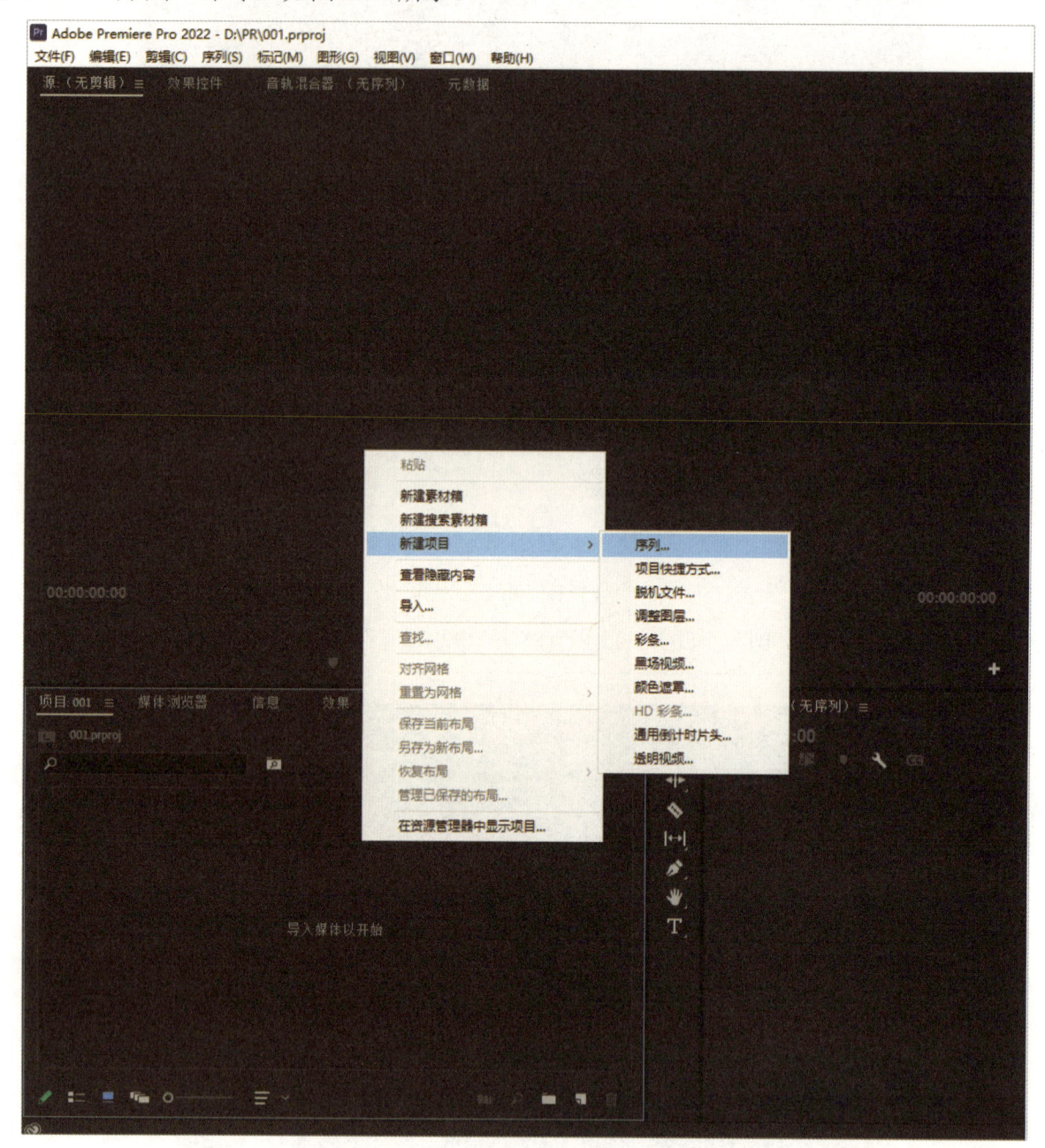

图 1.14　在 Premiere 工作界面中新建序列

（2）在弹出的"新建序列"对话框中选择"序列预设"选项卡，进一步选择电视制式"DV-PAL"，在展开的文件夹下选择"标准 48kHz"选项，如图 1.15 所示。单击"确定"按钮，完成新建一个序列的任务。

图 1.15　序列预设

相关知识

1. 电视制式

电视信号的标准也被称为电视制式。目前，不同国家和地区的电视制式不尽相同，而制式的区分主要在于其帧频（场频）的不同、分辨率的不同、信号带宽及载频的不同、色彩空间的转换关系的不同等。目前世界上用于彩色电视广播的主要有以下 3 种制式。

1）NTSC 制式

NTSC 制式也被称为 N 制，是 1952 年由美国国家电视制式委员会（National Television System Committee，NTSC）制定的彩色电视广播标准，采用的是正交平衡调幅的技术方式。美国、加拿大等大部分西半球国家，以及中国台湾、日本、韩国、菲律宾等均采用这种制式。NTSC 制式的帧速率为 29.97fps（帧/秒），每帧 525 行，标准分辨率为 720 像素×480 像素。

2）PAL 制式

PAL 制式的英文全称为 Phase Alternation Line，是德国在 1962 年制定的彩色电视广播标准。它采用了逐行倒相正交平衡调幅的技术方法，解决了 NTSC 制式因相位敏感造成的色彩失真的问题。德国、英国等一些欧洲国家，以及新加坡、中国内地及中国香港地区、澳大利亚、新西兰等均采用这种制式。PAL 制式的帧速率为 25fps，扫描线为 625 行，标准分辨率为 720 像素×576 像素。

3）SECAM 制式

SECAM 制式是由法国在 1956 年提出，1966 年制定的一种新的彩色电视制式。它解决了制式相位失真的问题，并且可以采用时间分隔法来传送两个色差信号。采用这种制式的有法国、俄罗斯和东欧一些国家。

2．常用术语

1）项目

在 Premiere 中制作视频的第一步就是创建项目。在项目中，对视频作品的规格进行定义，如帧尺寸、帧速率、像素纵横比、音频采样率等。这些参数的定义会直接决定视频作品输出的质量及规格。

2）像素纵横比

像素纵横比是组成图像的像素在水平方向与垂直方向之比。"帧纵横比"是一帧图像的宽度和高度之比。计算机产生的像素是正方形的，而电视使用的图像像素是矩形的。在影视编辑中，视频采用的帧纵横比相同时，可以采用不同的像素纵横比。比如，帧纵横比为 4:3 时，我们可以用 1.0（方形）的像素纵横比输出视频，也可以用 0.9（矩形）的像素纵横比输出视频。以 PAL 制式为例，当采用 4:3 的帧纵横比输出视频时，像素纵横比通常采用 1.067。

3）SMPTE 时间码

在视频编辑中，通常用时间码来识别和记录视频数据流中的每一帧。从一段视频的起始帧到终止帧，其间的每一帧都有唯一的时间码地址。根据电影与电视工程师协会（SMPTE）使用的时间码标准，其格式是"时:分:秒:帧（Hours:Minutes:Seconds:Frames）"，用来描述剪辑持续的时间。

4）帧

帧是构成视频的最小单位，每一幅静态图像都被称为一帧。因为人的眼睛具有视觉暂留现象，所以一张张连续的图片会产生动态画面效果。而帧速率是指每秒能够播放或录制的帧数，其单位是帧/秒（fps）。帧速率越高，动画效果越好。传统电影播放画面的帧速率为 24fps，NTSC 制式规定的帧速率为 29.97fps，而我国使用的 PAL 制式的帧速率为 25fps。

5）序列

在 Premiere 中，"序列"就是将各种素材编辑（如添加转场、特效、字幕等）完成后的作品。Premiere 允许一个"项目"中有多个"序列"存在，而且"序列"可以作为素材被另一个"序列"所引用和编辑，通常将这种情况称为"嵌套序列"。

3. 新建项目的设置

双击桌面上的 Premiere Pro 2022 快捷图标，启动软件。之后系统将进入 Premiere 中有关项目的操作界面（见图 1.12）。用户可以打开最近编辑的几个影片项目文件，也可以执行新建项目、打开项目等操作。

如果最近使用并创建了 Premiere 的项目工程，则会在"最近使用项"选区中显示出来，只需单击即可进入项目；如果要打开之前已经存在的项目工程，但"最近使用项"选区中并未显示，则单击"打开项目"按钮，选择相应的工程文件即可打开；如果要新建一个项目，则单击"新建项目"按钮，弹出"新建项目"对话框，该对话框默认显示"常规"选项卡（见图 1.13）。下面介绍"新建项目"对话框中一些参数的功能。

（1）名称：在该文本框中可以给新建项目命名，直接输入相应文字即可。

（2）位置：用于选择该项目存储的位置，单击"浏览"按钮，在弹出的"浏览文件夹"对话框中可以指定文件的存储路径。

（3）"常规"选项卡的参数详解。

① 视频：该设置决定了帧在时间轴中播放时 Premiere 所使用的帧数目，以及是否使用丢帧或不丢帧时间码。在"显示格式"下拉列表中可以选择需要的格式，如图 1.16 所示。

图 1.16 视频显示格式

② 音频：在处理音频素材时，可以更改"时间轴"面板和"节目监视器"面板中的音频显示，用于显示音频单位而不是视频帧。使用音频显示格式可以将音频单位设置为"毫秒"或"音频采样"。就像视频中的帧一样，"音频采样"是编辑的最小增量，如图 1.17 所示。

图 1.17 音频显示格式

③ 捕捉：在"捕捉格式"下拉列表中可以选择所要采集视频或音频的格式，包括 DV 和 HDV 两种，如图 1.18 所示。

图 1.18 捕捉格式

（4）"暂存盘"选项卡的参数详解。

选择"新建项目"对话框中的"暂存盘"选项卡，并在该选项卡中设置视频采集的路径，如图 1.19 所示。

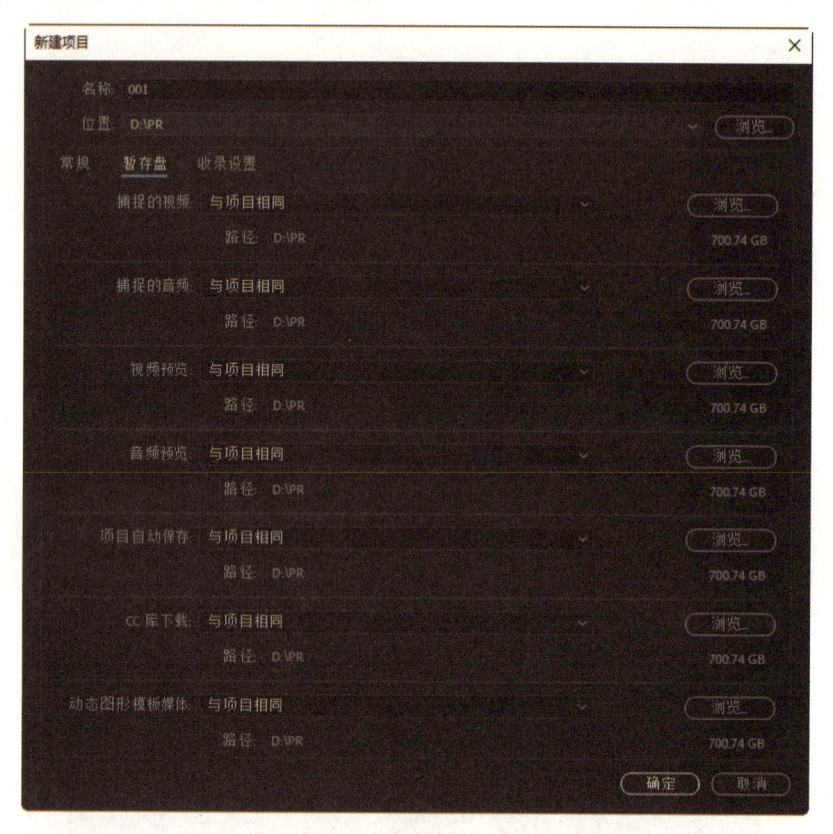

图 1.19　"暂存盘"选项卡

① 捕捉的视频：存放捕捉的视频文件的地方，默认为"与项目相同"，即与 Premiere 主程序所在的目录保持一致，单击"浏览"按钮可以更改存放路径。

② 捕捉的音频：存放捕捉的音频文件的地方，默认为"与项目相同"，即与 Premiere 主程序所在的目录保持一致，单击"浏览"按钮可以更改存放路径。

③ 视频预览：放置预览影片的文件夹，默认为"与项目相同"，即与 Premiere 主程序所在的目录保持一致，单击"浏览"按钮可以更改存放路径。

④ 音频预览：放置预览声音的文件夹，默认为"与项目相同"，即与 Premiere 主程序所在的目录保持一致，单击"浏览"按钮可以更改存放路径。

4. 新建序列设置

在"新建项目"对话框中设置好各项参数后，单击"确定"按钮，完成项目文件的创建。每个项目文件中包含一个或多个序列，因此，新建项目后，需要新建一个序列。新建序列的方式之一是通过选择"文件"→"新建"→"序列"命令完成，如图 1.20 所示。

项目1 素材管理

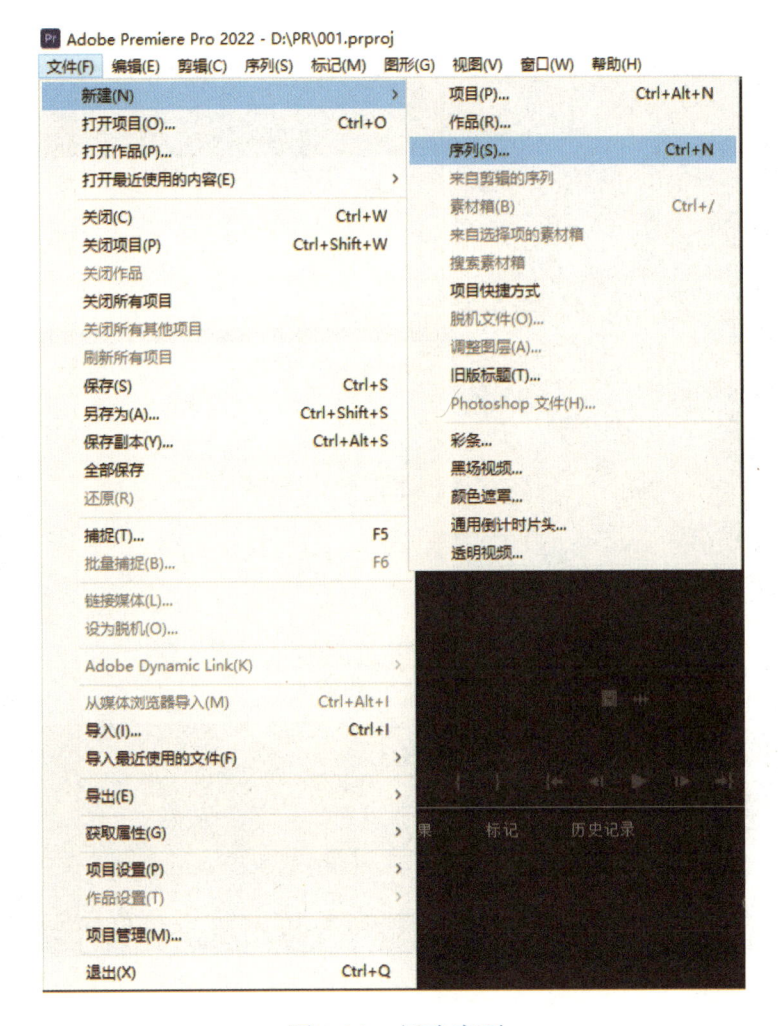

图1.20 新建序列

在弹出"新建序列"对话框后，用户可以选择一个可用的预设，也可以自定义序列预设，从而满足制作视频和音频的不同需要。

在该对话框的"序列预设"选项卡的"预设描述"选区中，将显示每个预设的编辑模式、帧大小、帧速率、像素长宽比、采样率等信息，如图1.21所示。

Premiere 为 NTSC 和 PAL 标准提供了 DV（数字视频）格式预设。展开图1.21左侧的"DV-NTSC"或"DV-PAL"文件夹，可以方便用户选择相关标准。

如果工作的 DV 项目的视频不准备用宽银幕格式（16∶9的纵横比），则可以选择"标准48kHz"选项。

"DV-24P"文件夹的拍摄速率为每秒24帧，其画面大小为720像素×480像素，并逐行扫描影片。如果有第三方视频采集卡，则可以看到其他预设，专门用于辅助采集卡。

如果使用 DV 影片，则无须更改默认设置。

17

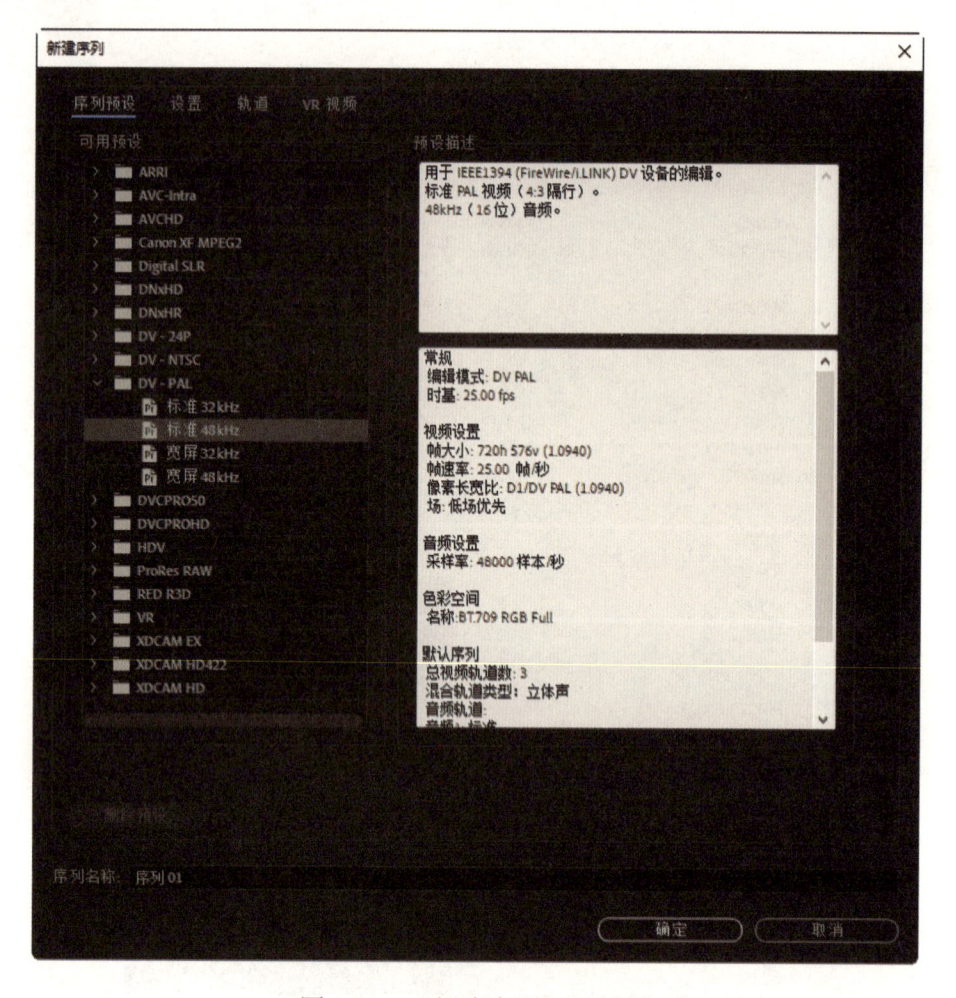

图 1.21　"新建序列"对话框

任务 3　Premiere Pro 2022 素材的导入

任务目标

- 熟悉 Premiere Pro 2022 的操作界面。
- 掌握素材导入的方法。

任务描述

本任务通过实例来介绍 Premiere Pro 2022 的操作界面和素材导入方法。

任务分析

在学习使用 Premiere Pro 2022 进行视频剪辑之前，首先要对其工作界面、各个模块的功能有一个全面的了解，以便在后面的学习中快速地找到需要使用的工具和命令。

项目 1　素材管理

操作步骤

1. 启动 Premiere Pro 2022

双击桌面上的 Premiere Pro 2022 快捷图标，或者在"开始"菜单中选择"Premiere Pro 2022"命令，即可启动 Premiere Pro 2022。

2. 认识 Premiere Pro 2022 工作界面

启动 Premiere Pro 2022，新建或打开项目文件后，系统会进入工作界面，根据项目工作目的不同，工作界面会有不同呈现。如图 1.22 所示，选择"窗口"→"工作区"→"效果"命令，则会呈现如图 1.23 所示的"效果"工作区的主界面。

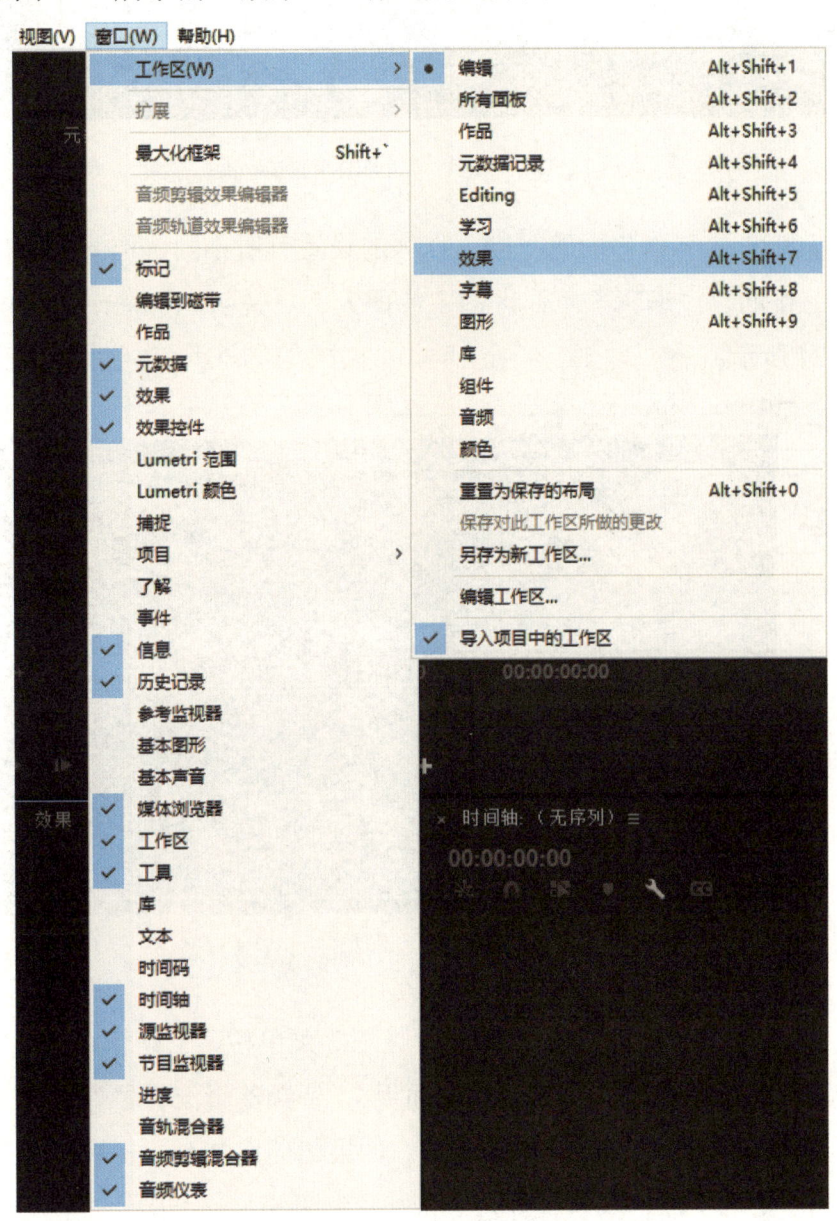

图 1.22　不同工作区的界面设置方法

19

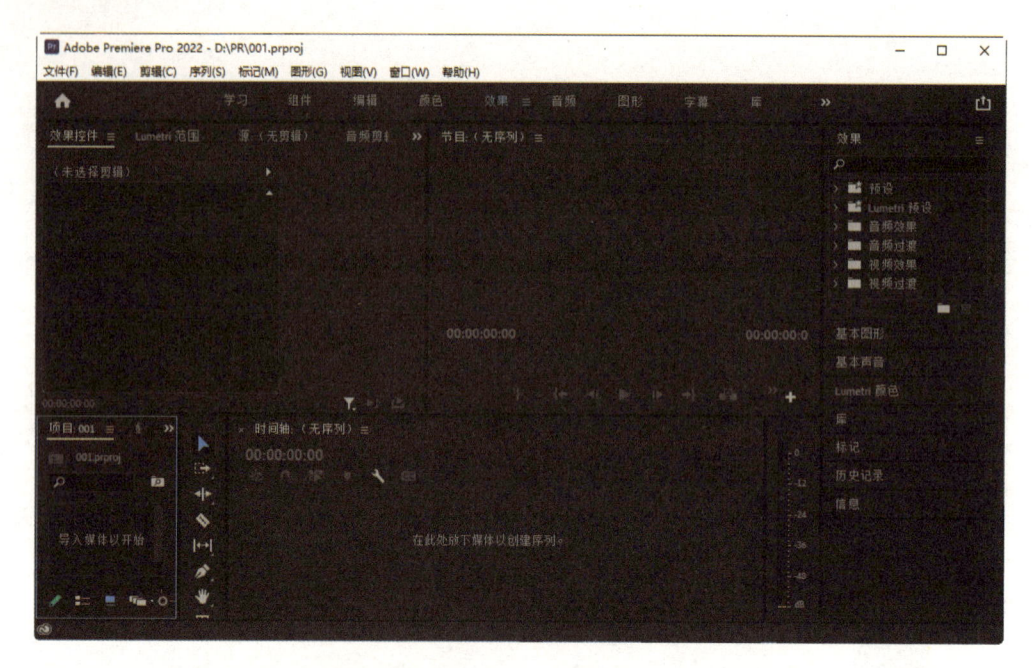

图1.23 "效果"工作区的主界面

Premiere Pro 2022 主工作界面的不同工作区的设置有所不同，但一些基础的工作面板是默认的、共有的。下面以"编辑"工作区的主界面为例，说明 Premiere Pro 2022 主工作界面的组成，如图1.24所示。

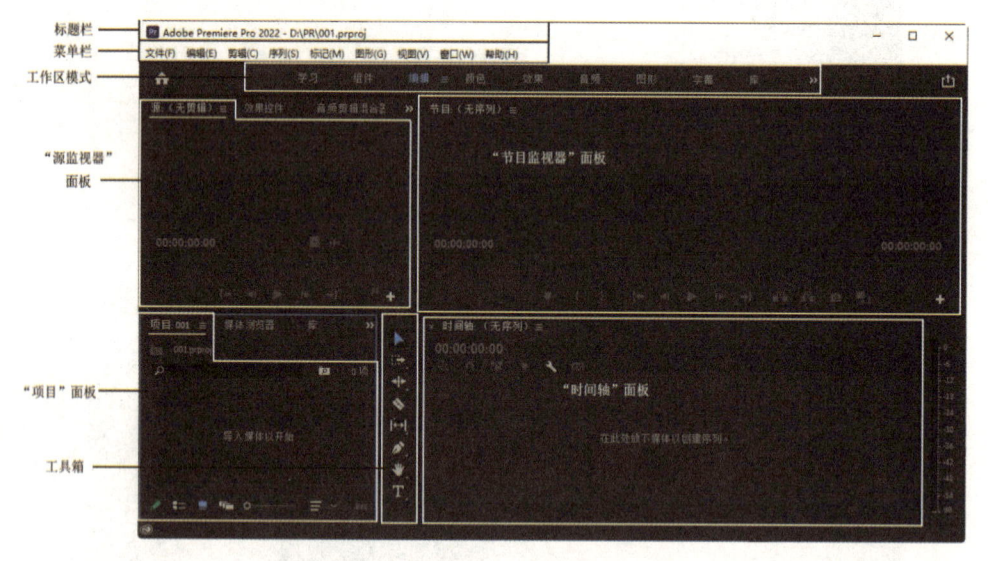

图1.24 "编辑"工作区的主界面

Premiere Pro 2022 默认的工作界面主要由标题栏、菜单栏、工具箱、"项目"面板、"源监视器"面板、"节目监视器"面板、"时间轴"面板、"音频剪辑混合器"面板、"效果"面板、"效果控件"面板和"媒体浏览器"面板等组成。如果要使用 Premiere Pro 2022 中其他的工作面板，则在"窗口"菜单中选择其名称即可。例如，如果想打开"历史记录"面板，则可以先打开"窗口"菜单，再选择需要打开的"历史记录"面板名称。

如果面板已经打开，则其名称前会出现"√"符号；如果面板没有打开，则在"窗口"菜单中选中面板，使其在一个窗口中打开；如果屏幕上有多个视频序列，则可以选择"窗口"→"时间轴"命令，在弹出的子菜单中可以查看存在的序列对象，如图1.25所示。

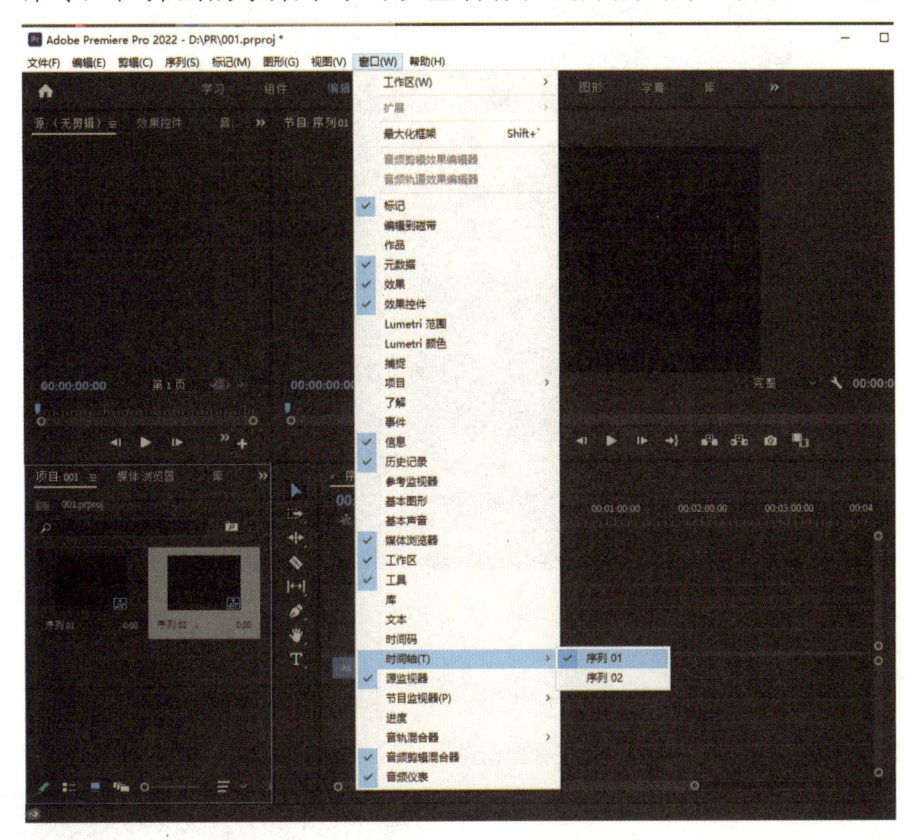

图1.25　查看存在的序列对象

3. 导入素材

（1）在"项目"面板的空白处右击，在弹出的快捷菜单中选择"新建素材箱"命令，如图1.26所示，即可新建一个素材箱，方便对导入的素材进行分类管理，如图1.27所示。

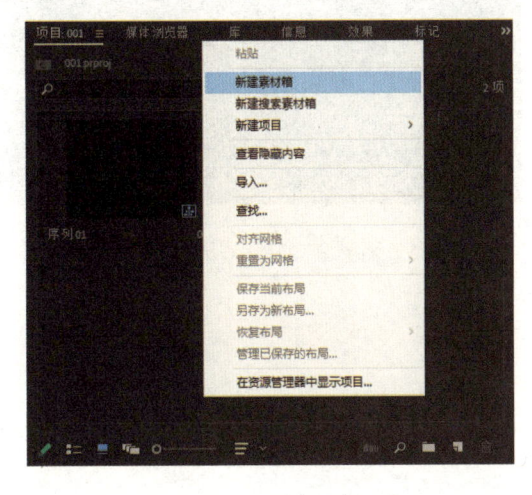

图1.26　右键快捷菜单　　　　　图1.27　新建素材箱

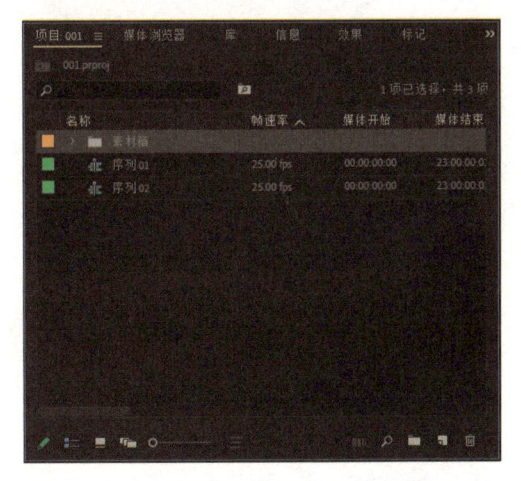

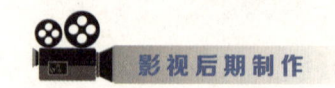

（2）在"素材箱"文字上单击，即可将其激活并对其进行重命名，如将素材箱名称更改为"案例1"，如图1.28所示。

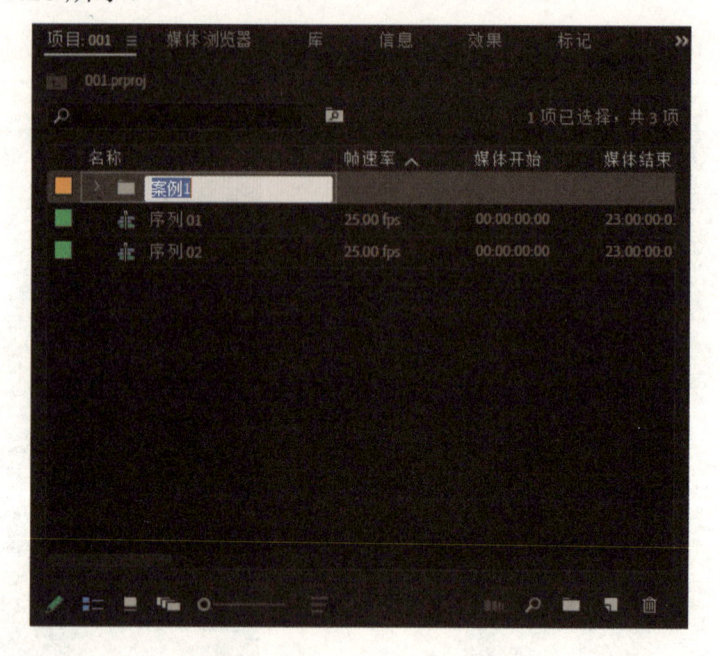

图1.28 重命名素材箱

（3）选择"文件"→"导入"命令，弹出"导入"对话框，导入素材"01.mp4"和"02.mp4"，如图1.29所示。将素材"01.mp4"和"02.mp4"拖到"案例1"素材箱中，如图1.30所示。

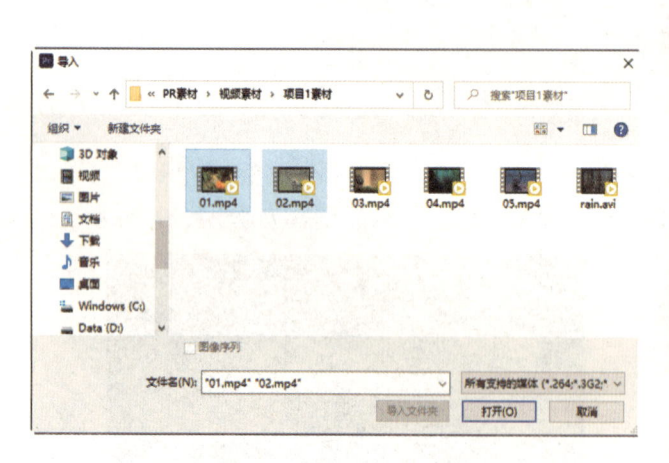

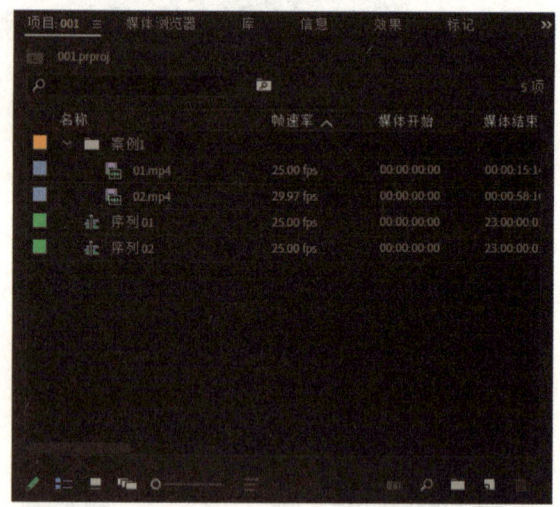

图1.29 "导入"对话框　　　　图1.30 将素材拖到"案例1"素材箱中

> 小贴士
>
> 在将文件导入Premiere时，可以选择导入一个文件、多个文件（在选择文件时按住Ctrl键）或整个文件夹。

导入素材还可使用以下 3 种方法。

（1）在"项目"面板的空白处双击，即可弹出"导入"对话框。

（2）在"项目"面板的空白处右击，在弹出的快捷菜单中选择"导入"命令，如图 1.31 所示，即可弹出"导入"对话框。

（3）使用"媒体浏览器"面板导入素材。

首先，选择"窗口"→"媒体浏览器"命令，打开"媒体浏览器"面板，如图 1.32 所示。

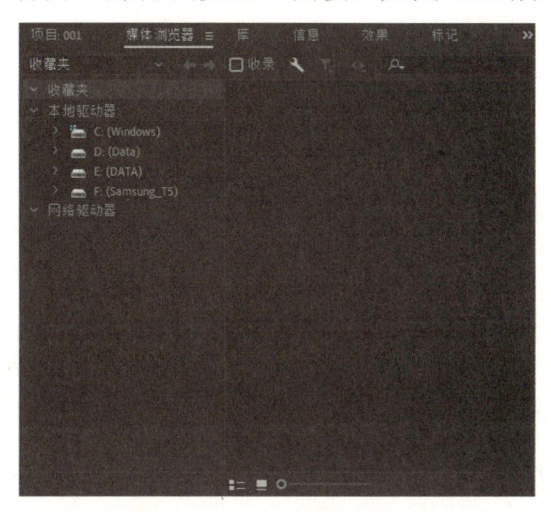

图 1.31　选择"导入"命令　　　　　　　图 1.32　"媒体浏览器"面板

然后，在"媒体浏览器"面板中选择"E:(DATA)"→"素材文件"→"PR 素材"→"视频素材"→"项目 1 素材"选项，如图 1.33 所示。

最后，选中需要导入的素材并右击，在弹出的快捷菜单中选择"导入"命令，如图 1.34 所示，可导入一个或多个素材。

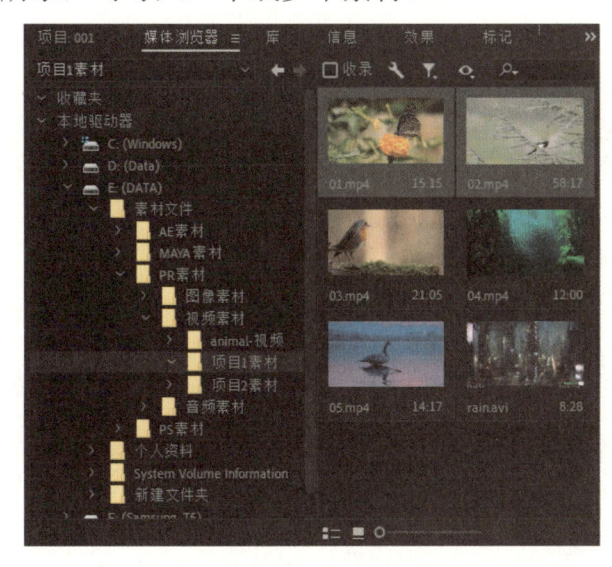

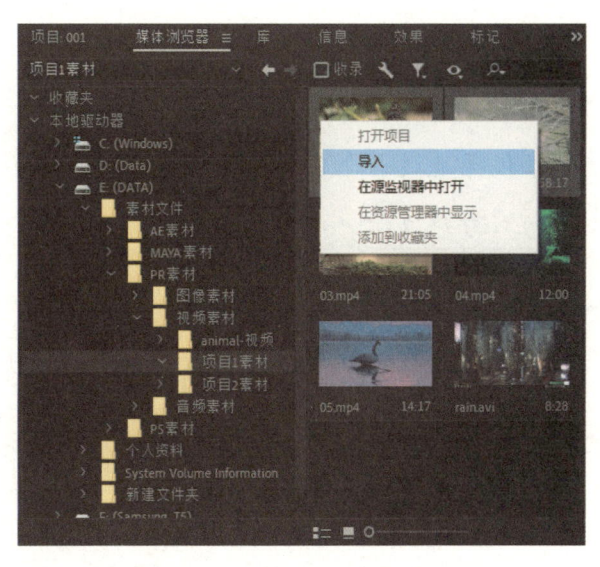

图 1.33　浏览素材　　　　　　　图 1.34　选择"导入"命令

项目 2　影视编辑

项目目标

- 熟悉 Premiere Pro 2022 的工作环境和特点。
- 了解数字视频合成的原理和基本方法。

项目描述

本项目通过几个具体的任务使读者掌握 Premiere Pro 2022 的基础知识和操作技巧，并能熟练使用该软件，如创建新项目、剪辑视频素材、制作视频转场特效、创建字幕、音视频合成等，最终输出影视成品文件。

任务 1　视频素材的剪辑

任务目标

- 掌握视频剪辑的方法。
- 了解工具栏中各工具的使用方法。

任务描述

本任务通过一个在同一时间两个不同机位拍摄的对话场景案例来讲解 Premiere Pro 2022 中素材的剪辑方法。

任务分析

本任务将对 Premiere Pro 2022 中剪辑影片的基本技术和操作进行详细介绍。通过本任务的学习，读者可以掌握剪辑技术的使用方法和应用技巧。

操作步骤

1. 启动 Premiere Pro 2022

双击桌面上的 Premiere Pro 2022 快捷图标 ，或者在"开始"菜单中选择"Premiere Pro 2022"命令，即可启动 Premiere 软件。

2. 导入素材

在"项目"面板的空白处双击，弹出"导入"对话框，导入素材"分镜 1.MOV"和"分镜 2.MOV"，如图 2.1 所示。

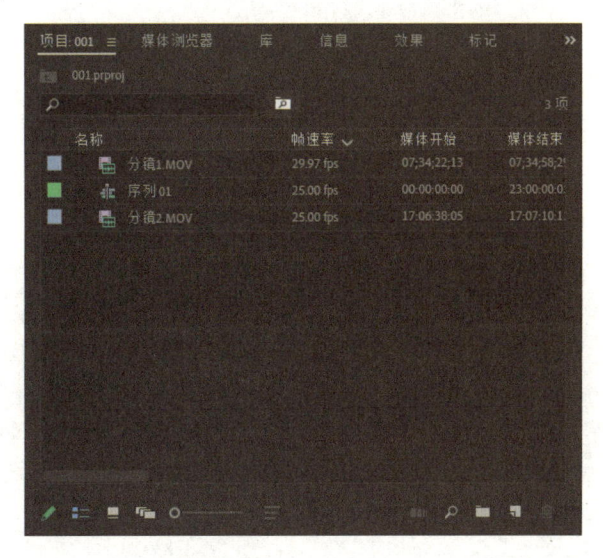

图 2.1　导入素材

3. 将素材拖到"时间轴"面板中

选中素材"分镜 1.MOV"并按住鼠标左键，将其直接拖到"时间轴"面板的 V1 轨道上，如图 2.2 所示。

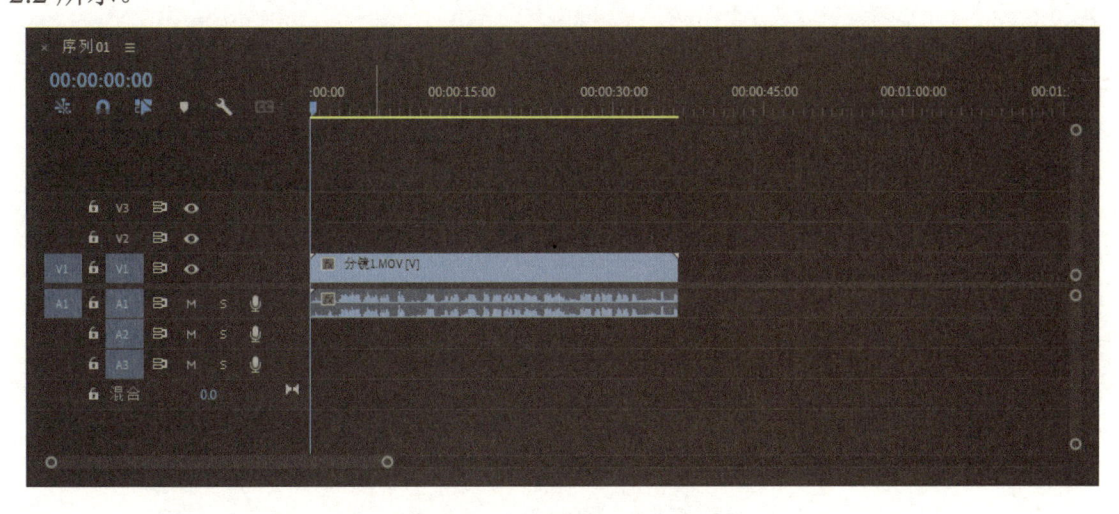

图 2.2　将素材"分镜 1.MOV"拖到 V1 轨道上

小贴士

　　将素材导入"时间轴"面板时，可能会弹出"剪辑不匹配警告"对话框，如图 2.3 所示。这是因为素材的拍摄参数和所创建的序列参数不匹配，如果单击"更改序列设置"按钮，则序列的参数将自动匹配素材的参数；如果单击"保持现有设置"按钮，则素材参数将匹配序列设置的参数。用户可以根据实际情况进行选择。

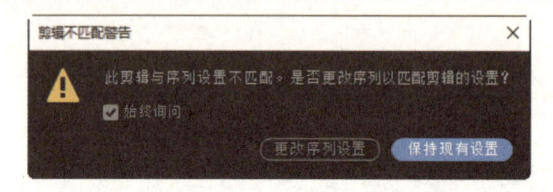

图 2.3　"剪辑不匹配警告"对话框

4. 对两段素材进行声音匹配

（1）将素材"分镜 2.MOV"拖到 V2 轨道上，如图 2.4 所示。

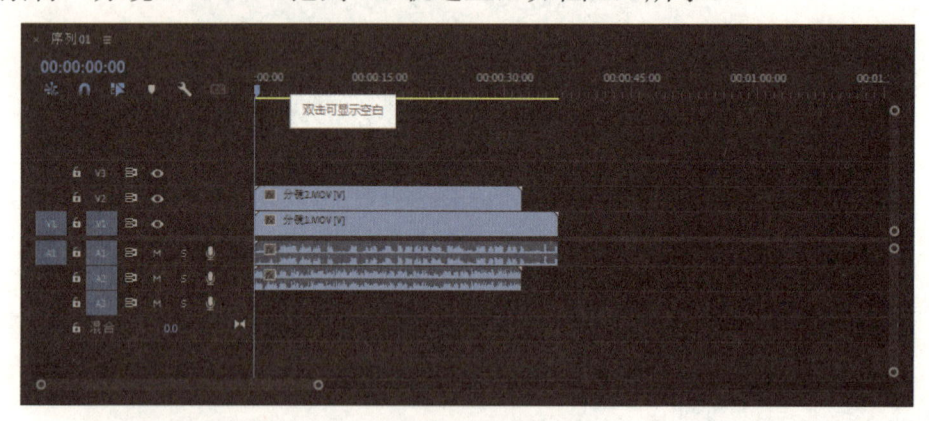

图 2.4　将素材"分镜 2.MOV"拖到 V2 轨道上

（2）将时间指针放置在"00:00:04:01"位置处，将素材"分镜 2.MOV"的起始点放置在此处，预览视频，使两段素材的声音部分完全重合，如图 2.5 所示。

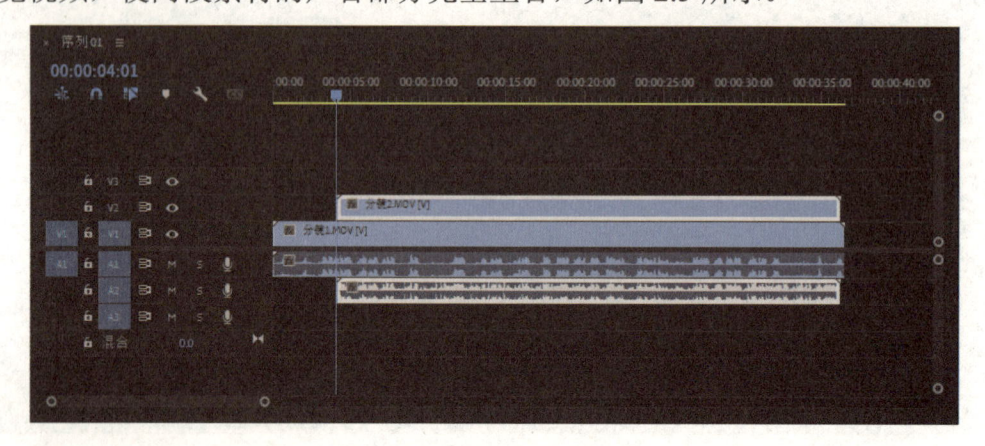

图 2.5　匹配素材音频

（3）首先使用剃刀工具▱，将素材"分镜1.MOV"从"00:00:04:01"位置处截断，如图2.6所示；然后将前面的部分使用选择工具▱选中，并按Delete键将其删除，如图2.7所示。

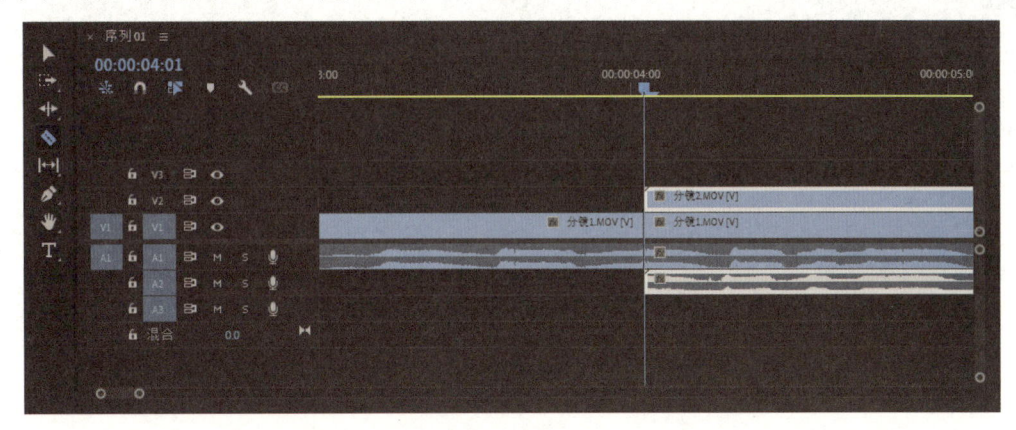

图2.6　将素材"分镜1.MOV"截断

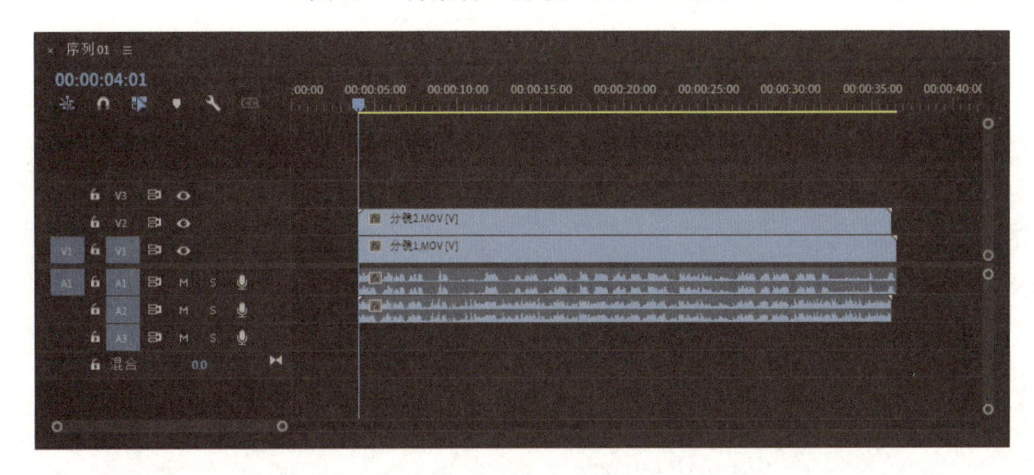

图2.7　删除素材"分镜1.MOV"中指定的内容

（4）首先将时间指针放置在"00:00:13:01"位置处，使用剃刀工具将素材"分镜2.MOV"截断，如图2.8所示；然后将"00:00:13:01"之前的内容删除，如图2.9所示。

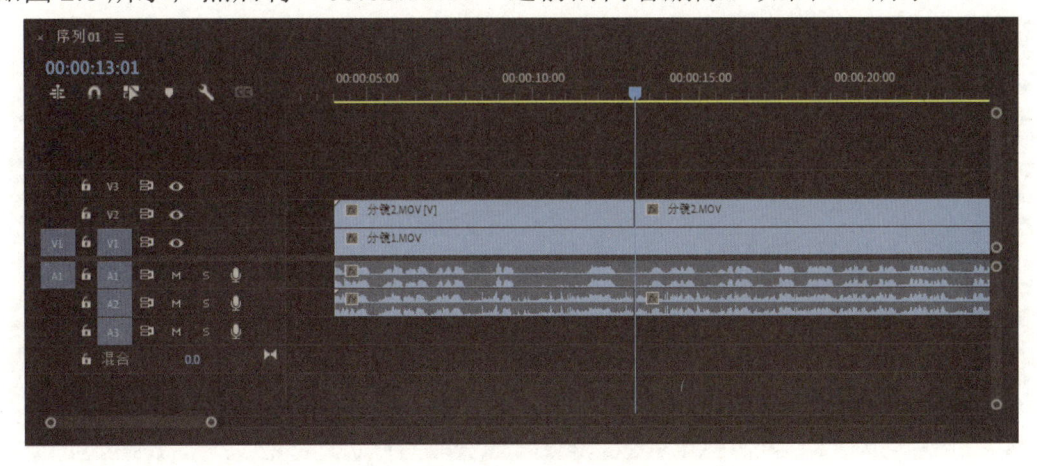

图2.8　将素材"分镜2.MOV"截断

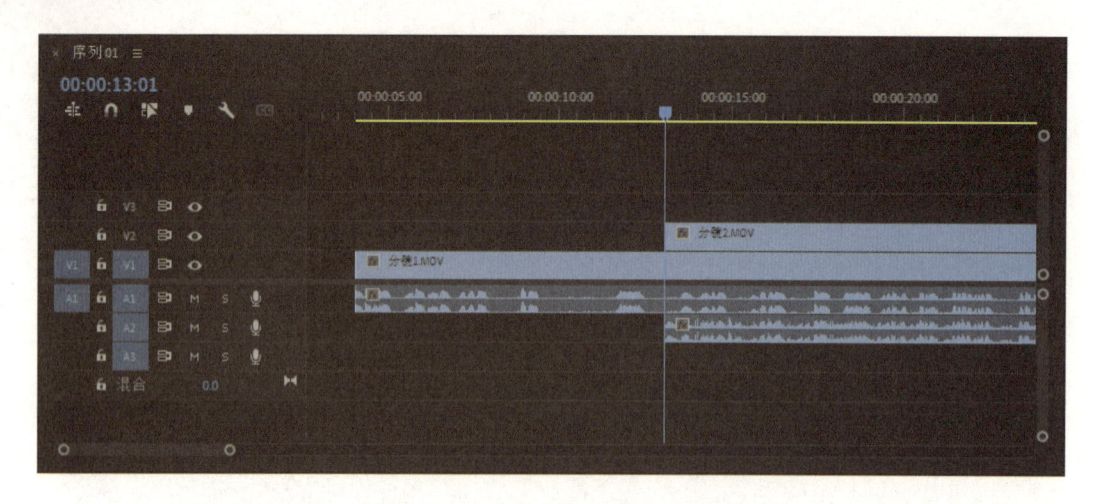

图 2.9　删除素材"分镜 2.MOV"中指定的内容

（5）先将时间指针放置在"00:00:15:10"位置处，使用剃刀工具将素材"分镜 2.MOV"截断；再将时间指针放置在"00:00:20:08"位置处，使用剃刀工具将素材"分镜 2.MOV"截断，如图 2.10 所示；最后将"00:00:15:10"和"00:00:20:08"之间的内容删除，如图 2.11 所示。

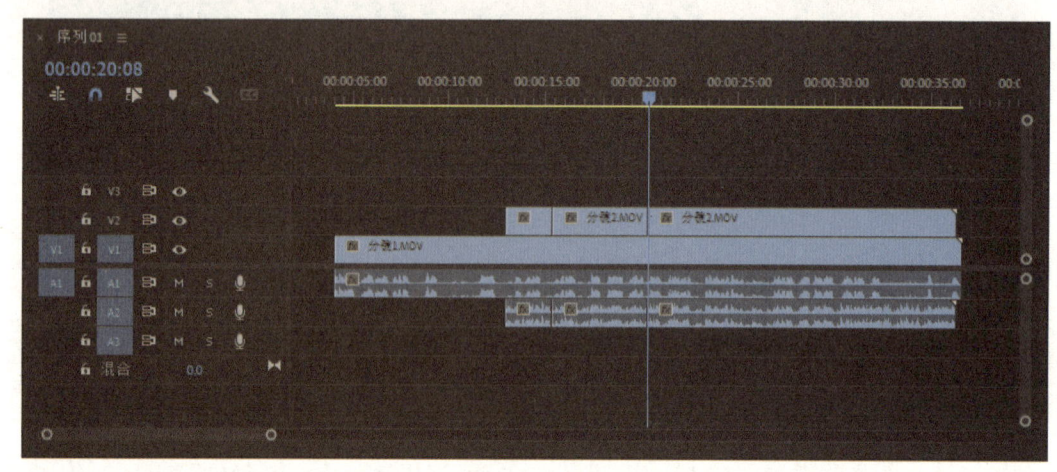

图 2.10　将素材"分镜 2.MOV"在两个指定位置处截断（1）

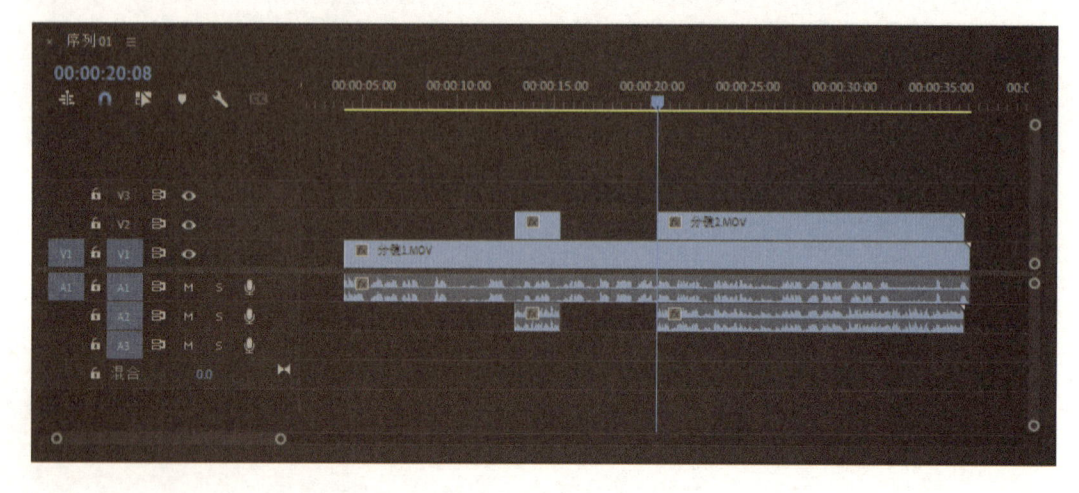

图 2.11　删除素材"分镜 2.MOV"中两个指定位置之间的内容（1）

（6）先将时间指针放置在"00:00:25:10"位置处，使用剃刀工具将素材"分镜2.MOV"截断；再将时间指针放置在"00:00:30:02"位置处，使用剃刀工具将素材"分镜2.MOV"截断，如图2.12所示；最后将"00:00:25:10"和"00:00:30:02"之间的内容删除，如图2.13所示。

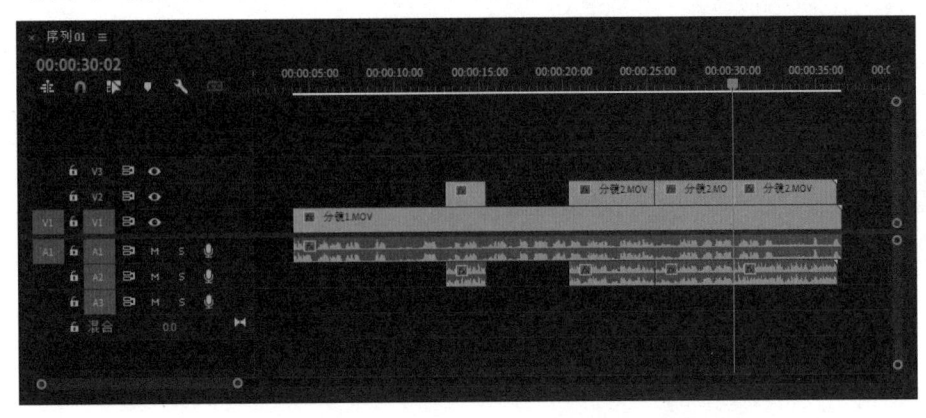

图2.12　将素材"分镜2.MOV"在两个指定位置处截断（2）

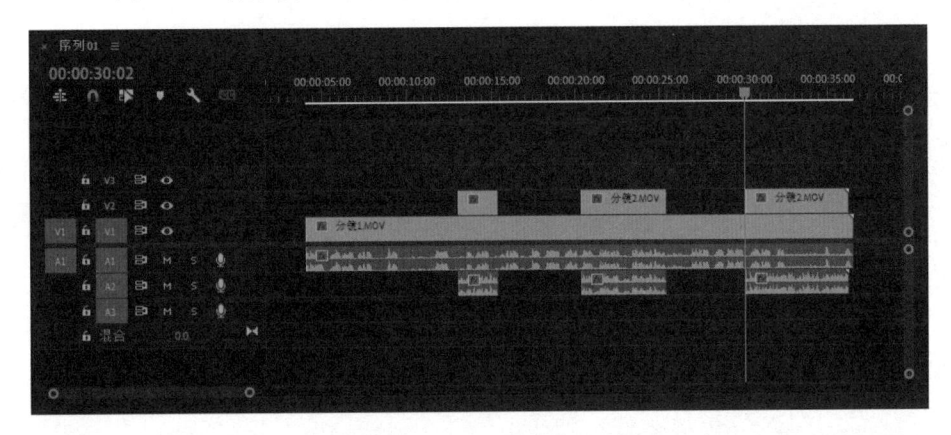

图2.13　删除素材"分镜2.MOV"中两个指定位置之间的内容（2）

（7）先将时间指针放置在"00:00:30:24"位置处，使用剃刀工具将素材"分镜2.MOV"截断；再将时间指针放置在"00:00:31:22"位置处，使用剃刀工具将素材"分镜2.MOV"截断，如图2.14所示；最后将"00:00:30:24"和"00:00:31:22"之间的内容删除，如图2.15所示。

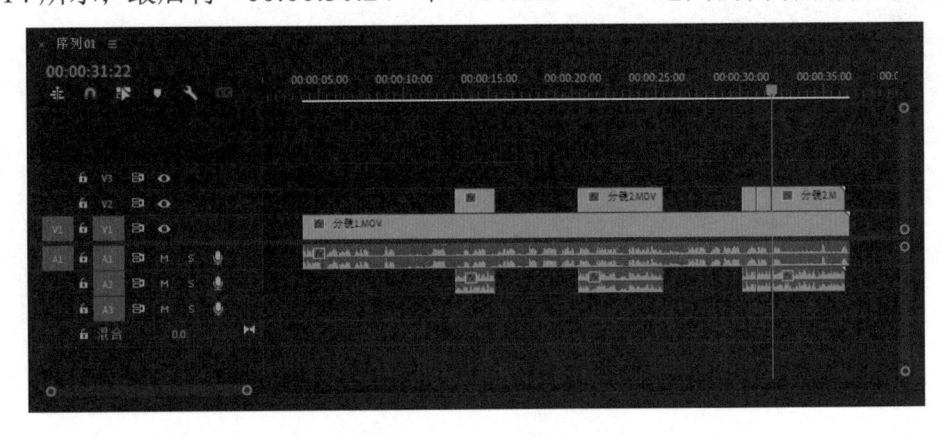

图2.14　将素材"分镜2.MOV"在两个指定位置处截断（3）

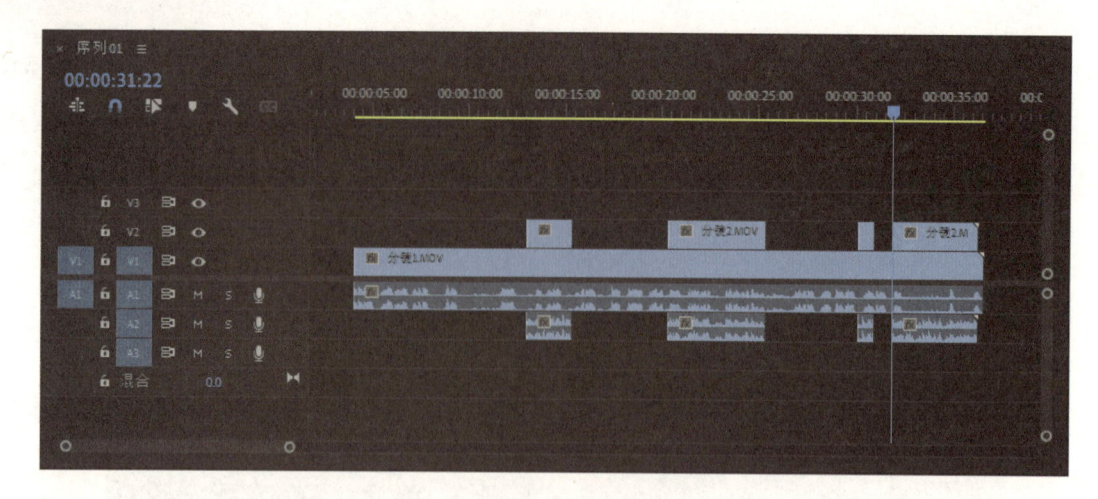

图2.15 删除素材"分镜2.MOV"中两个指定位置之间的内容（3）

（8）首先将时间指针放置在"00:00:34:00"位置处，使用剃刀工具将素材"分镜1.MOV"和"分镜2.MOV"截断，如图2.16所示；然后将"00:00:34:00"之后的内容删除，如图2.17所示。

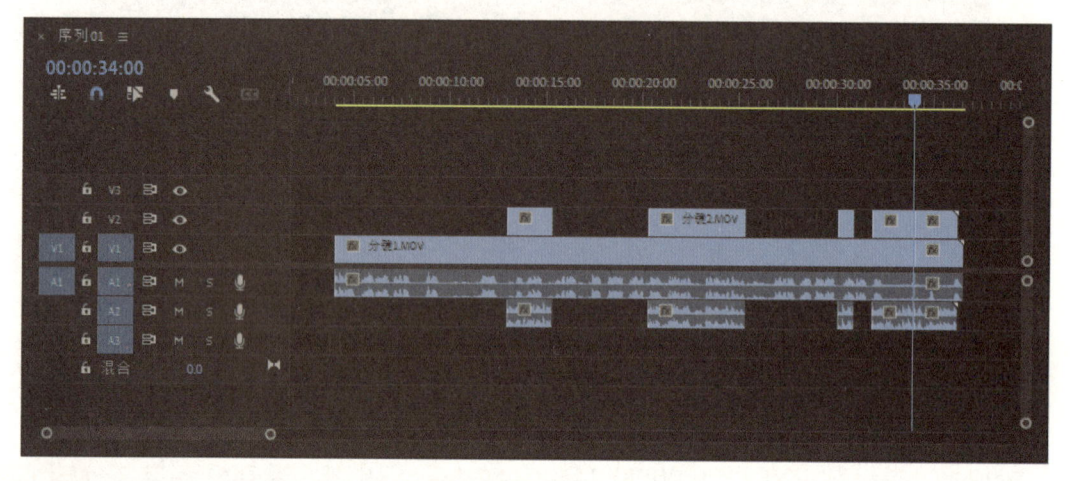

图2.16 将素材"分镜1.MOV"和"分镜2.MOV"从指定位置处截断

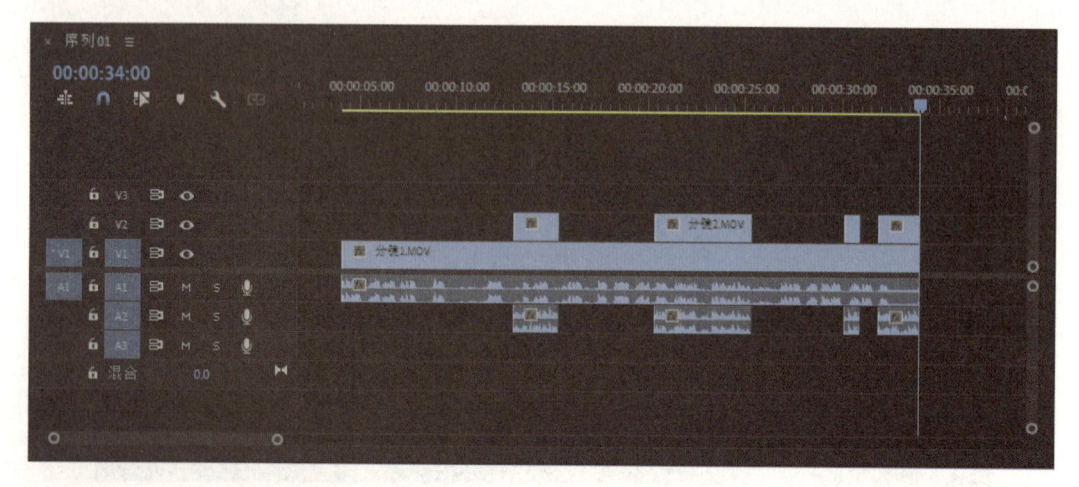

图2.17 删除素材"分镜1.MOV"和"分镜2.MOV"中指定的内容

（9）选中素材"分镜 1.MOV"和"分镜 2.MOV"的全部内容，将素材"分镜 1.MOV"的开始位置移到"00:00:00:00"位置处，如图 2.18 所示，预览最终对话效果。

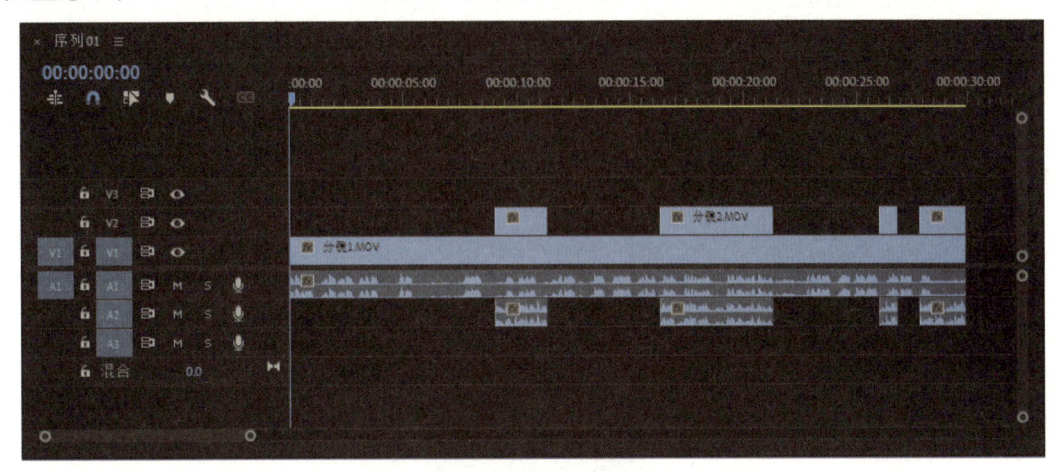

图 2.18　将素材"分镜 1.MOV"移到指定处

相关知识

Premiere Pro 2022 的工具箱中的工具主要用来在"时间轴"面板中编辑素材，如图 2.19 所示，在工具箱中单击相关工具按钮，即可激活该工具。

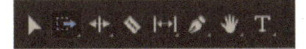

图 2.19　工具箱

（1）选择工具▶：快捷键为 V，其作用是选择，但有时它会变为其他形状，作用也随之改变。其常规功能是移动素材和控制素材的长度。

> **小贴士**
>
> 配合 Ctrl 键：如果想在已剪辑好的片段中插入素材，则可以通过选择工具配合 Ctrl 键将要插入的素材从"项目"面板拖到时间轴中片段的指定位置并进行强行插入。
>
> 配合 Shift 键：用于选择多目标，相当于框选，但此组合可以不连续选择或取消。
>
> 配合 Alt 键：忽略编组/链接而移动素材，对于已经编组或链接的素材，如果要进行细微的调整，则可以在不取消编组或链接的情况下移动素材。

（2）轨道工具▶或◀：快捷键为 A，使用此工具可以选择该轨道上箭头以后（或以前）的所有素材，如果音视频链接在一起，则其音频也会被选中。在 Premiere Pro 2022 中，向前选择轨道工具▶和向后选择轨道工具◀同处一个工具组。

其常规功能是选择目标右侧同轨道的素材，整体移动素材，比框选更具有优势。

> **小贴士**
>
> 配合 Shift 键：轨道工具可以变为多轨道选择工具，此时单箭头变为双箭头，即使是单独的声音（如音效、音乐等）也会被同时选中。

（3）波纹编辑工具：快捷键为 B，使用此工具可以改变一段素材的入点和出点，这段素材后面的点会自动吸附上去，使总长度发生改变。

（4）滚动编辑工具：快捷键为 N，此工具在 Premiere Pro 2022 中与波纹编辑工具、比率拉伸工具同处一个工具组，如图 2.20 所示。它的作用是改变前一个素材的出点和后一个素材的入点，且总长度保持不变。但是，当其作用于首尾素材时，改变的是第一个素材的入点和最后一个素材的出点，且总长度发生改变。

图 2.20　同处一个工具组

（5）比率拉伸工具：快捷键为 R，此工具用来对素材进行变速，可以制作出快放、慢放等效果。具体的变化数值会在素材的名称之后显示。

（6）剃刀工具：快捷键为 C，此工具可以说是继选择工具之后最常用的一个工具，主要用来对素材进行裁切。使用此工具可以将时间轴内的剪辑进行一次或多次切割操作。单击剪辑内的某一点后，该剪辑就会在此位置被精确拆分。

> **小贴士**
>
> 配合 Shift 键：刀片变为两个，若此时进行裁切，所有位于此线上的素材都会被切开，但锁定的素材不会被裁切。
>
> 配合 Alt 键：忽略链接而单剪视频或音频，在需要替换部分视频或音频时可以免去解开链接的步骤。

（7）外滑工具：快捷键为 Y，此工具在 Premiere Pro 2022 中与内滑工具同处一个工具组。使用此工具可以同时更改时间轴内某剪辑的入点和出点，并保留入点和出点之间的时间间隔不变。

（8）内滑工具：快捷键为 U，使用此工具可以将时间轴内的某个剪辑向左或向右移动，同时修剪其周围的两个剪辑。三个剪辑的组合持续时间和该组在时间轴中的位置将保持不变。

（9）手形工具：快捷键为 H，使用此工具可以向左或向右移动时间轴的查看区域。可在查看区域内的任意位置向左或向右拖动，但不会改变任何素材在轨道上的位置。

（10）缩放工具：快捷键为 Z，与手形工具同处一个工具组。使用此工具可以放大或缩小时间轴的查看区域。单击查看区域将以 1 为增量进行放大。按住 Alt 键（在 Windows 操作系统下）并单击将以 1 为增量进行缩小。如果想着重显示某一段素材，则可以使用此工具进行框选，这时会出现一个虚线框，松开鼠标左键后此段素材就会被放大。

（11）钢笔工具：快捷键为 P，使用此工具可以设置或选择关键帧，也可以调整时间轴内的连接线。要调整连接线，请垂直拖动连接线。要设置关键帧，请按住 Ctrl 键（在 Windows 操作系统下）并单击连接线。要选择非连续的关键帧，请按住 Shift 键并单击相应关键帧。要选择连续关键帧，请将选框拖到这些关键帧上。

> 小贴士
>
> 钢笔工具可用来绘制形状。使用此工具在"节目监视器"面板需要的位置单击，以此确定起点，直接单击其他位置可以绘制直线，而在单击第二个点的同时按住鼠标左键并进行拖动可以绘制曲线。使用此工具还可以进行关键帧的选择。

（12）文字工具：快捷键为 T，使用此工具可在"节目监视器"面板中输入文字，从而在时间轴相应轨道上产生文字图层。

任务 2　视频转场特效的运用

任务目标

- 了解视频转场的原理。
- 应用"视频过渡"效果。

任务描述

本任务使用给定的视频素材，通过设置"视频过渡"效果，使其在两个镜头之间完成转场效果。

任务分析

镜头是构成影片的基本要素，镜头间的切换就是转场。Premiere Pro 2022 提供了多种镜头切换的方式，可以满足各种镜头切换的需求。本任务将深入学习这些知识。

操作步骤

（1）启动 Premiere Pro 2022 软件，进入项目界面，单击"新建项目"按钮，在弹出的"新建项目"对话框中设置"位置"参数，选择文件保存路径，并在"名称"文本框中输入文件名

"002"，单击"确定"按钮，新建项目文件。

（2）按 Ctrl+N 组合键，弹出"新建序列"对话框，在左侧的列表框中展开"DV-PAL"文件夹并选择"标准 48kHz"选项，单击"确定"按钮，新建"序列 01"。

（3）在"项目"面板的空白处双击，弹出"导入"对话框，导入素材"01.mp4""02.mp4""03.mp4""04.mp4""05.mp4"，导入素材后的"项目"面板如图 2.21 所示。

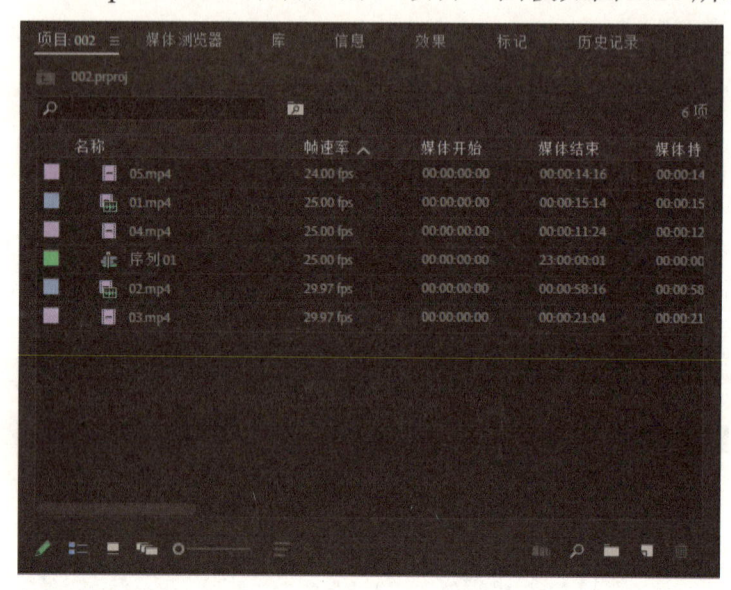

图 2.21　导入素材后的"项目"面板

（4）依次选中"项目"面板中的素材"01.mp4""02.mp4""03.mp4""04.mp4""05.mp4"，一并将其拖到"时间轴"面板的 V1 轨道上，如图 2.22 所示。

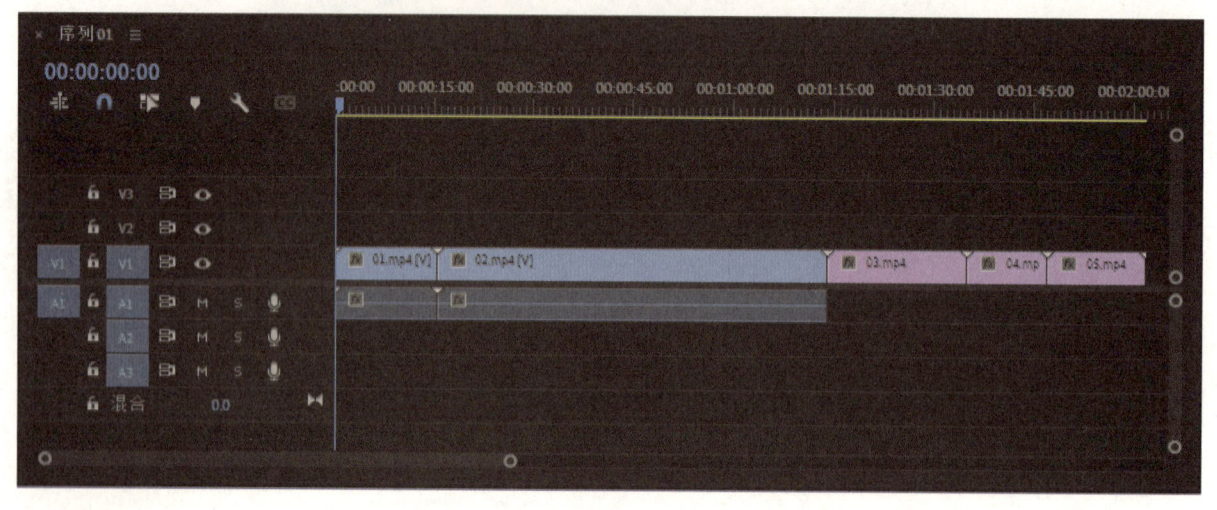

图 2.22　将素材拖到 V1 轨道上

小贴士

在"项目"面板中按住 Ctrl 键，分别单击素材，可选中多个素材文件。

(5)结合剃刀工具、选择工具和键盘上的 Delete 键对时间轴上的素材进行整理,将"A1(音频 1)"轨道上的音频素材删除,将视频素材"01.mp4""02.mp4""03.mp4""04.mp4""05.mp4"的时间长度都设定为 3 秒。整理后的时间轴素材如图 2.23 所示。

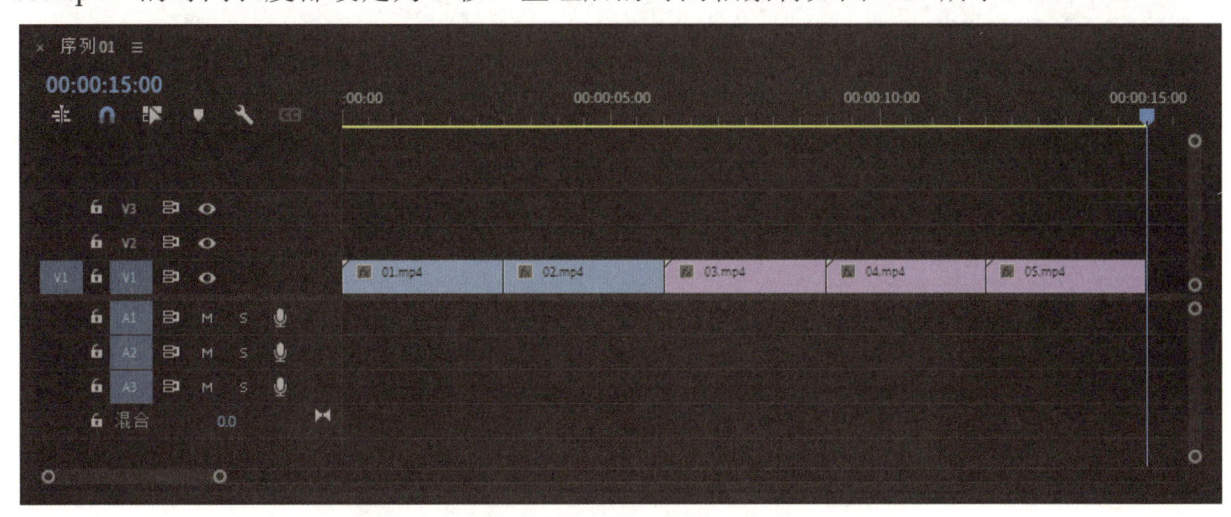

图 2.23 整理后的时间轴素材

(6)选择"窗口"→"效果"命令,打开"效果"面板,如图 2.24 所示。在"效果"面板中,展开"视频过渡"→"3D Motion"文件夹,可以看到"Cube Spin"和"Flip Over"两个过渡效果,如图 2.25 所示。

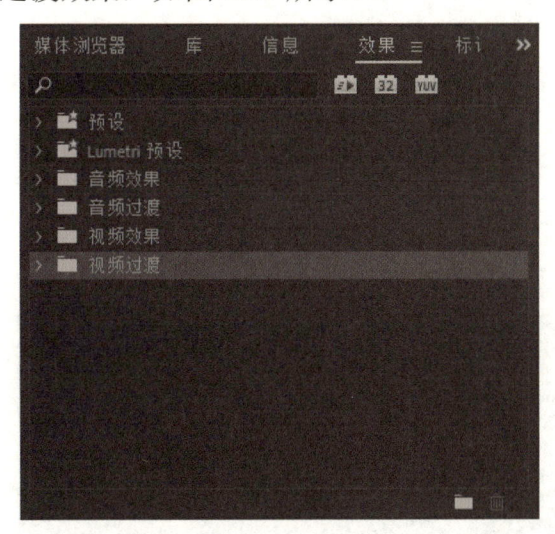

图 2.24 "效果"面板   图 2.25 "3D Motion"过渡效果

(7)按住鼠标左键将"Cube Spin"效果拖入时间轴,放置在素材"01.mp4"和"02.mp4"之间,即可在素材"01.mp4"和"02.mp4"之间添加立方体旋转过渡效果,如图 2.26 所示。在"节目监视器"面板中预览该效果,如图 2.27 所示。

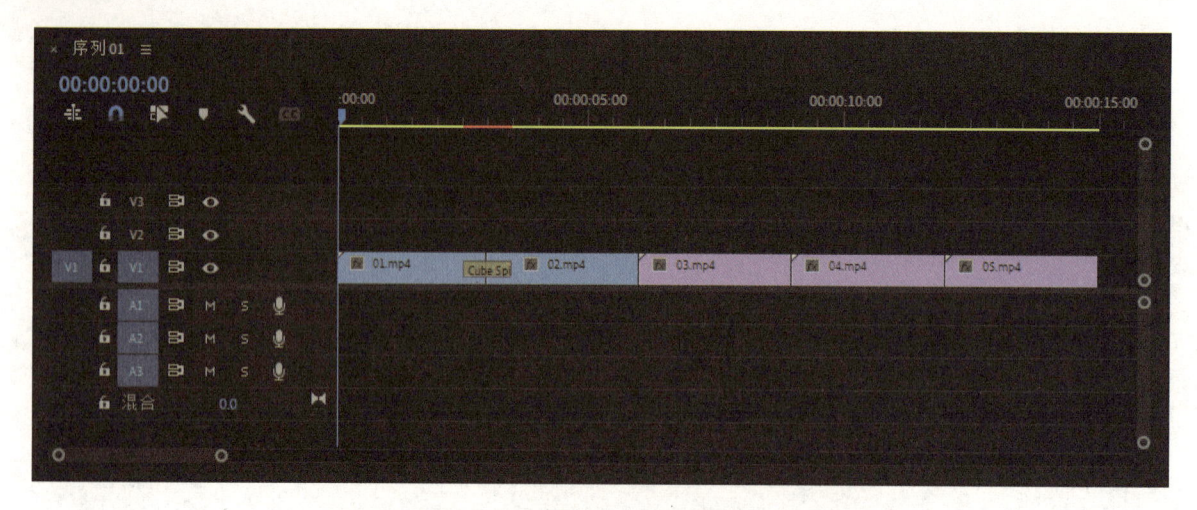

图 2.26　添加立方体旋转过渡效果

图 2.27　预览立方体旋转过渡效果

（8）使用同样的方法将"Flip Over"效果放置在素材"02.mp4"和"03.mp4"之间，素材"03.mp4"和"04.mp4"之间，以及素材"04.mp4"和"05.mp4"之间，为其添加翻转过渡效果，如图 2.28 所示。在"节目监视器"面板中预览该效果，如图 2.29 所示。

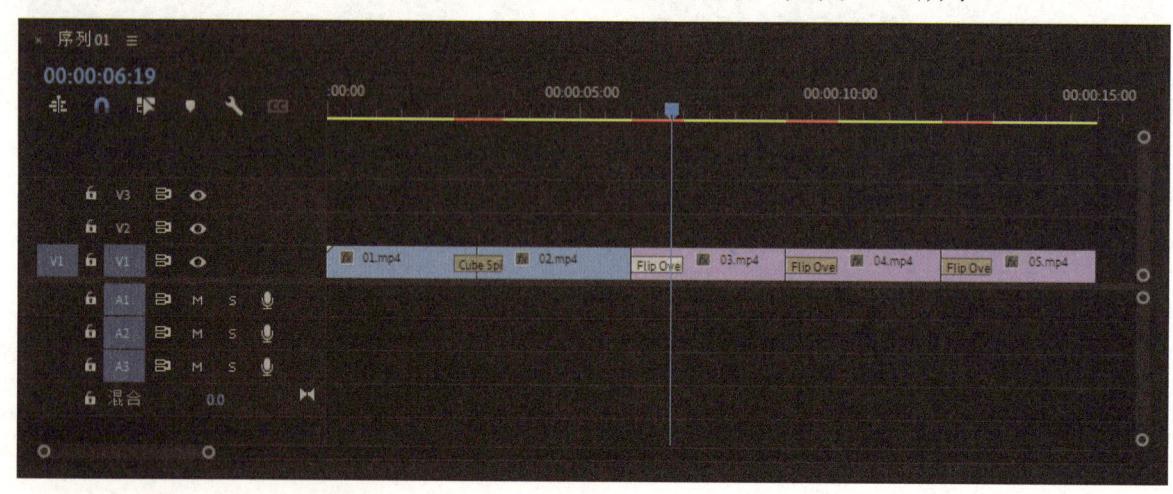

图 2.28　添加翻转过渡效果

图 2.29 预览翻转过渡效果

（9）比较素材"01.mp4"和"02.mp4"之间，素材"02.mp4"和"03.mp4"之间，发现两个过渡效果的切入点不同，如图 2.30 所示。

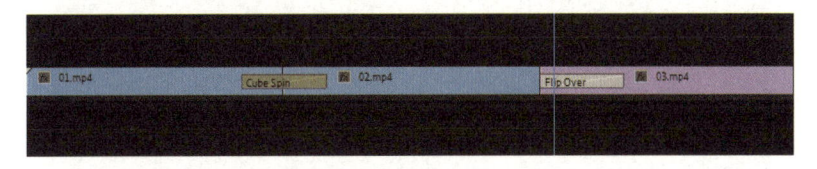

图 2.30 两个过渡效果的切入点不同

（10）选中素材"02.mp4"和"03.mp4"之间的"Flip Over"效果，选择"窗口"→"效果控件"命令，打开"效果控件"面板，如图 2.31 所示。

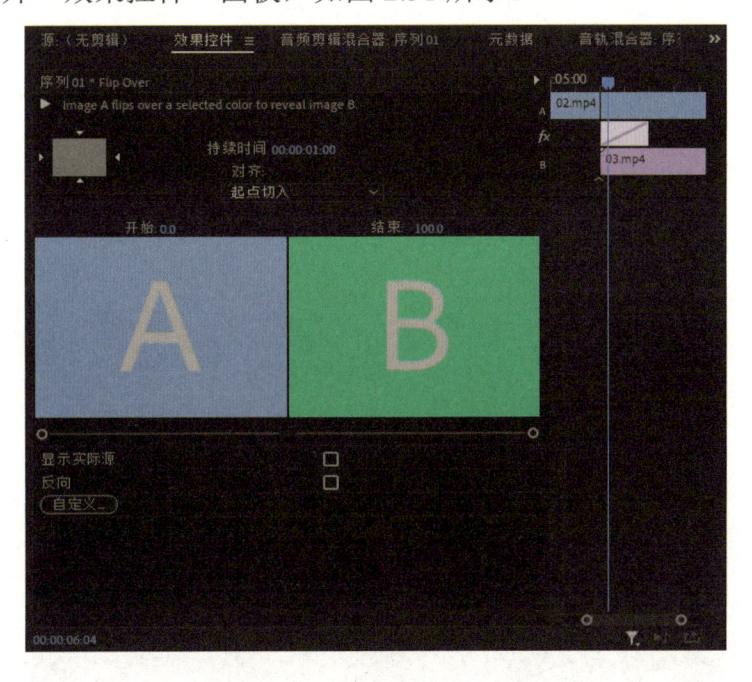

图 2.31 "效果控件"面板

（11）将"效果控件"面板中的对齐方式由"起点切入"改为"中心切入"，即可将"Flip Over"效果置于两素材中间位置，如图 2.32 所示。同样地，将素材"03.mp4"和"04.mp4"

之间、素材"04.mp4"和"05.mp4"之间的对齐方式也都改为"中心切入",从而完成转场过渡效果。

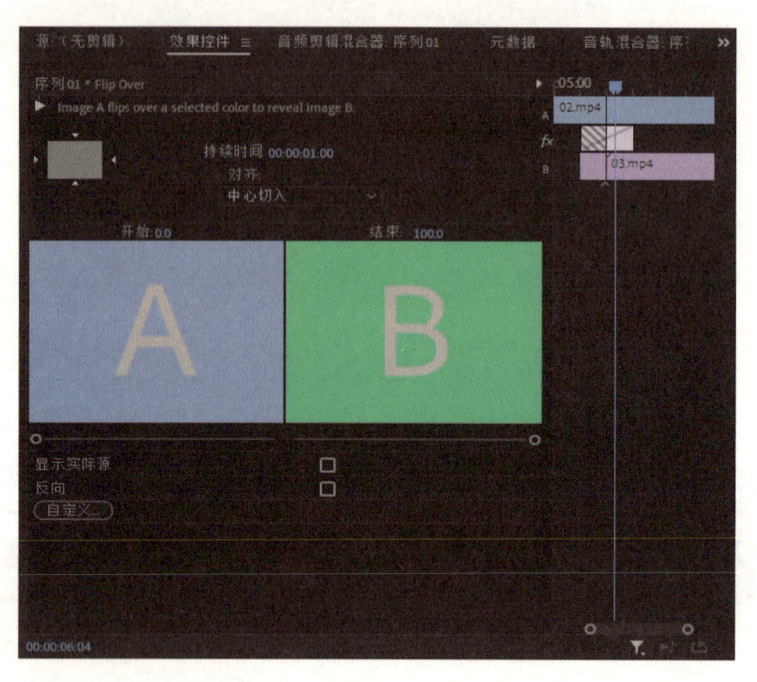

图2.32 对齐方式改为"中心切入"

相关知识

根据类型的不同,Premiere Pro 2022将各种转换特效分别放在"效果"面板的"视频过渡"文件夹中,用户可以根据使用的转换类型进行查找,如图2.33所示。

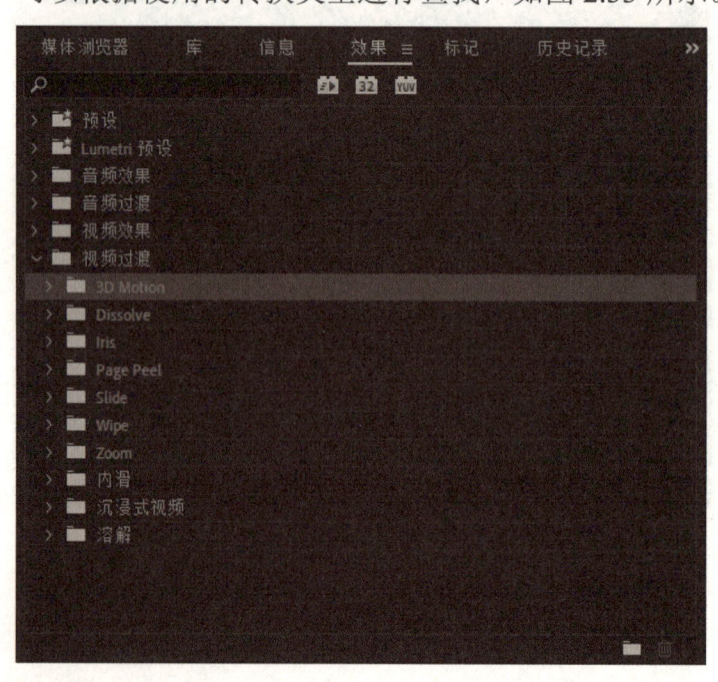

图2.33 视频过渡特效类型

1. 3D 运动类

3D 运动类主要用于实现三维立体视觉过渡效果。在"3D Motion"文件夹中共包含以下两种三维运动效果的场景切换。

1）立方体旋转（Cube Spin）

该过渡效果使视频 A 和视频 B 的场景作为立方体的两个面，通过旋转该立方体将视频 B 的场景逐渐显示出来，其效果如图 2.34 所示。

图 2.34　立方体旋转效果

2）翻转（Flip Over）

该过渡效果将视频 A 的场景与视频 B 的场景作为一张纸的正反面，通过翻转的方法实现两个场景的切换，其效果如图 2.35 所示。

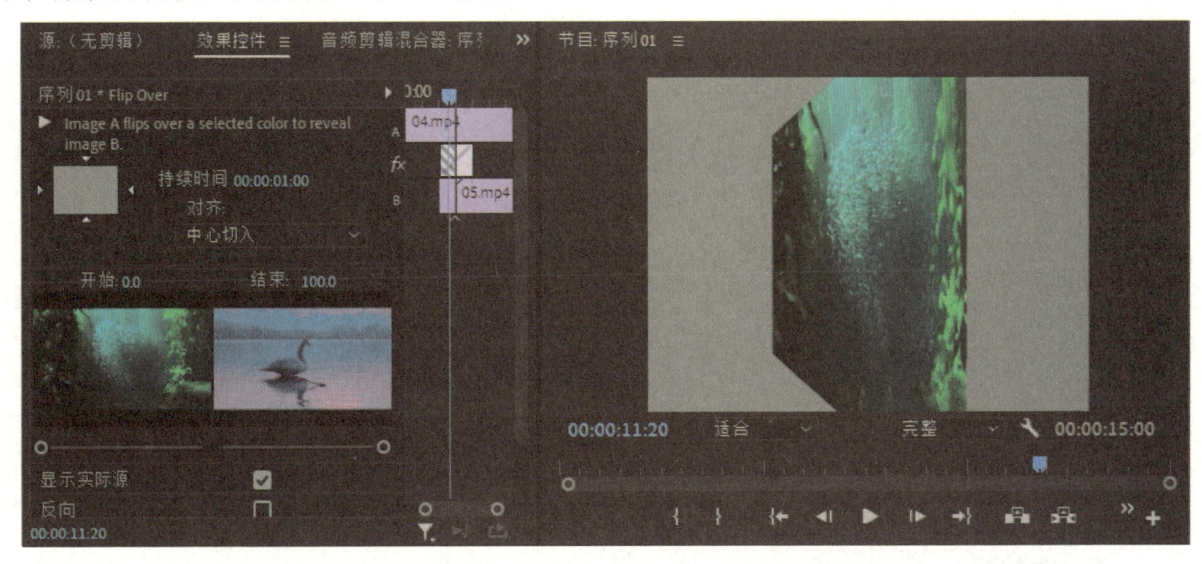

图 2.35　翻转效果

2. 溶解类

溶解类转场主要体现在一个画面逐渐消失，同时另一个画面逐渐出现时。在 Premiere Pro 2022 中，溶解类转场主要包含在"Dissolve""溶解"两个文件夹中，共有 7 种视频过渡效果，如图 2.36 所示。

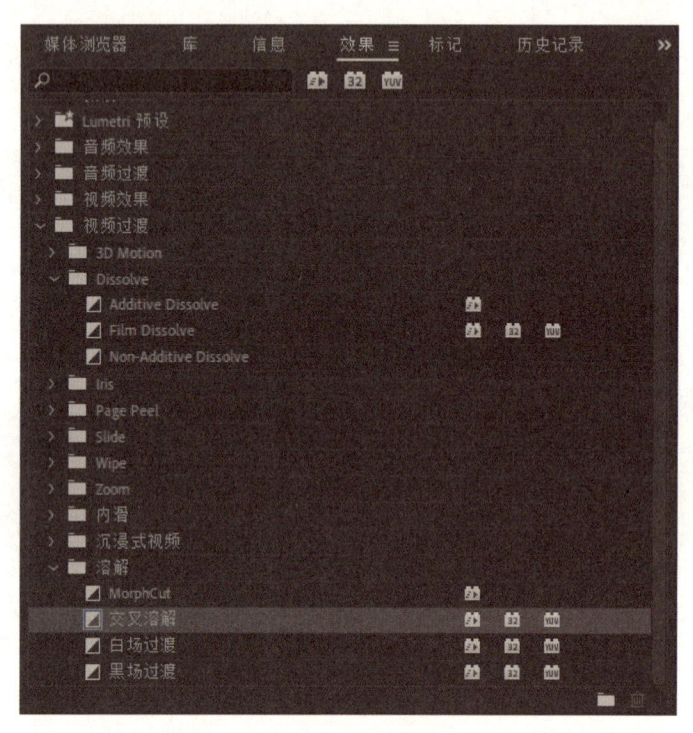

图 2.36 溶解类转场

1）叠加溶解（Additive Dissolve）

该过渡效果用于创建从视频 A 场景到视频 B 场景的淡化，如图 2.37 所示。

图 2.37 叠加溶解效果

2）胶片溶解（Film Dissolve）

该过渡效果使视频 A 逐渐透明至显示出视频 B，其效果如图 2.38 所示。

图 2.38　胶片溶解效果

3）非叠加溶解（Non-Additive Dissolve）

该过渡效果使视频 B 逐渐出现在视频 A 的彩色区域内，其效果如图 2.39 所示。

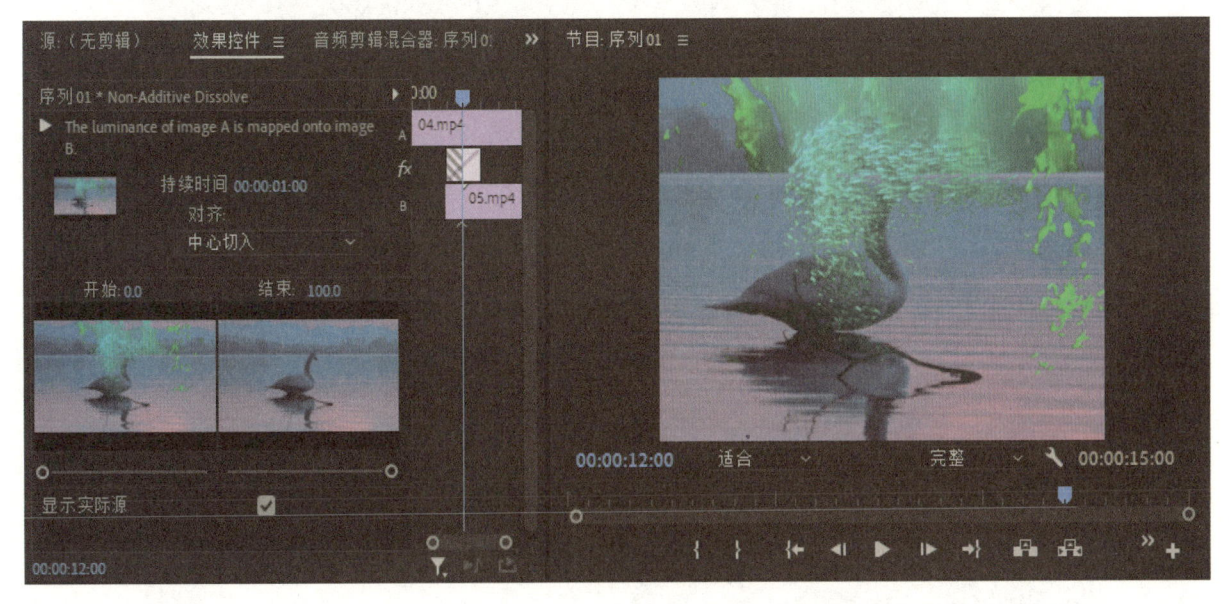

图 2.39　非叠加溶解效果

4）MorphCut

该过渡效果通过脸部跟踪和帧内插值，使当前画面更加顺畅、柔和地转换到下一画面中，常用于断帧修复，其效果如图 2.40 所示。

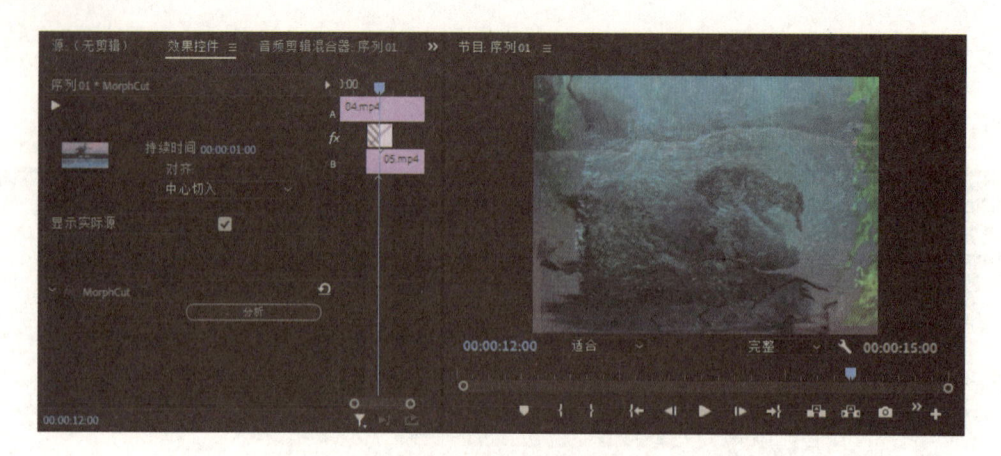

图 2.40　MorphCut 效果

5）交叉溶解

该过渡效果使视频 B 在视频 A 淡出之前淡入，其效果如图 2.41 所示。

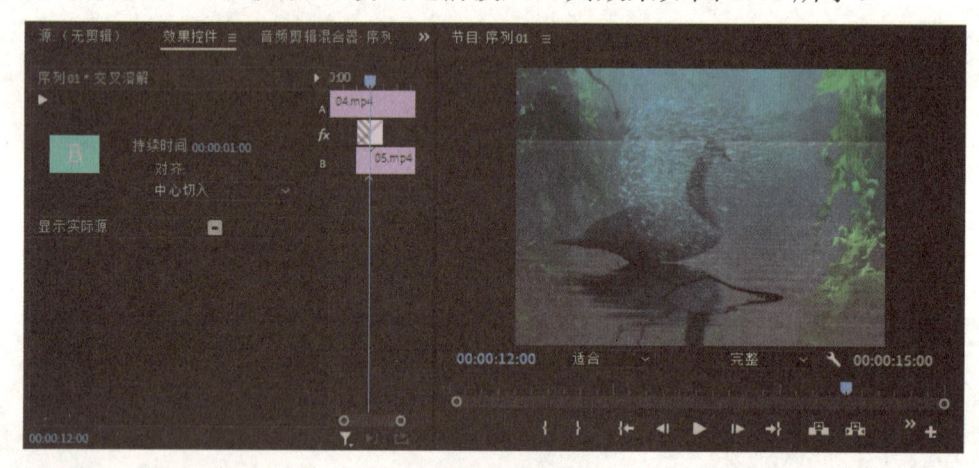

图 2.41　交叉溶解效果

6）白场过渡

该过渡效果使视频 A 以变亮为白色的形式淡化为视频 B，其效果如图 2.42 所示。

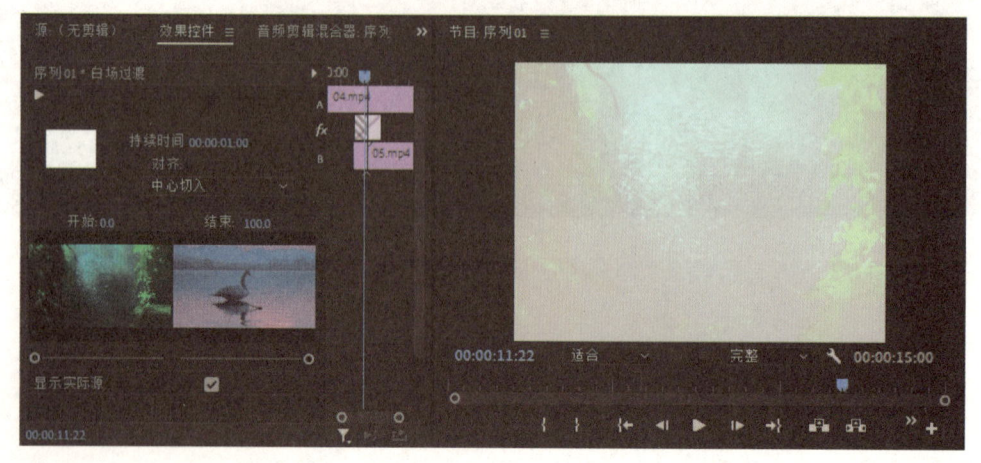

图 2.42　白场过渡效果

7）黑场过渡

该过渡效果使视频 A 以变暗为黑色的形式淡化为视频 B，其效果如图 2.43 所示。

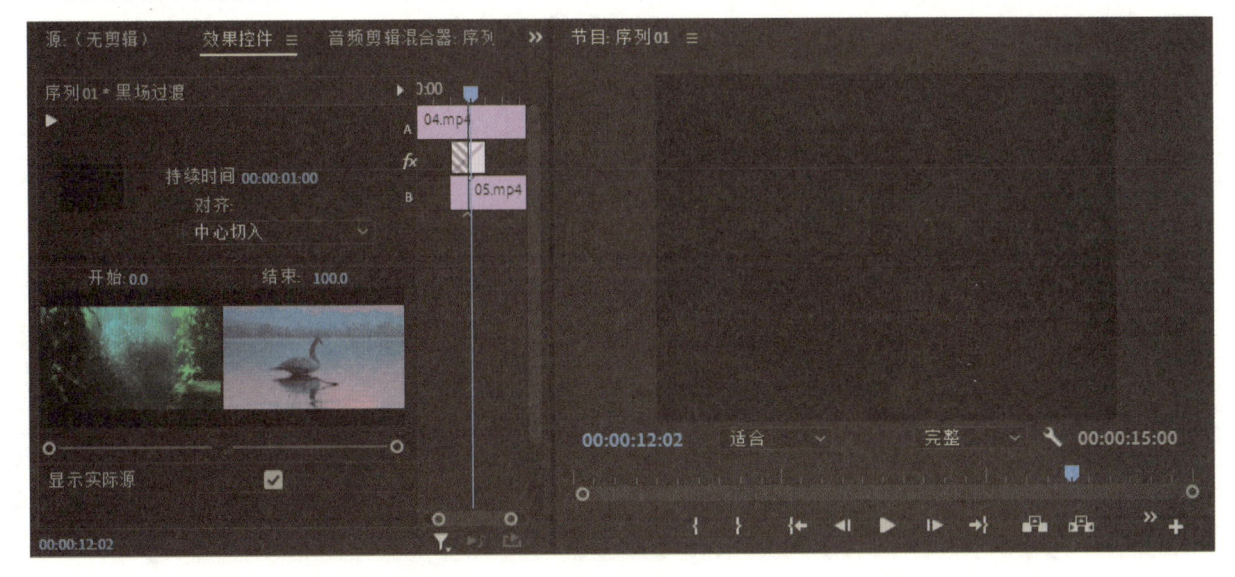

图 2.43　黑场过渡效果

3. 划像类

划像类转场是将一个视频素材以某种形状逐渐淡入另一个视频素材，主要包含在"Iris（划像）"文件夹中，共有 4 种视频过渡效果，如图 2.44 所示。

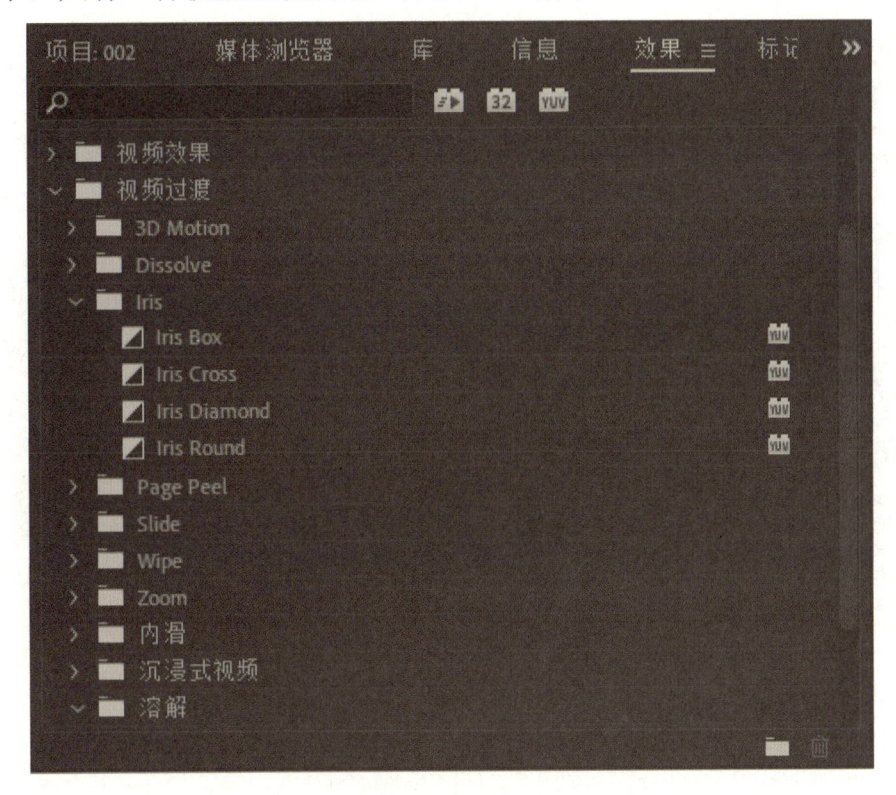

图 2.44　划像类转场

1）盒形划像（Iris Box）

该过渡效果使视频 B 呈矩形从视频 A 中慢慢变大展开，其效果如图 2.45 所示。

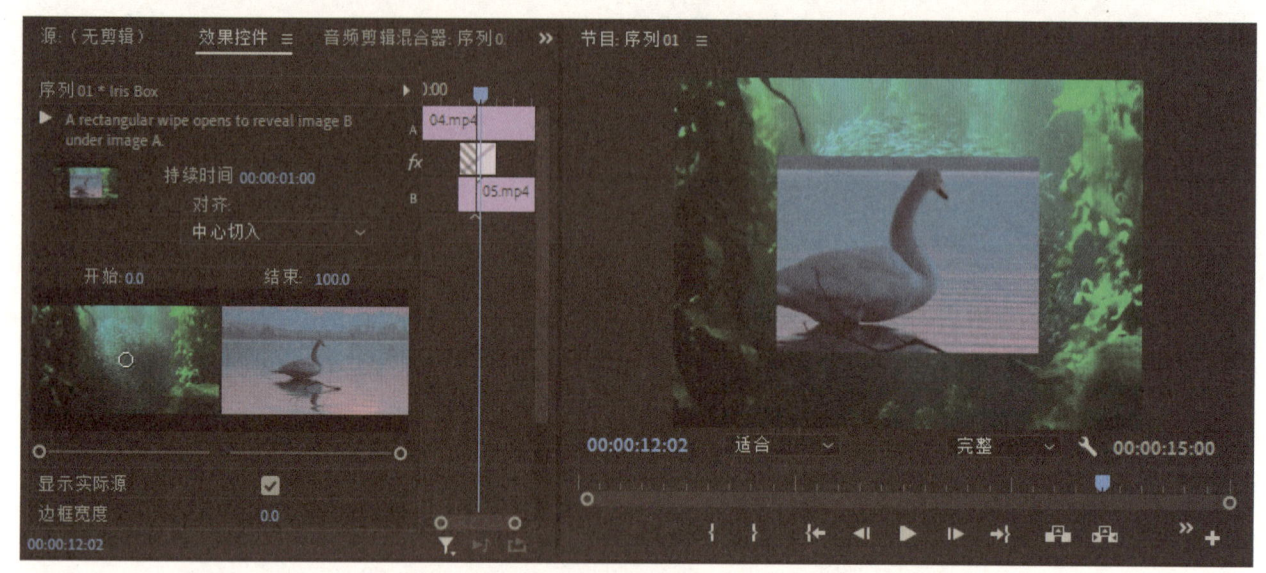

图 2.45　盒形划像效果

2）交叉划像（Iris Cross）

该过渡效果使视频 B 逐渐出现在一个十字形中，且该十字越来越大，最后占据整个画面，其效果如图 2.46 所示。

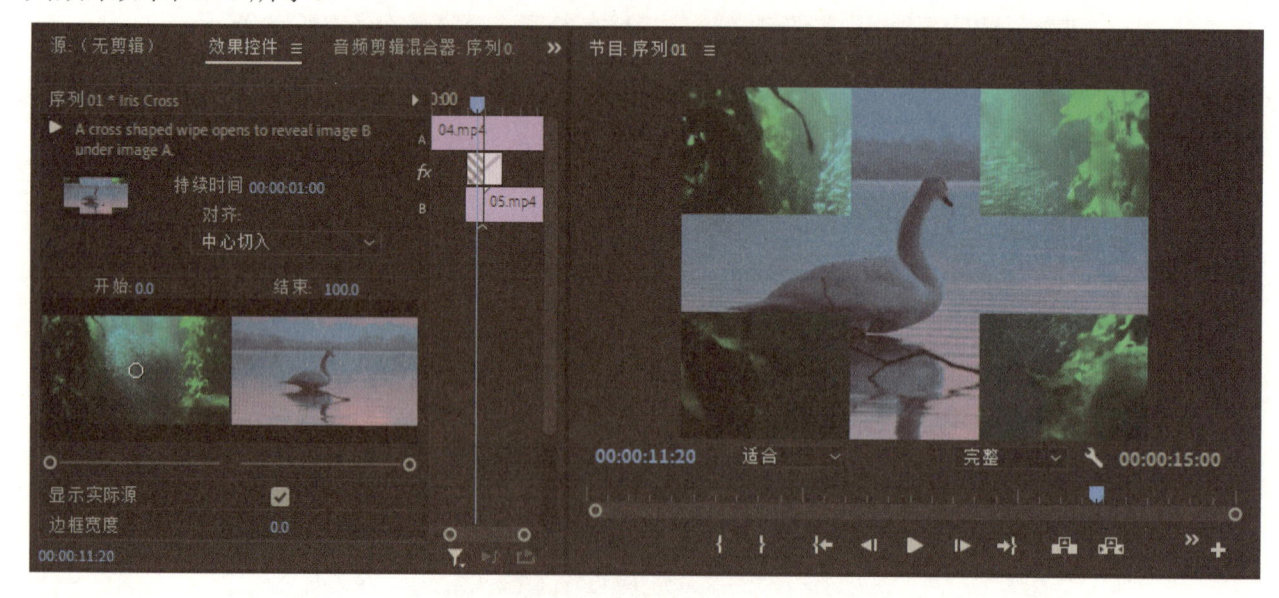

图 2.46　交叉划像效果

3）菱形划像（Iris Diamond）

该过渡效果使视频 B 呈菱形从视频 A 中慢慢变大展开，最后占据整个画面，其效果如图 2.47 所示。

图 2.47 菱形划像效果

4）圆划像（Iris Round）

该过渡效果使视频 B 呈圆形从视频 A 中慢慢变大展开，最后占据整个画面，其效果如图 2.48 所示。

图 2.48 圆划像效果

4．卷页类

卷页类转场主要包含在"Page Peel"文件夹中，共有两种视频过渡效果，如图 2.49 所示。

1）卷页（Page Peel）

该过渡效果使视频 A 像纸一样被翻面卷起，露出视频 B，其效果如图 2.50 所示。

2）翻页（Page Turn）

该过渡效果使视频 A 从左上角向右下角卷起，露出视频 B，其效果如图 2.51 所示。

图 2.49　卷页类转场

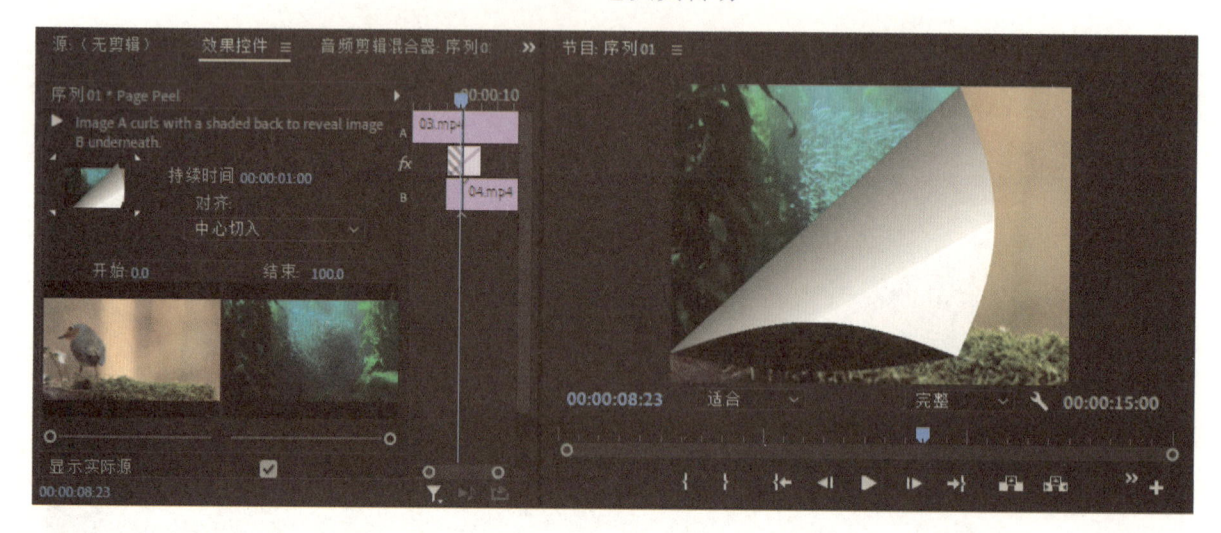

图 2.50　卷页效果

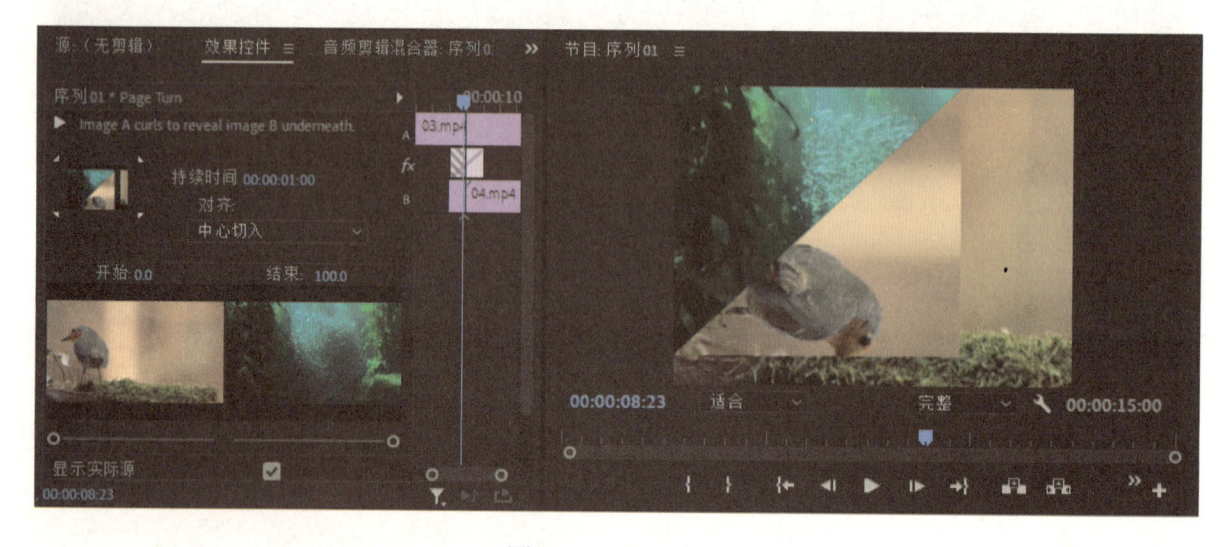

图 2.51　翻页效果

46

5. 滑动类

滑动类转场主要包含在"Slide"文件夹中，共有 5 种滑动切换的过渡效果，如图 2.52 所示。

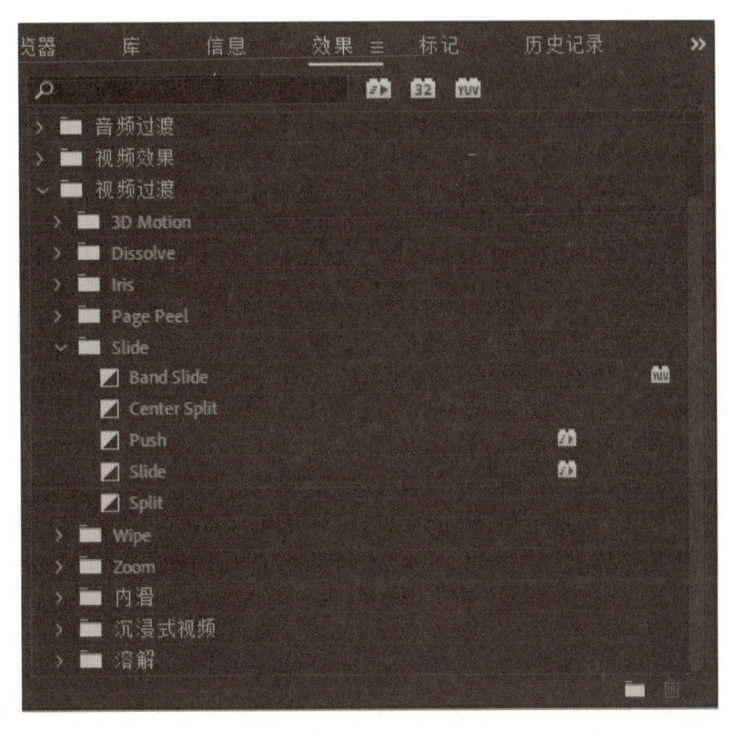

图 2.52　滑动类转场

1）带状滑动（Band Slide）

该过渡效果使矩形条带从屏幕右边和屏幕左边出现，并逐渐使视频 B 取代视频 A，其效果如图 2.53 所示。

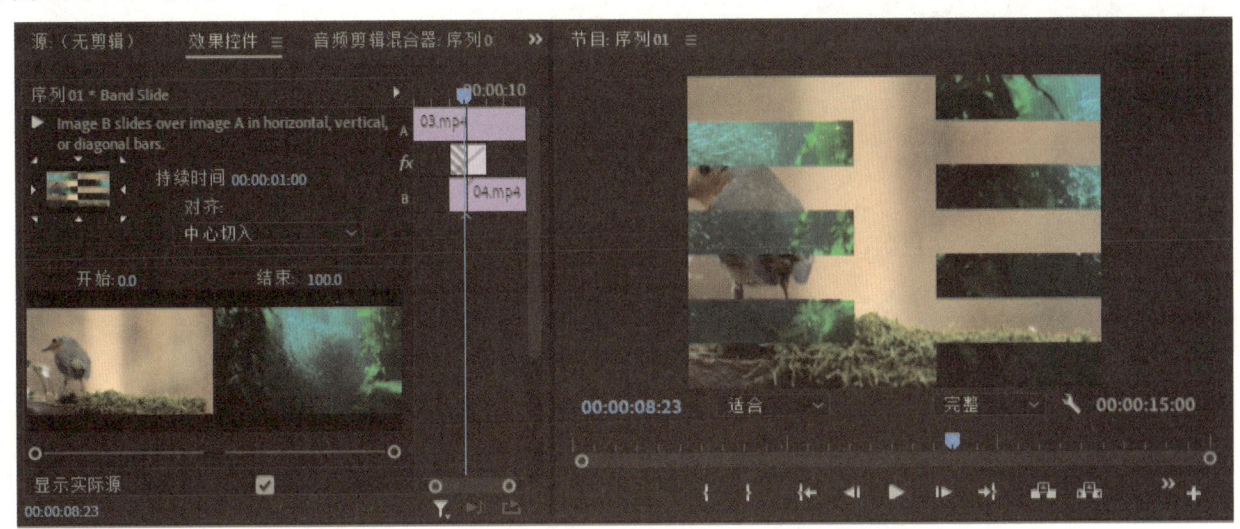

图 2.53　带状滑动效果

2）中心拆分（Center Split）

该过渡效果将视频 A 切分为四象限，并逐渐从中心向外移动，最终使视频 B 取代视频 A，其效果如图 2.54 所示。

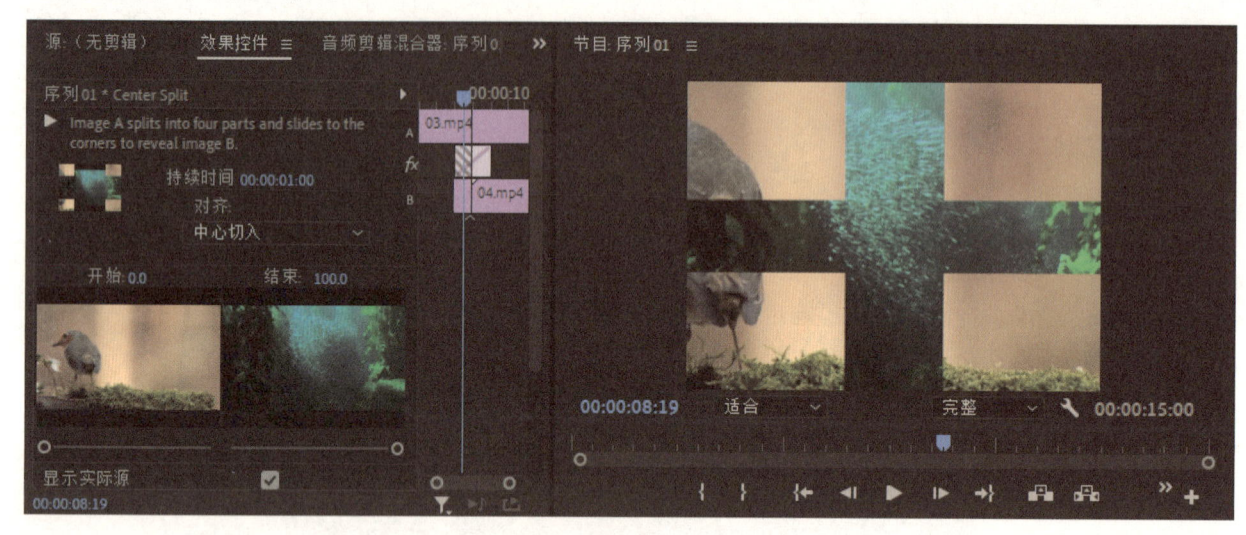

图 2.54　中心拆分效果

3）推（Push）

该过渡效果使视频 B 将视频 A 推向一边，最终使视频 B 取代视频 A，其效果如图 2.55 所示。

图 2.55　推效果

4）滑动（Slide）

该过渡效果使视频 B 逐渐滑动到视频 A 的上方，并逐渐覆盖视频 A，其效果如图 2.56 所示。

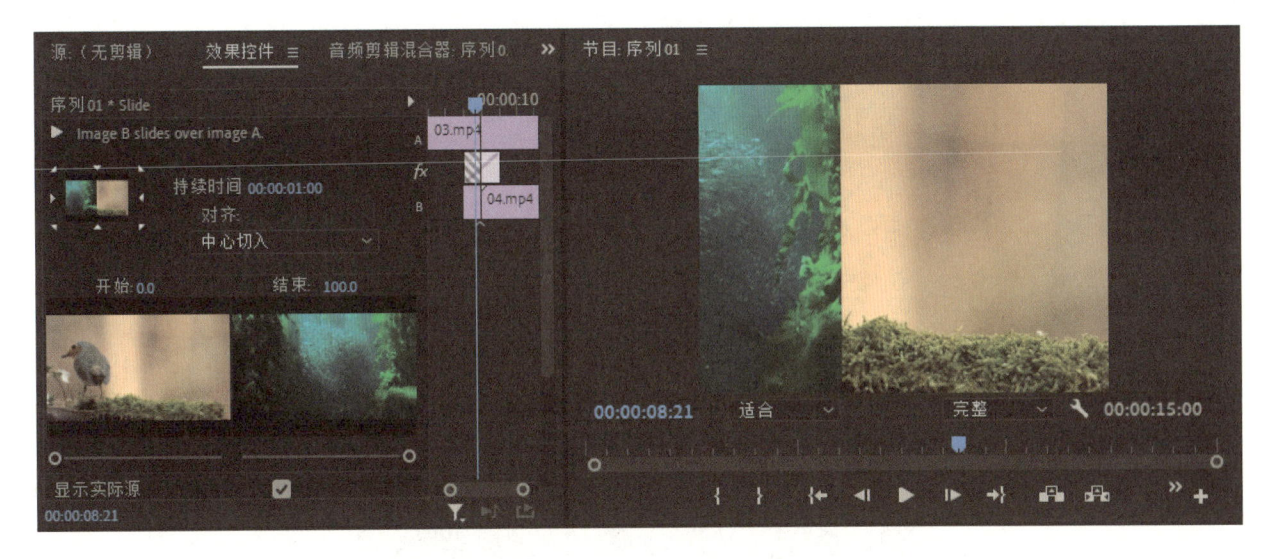

图 2.56 滑动效果

5）拆分（Split）

该过渡效果将视频 A 从中间分裂开，从而显示其后面的视频 B，类似于打开两扇分开的门以显示房间内的物品，其效果如图 2.57 所示。

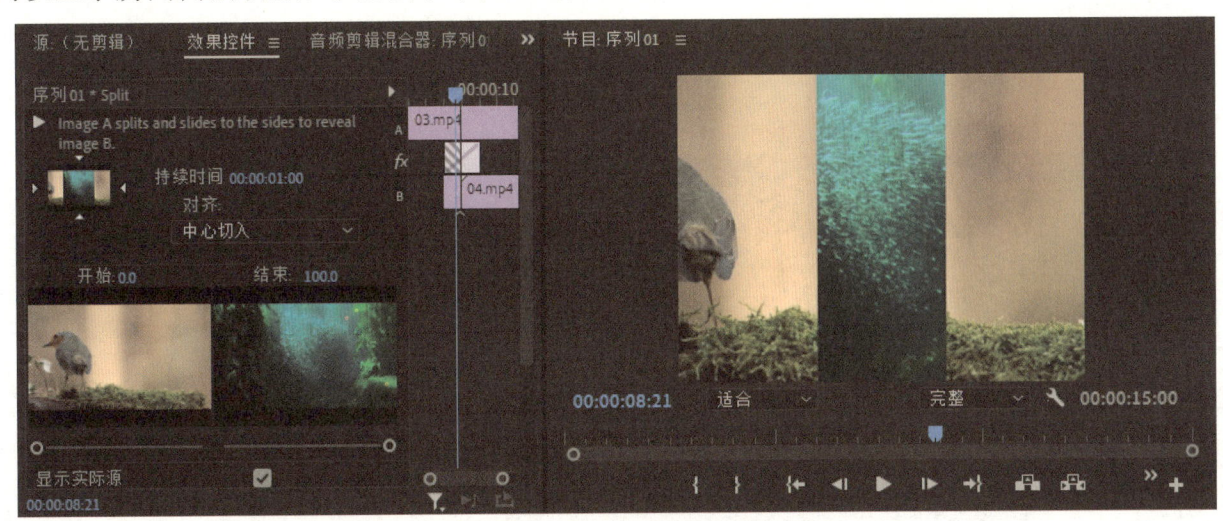

图 2.57 拆分效果

6. 擦除类

擦除类转场通过擦除视频 A 的不同部分来显示视频 B 的场景，主要包含在"Wipe"文件夹中，共有 17 种擦除特效的视频过渡效果，如图 2.58 所示。

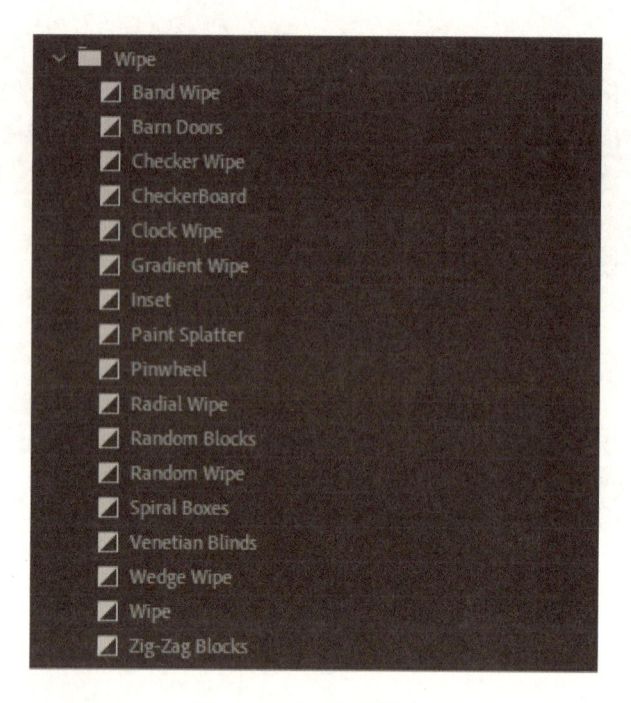

图 2.58 擦除类转场

1）带状擦除（Band Wipe）

该过渡效果使矩形条带从屏幕左边和屏幕右边逐渐出现，从而使视频 B 逐渐取代视频 A，其效果如图 2.59 所示。

图 2.59 带状擦除效果

2）双侧平推门（Barn Doors）

该过渡效果使视频 A 从中心向两侧推开，显现视频 B，其效果如图 2.60 所示。

图 2.60 双侧平推门效果

3）棋盘擦除（Checker Wipe）

该过渡效果使视频 A 以棋盘消失的形式过渡到视频 B，其效果如图 2.61 所示。

图 2.61 棋盘擦除效果

4）棋盘（CheckerBoard）

该过渡效果会使视频 B 以方格形式逐行出现，从而取代视频 A，其效果如图 2.62 所示。

图 2.62　棋盘效果

5）时钟式擦除（Clock Wipe）

该过渡效果使视频 B 以圆周运动的方式逐渐出现在屏幕上并取代视频 A，类似于时钟的旋转指针扫过素材屏幕，其效果如图 2.63 所示。

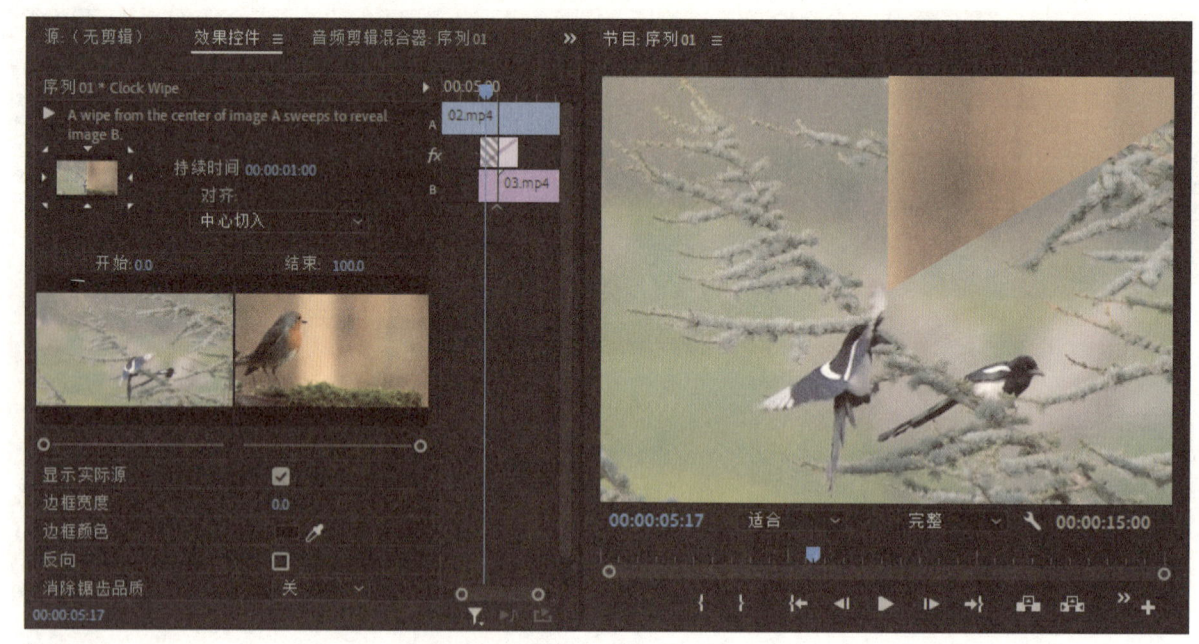

图 2.63　时钟式擦除效果

6）渐变擦除（Gradient Wipe）

该过渡效果会使视频 A 从左上角逐渐向右下角渐变，直至显现视频 B，其效果如图 2.64 所示。

图 2.64 渐变擦除效果

7）插入（Inset）

该过渡效果使视频 B 出现在画面左上角的一个小矩形框中，在擦除过程中，该矩形逐渐变大，直到视频 B 取代视频 A，其效果如图 2.65 所示。

图 2.65 插入效果

8）油漆飞溅（Paint Splatter）

该过渡效果使视频 B 以泼洒颜料的形式逐渐出现并取代视频 A，其效果如图 2.66 所示。

图 2.66　油漆飞溅效果

9）风车（Pinwheel）

该过渡效果使视频 B 以风车轮状旋转的形式出现并取代视频 A，其效果如图 2.67 所示。

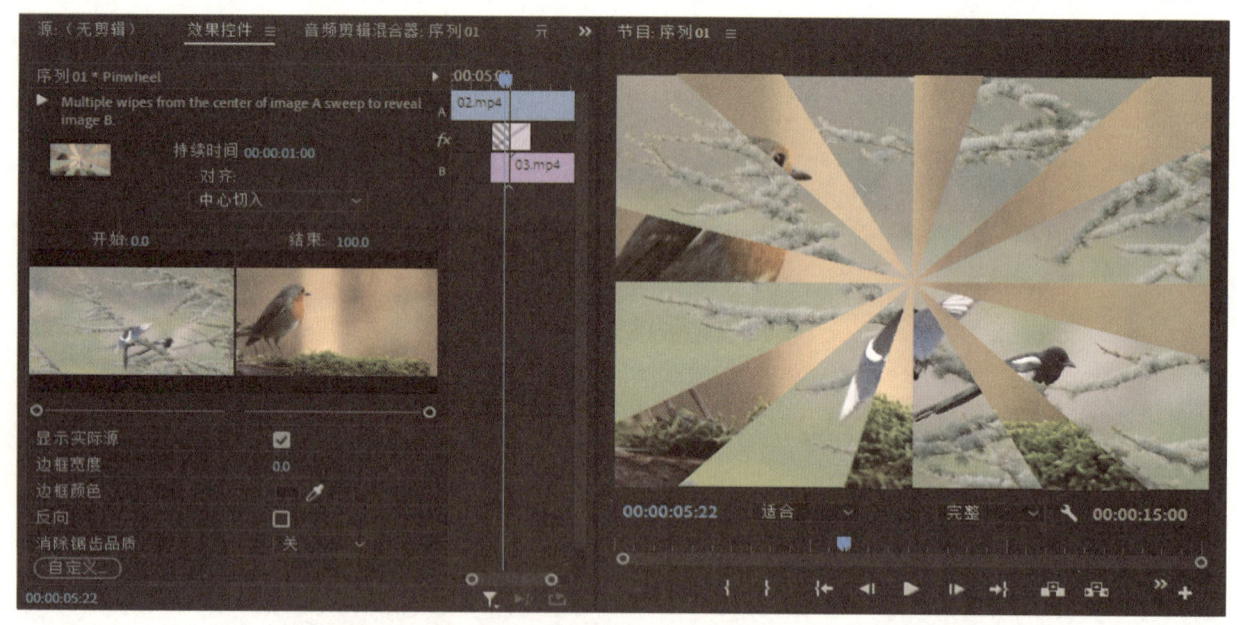

图 2.67　风车效果

10）径向擦除（Radial Wipe）

该过渡效果先水平擦过视频 A 的顶部，再顺时针扫过一个弧度，使视频 A 逐渐被擦除，从而显示出视频 B，其效果如图 2.68 所示。

图 2.68　径向擦除效果

11）随机块（Random Blocks）

该过渡效果会使视频 B 以方块形式随意出现并取代视频 A，其效果如图 2.69 所示。

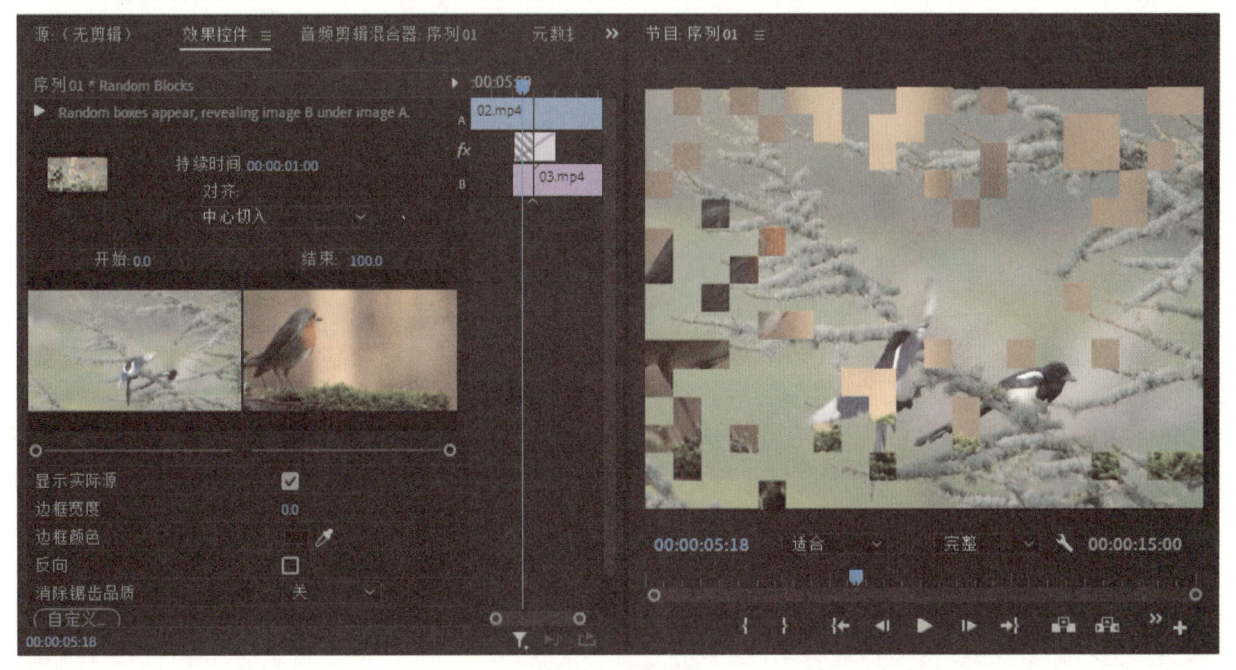

图 2.69　随机块效果

12）随机擦除（Random Wipe）

该过渡效果会使视频 B 产生随机方块由上向下以擦除形式取代视频 A，其效果如图 2.70 所示。

图 2.70　随机擦除效果

13）螺旋框（Spiral Boxes）

该过渡效果会使视频 B 以螺旋块状旋转的形式出现并取代视频 A，其效果如图 2.71 所示。

图 2.71　螺旋框效果

14）百叶窗（Venetian Blinds）

该过渡效果使视频 B 看起来像是透过百叶窗出现的，百叶窗逐渐打开，从而显示视频 B 的完整画面，其效果如图 2.72 所示。

图 2.72　百叶窗效果

15）楔形擦除（Wedge Wipe）

该过渡效果使视频 B 以饼式楔形逐渐变大并最终取代视频 A，其效果如图 2.73 所示。

图 2.73　楔形擦除效果

16）擦除（Wipe）

该过渡效果使视频 B 从左向右滑入，逐渐取代视频 A。用户也可以编辑擦除方向，使视频 B 从左上向右下滑入，如图 2.74 所示。在"效果控件"面板中，位于左上方的 8 个白色的三角形表示可编辑的 8 个擦除方向。

图2.74 擦除效果

17）水波块（Zig-Zag Blocks）

该过渡效果使视频B逐渐出现在水平条带中，这些条带先从左向右移动，再从上向下移动，最终取代视频A，其效果如图2.75所示。

图2.75 水波块效果

7. 缩放类（Zoom）

缩放类转场包含在"Zoom"文件夹中，且只有1个交叉缩放（Cross Zoom）过渡效果，如图2.76所示。

图 2.76 缩放类转场

交叉缩放效果使上一个视频 A 放大消失，下一个视频 B 由大变为正常大小切换进入画面，其效果如图 2.77 所示。

图 2.77 交叉缩放效果

8. 内滑类

内滑类转场包含在"内滑"文件夹中，且只有 1 个急摇过渡效果，如图 2.78 所示。

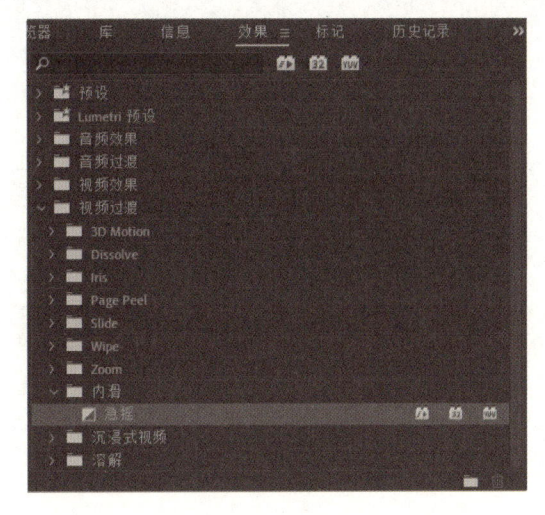

图 2.78 内滑类转场

急摇效果是无缝转场拍摄期间常用的一种转场方式。它以快速至模糊的速度从一个物体或地方转至完全不同的画面，让视频的节奏如行云流水，其效果如图 2.79 所示。

图 2.79　急摇效果

9．沉浸式视频类

沉浸式视频类转场为 Premiere Pro 2022 新增功能，包含在"沉浸式视频"文件夹中，都是为 VR 视频剪辑服务的，主要用于 VR 视频之间。"沉浸式视频"文件夹中共包含 8 种与 VR 有关的视频过渡效果，分别是"VR 光圈擦除""VR 光线""VR 渐变擦除""VR 漏光""VR 球形模糊""VR 色度泄漏""VR 随机块""VR 默比乌斯缩放"，如图 2.80 所示。这些过渡效果在一般视频间作为转场使用时也有很好的视觉效果，如 VR 漏光效果会产生色彩玄幻的效果，让人过目难忘，如图 2.81 所示。

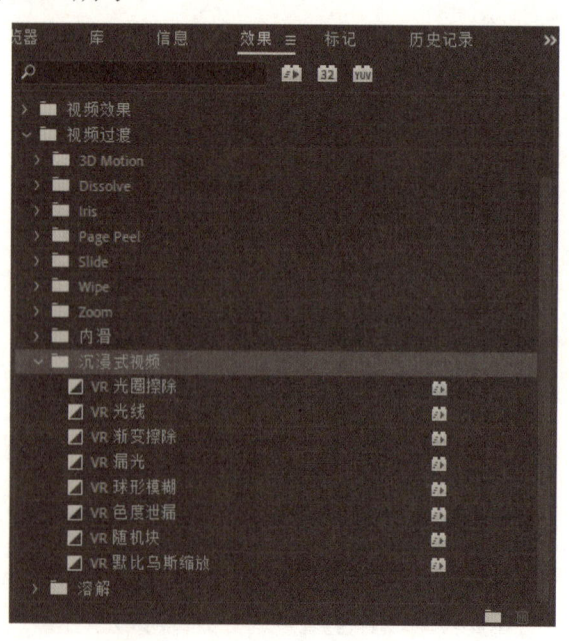

图 2.80　沉浸式视频类转场

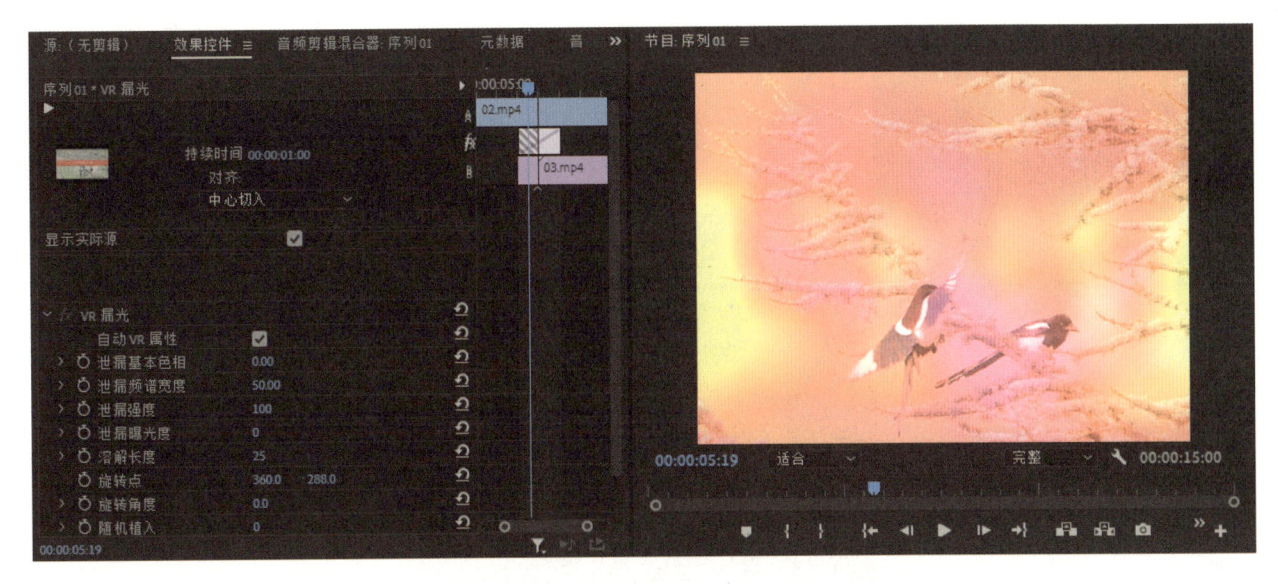

图 2.81　VR 漏光效果

任务 3　视频效果的运用

任务目标

- 了解视频效果的分类。
- 掌握视频效果的应用方法。

任务描述

本任务使用给定的视频素材，通过设置视频效果，使视频素材产生神奇的效果，从而令观看者产生不一样的视觉感受。

任务分析

Premiere Pro 2022 的特效可以使枯燥乏味的视频作品充满生趣，有些效果可以提高视频的质量，也有些效果会使视频变得更加独特。

操作步骤

（1）启动 Premiere Pro 2022 软件，进入项目界面，单击"新建项目"按钮，在弹出的"新建项目"对话框中设置"位置"参数，选择文件保存路径，并在"名称"文本框中输入文件名"003"，单击"确定"按钮，新建项目文件。

（2）按 Ctrl+N 组合键，弹出"新建序列"对话框，在左侧的列表框中展开"DV-PAL"文件夹并选择"标准 48kHz"选项，单击"确定"按钮，新建"序列 01"。

（3）在"项目"面板的空白处双击，弹出"导入"对话框，框选并导入素材"01.jpg"～"07.jpg"。按 Ctrl+I 组合键，再次快速导入音频文件和文字素材，素材在"项目"面板中的显示效果，如图 2.82 所示。

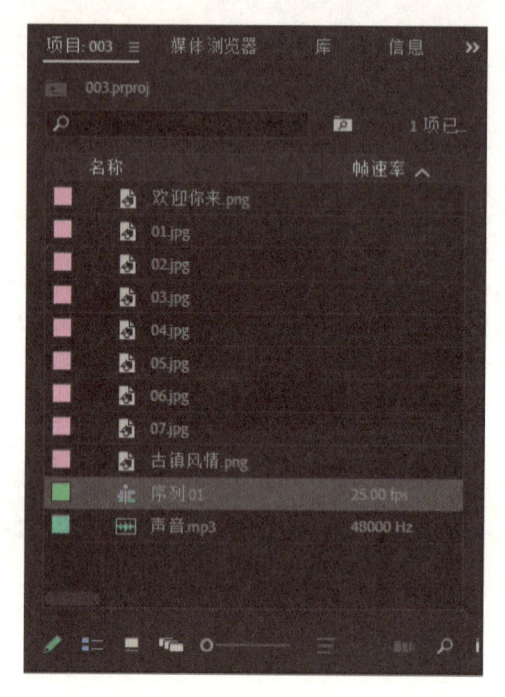

图 2.82　导入素材

（4）将素材拖入"时间轴"面板。选中素材"01.jpg"并在按住 Ctrl 键的同时依次选择素材"02.jpg""03.jpg""04.jpg""05.jpg""06.jpg""07.jpg"，将这些图像素材直接拖到"时间轴"面板 V1 轨道的"00:00:00:00"位置处，每个素材时长为 5 秒，如图 2.83 所示。

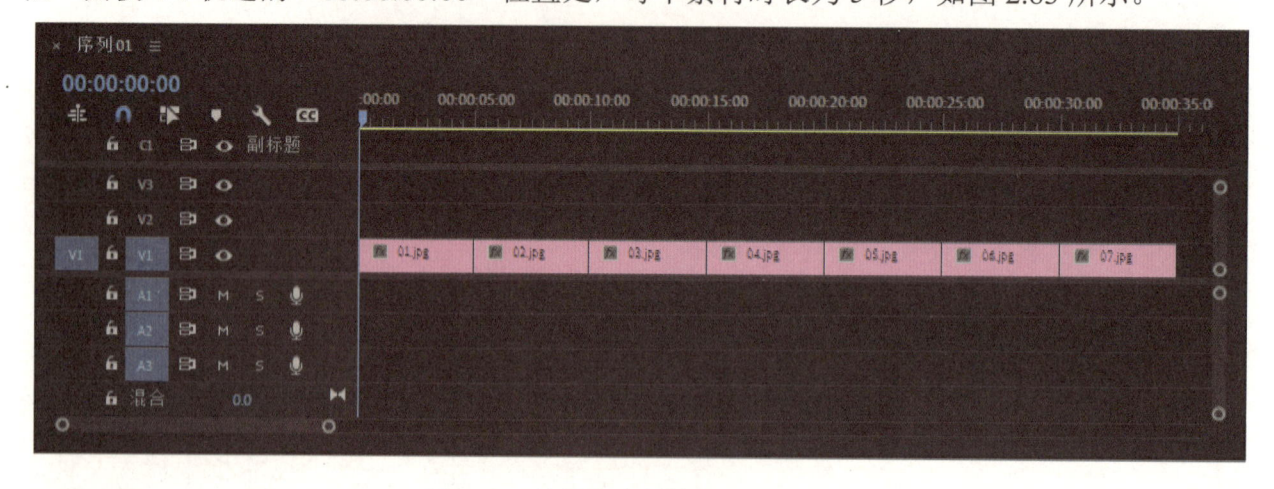

图 2.83　将图像素材拖到 V1 轨道上

（5）打开"效果"面板，选择"视频效果"→"生成"→"镜头光晕"选项，并将其拖到素材"01.jpg"上，如图 2.84 所示。

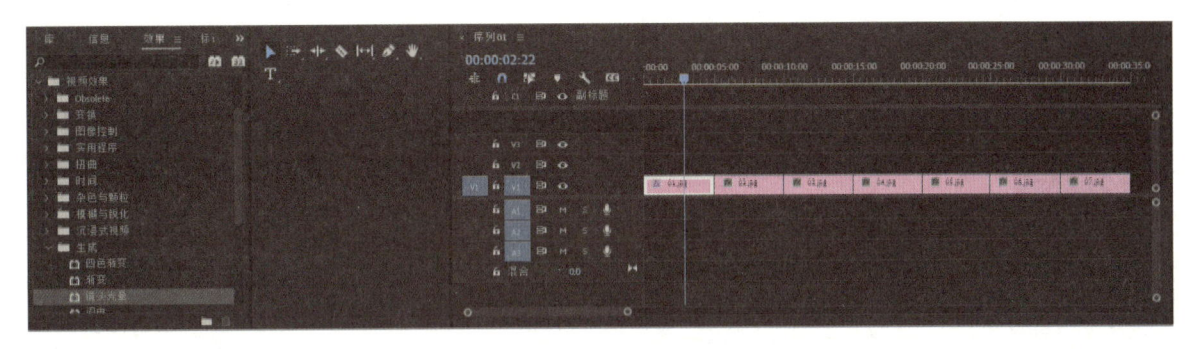

图2.84 将"镜头光晕"效果添加到素材"01.jpg"上

（6）选中素材"01.jpg"，将时间指针移到"00:00:00:04"位置处，打开"效果控件"面板，展开"镜头光晕"效果，设置"光晕中心"参数，并单击其左侧的 ◎ 按钮添加关键帧，如图2.85所示。

图2.85 为"镜头光晕"效果启用关键帧

（7）将时间指针移到"00:00:04:17"位置处，改变"光晕中心"参数，如图2.86所示。系统将自动添加第2个关键帧，从而完成为素材"01.jpg"添加运动的镜头光晕效果。

图2.86 设置第2个关键帧参数

（8）将时间指针移到"00:00:07:13"位置处，使用剃刀工具将素材"02.jpg"截断。打开"效果"面板，选择"视频效果"→"变换"→"水平翻转"选项，并将其拖到素材"02.jpg"被截断的后半部分上，使素材"02.jpg"前、后两部分产生原图与水平翻转后图像的对比效果，如图 2.87 所示。

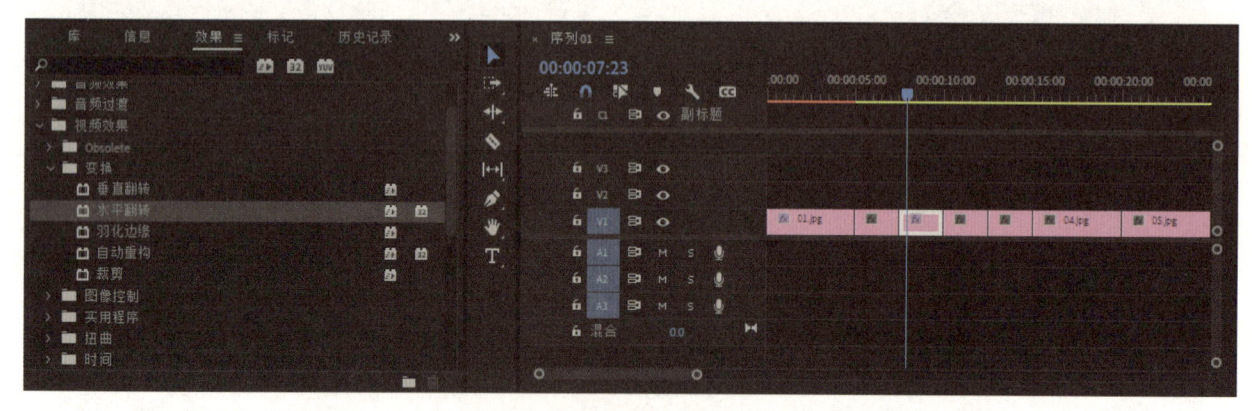

图 2.87　在素材"02.jpg"后半部分上添加"水平翻转"效果

（9）将时间指针移到"00:00:12:13"位置处，使用剃刀工具将素材"03.jpg"截断，打开"效果"面板，选择"视频效果"→"图像控制"→"黑白"选项，并将其拖到素材"03.jpg"被截断的前半部分上，使素材"03.jpg"前、后两部分产生原图彩色与黑白的对比效果，如图 2.88 所示。

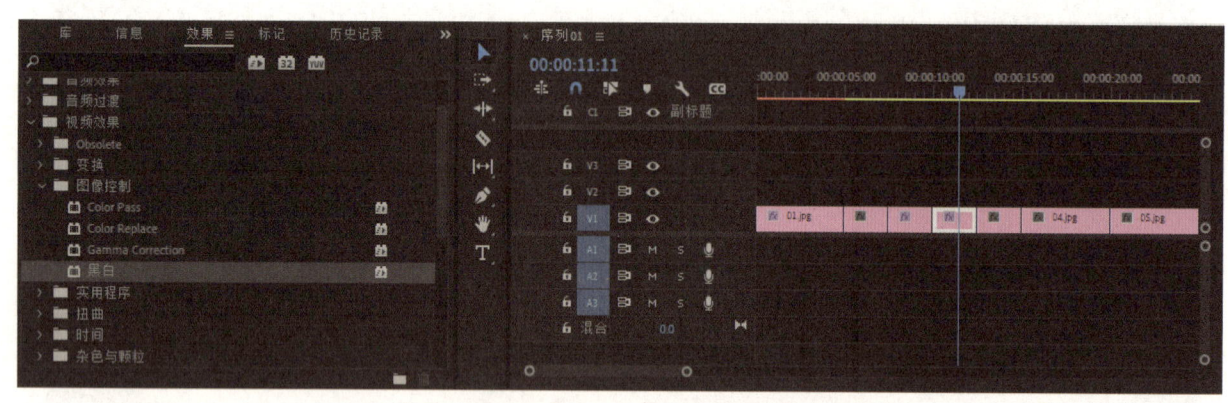

图 2.88　在素材"03.jpg"前半部分上添加"黑白"效果

（10）打开"效果"面板，选择"视频效果"→"扭曲"→"波形变形"选项，并将其拖到素材"04.jpg"上，如图 2.89 所示。将时间指针移到"00:00:15:02"位置处，打开"效果控件"面板，展开"波形变形"效果，设置"波形高度"和"波形宽度"参数，并单击其左侧的 按钮添加关键帧，如图 2.90 所示。

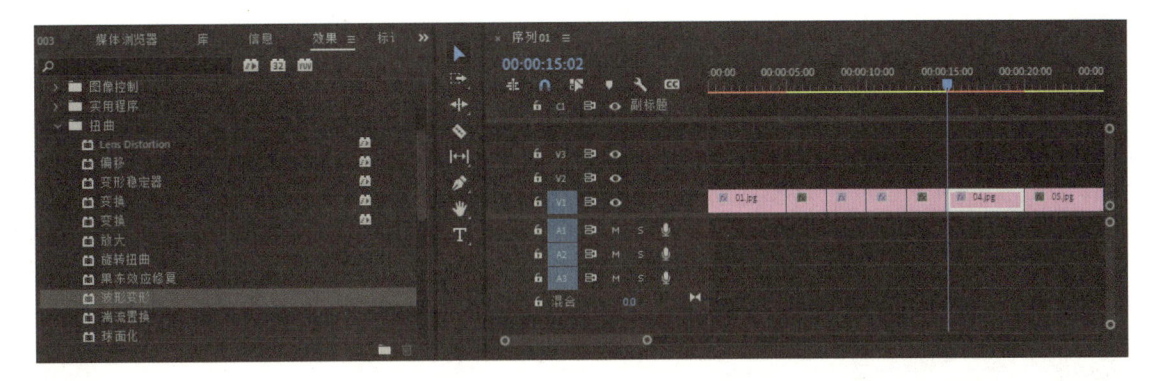

图 2.89 在素材"04.jpg"上添加"波形变形"效果

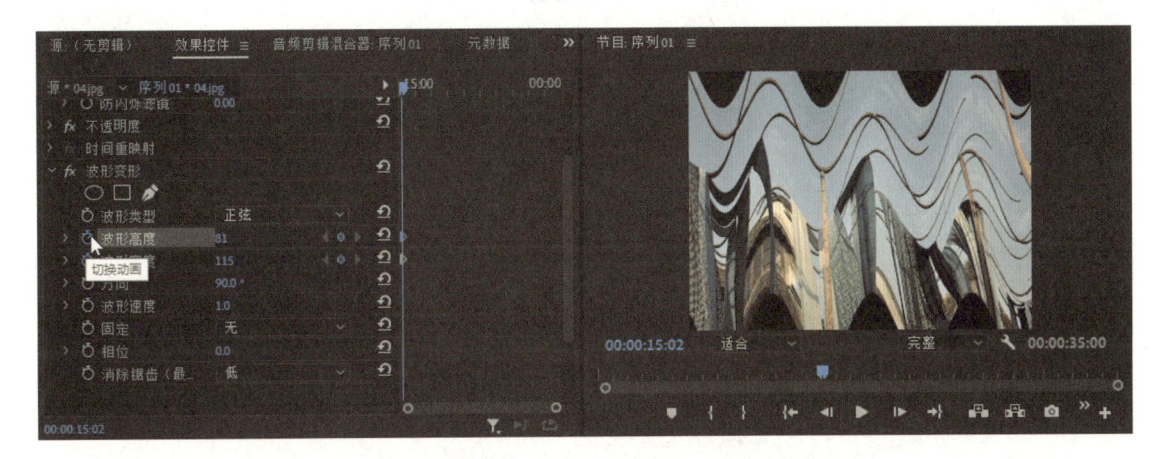

图 2.90 为素材"04.jpg"启用关键帧

（11）将时间指针移到"00:00:16:16"位置处，改变"波形高度"和"波形宽度"参数，如图 2.91 所示，即完成为素材"04.jpg"添加从波形扭曲到正常的视频效果。

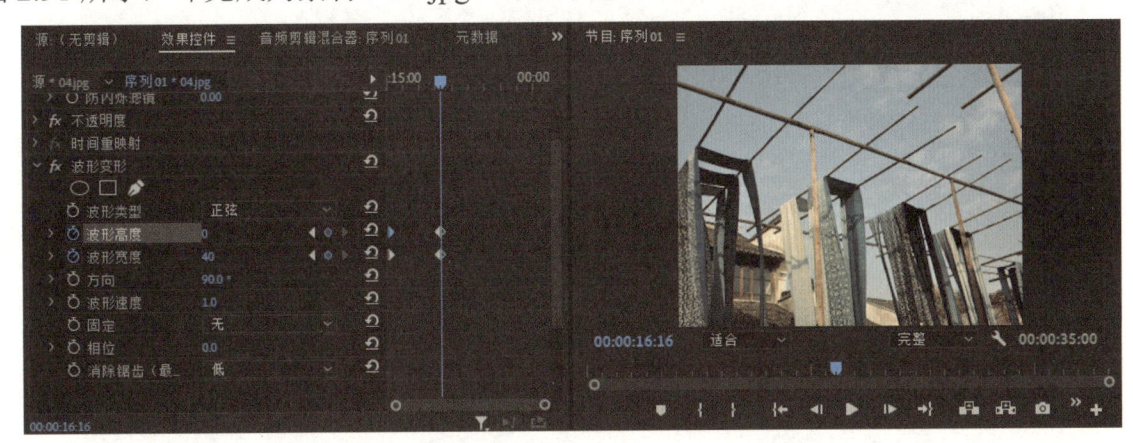

图 2.91 为素材"04.jpg"设置第 2 个关键帧

（12）同理，为素材"05.jpg"添加"模糊与锐化"→"高斯模糊"效果；将素材"06.jpg"中间截断，为其后半部分添加"通道"→"反转"效果；为素材"07.jpg"添加"透视"→"基本 3D"效果，完成为图像素材添加特效的操作。

（13）将"项目"面板中的文字素材"古镇风情.png"拖到"时间轴"面板 V2 轨道的

"00:00:00:00"位置处，将文字素材"欢迎你来.png"拖到 V2 轨道的"00:00:30:00"位置处，如图 2.92 所示。

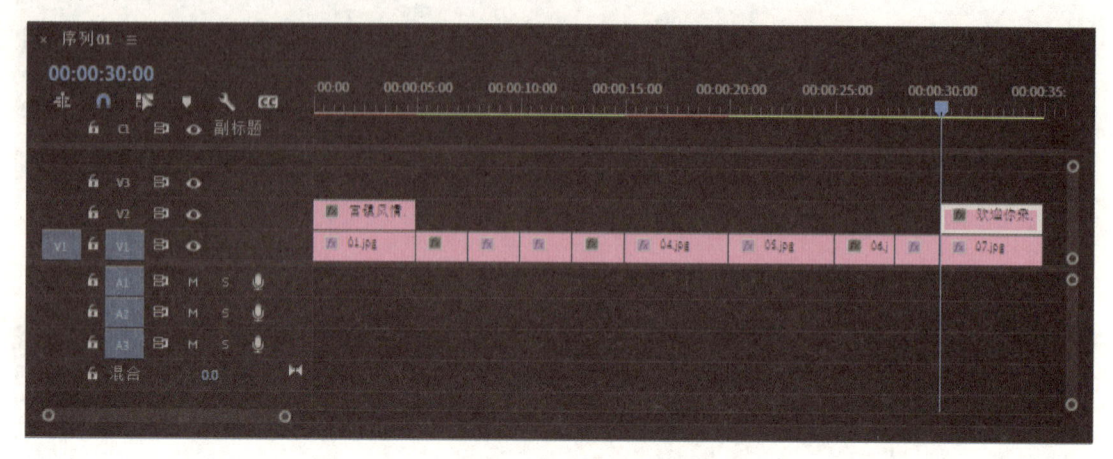

图 2.92　将文字素材拖到指定视频轨道的位置处

（14）打开"效果"面板，选择"视频过渡"→"溶解"→"交叉溶解"选项，分别将其拖到 V1 轨道的素材"01.jpg"和 V2 轨道的素材"古镇风情.png"上，使视频开始播放时产生淡入效果，如图 2.93 所示。

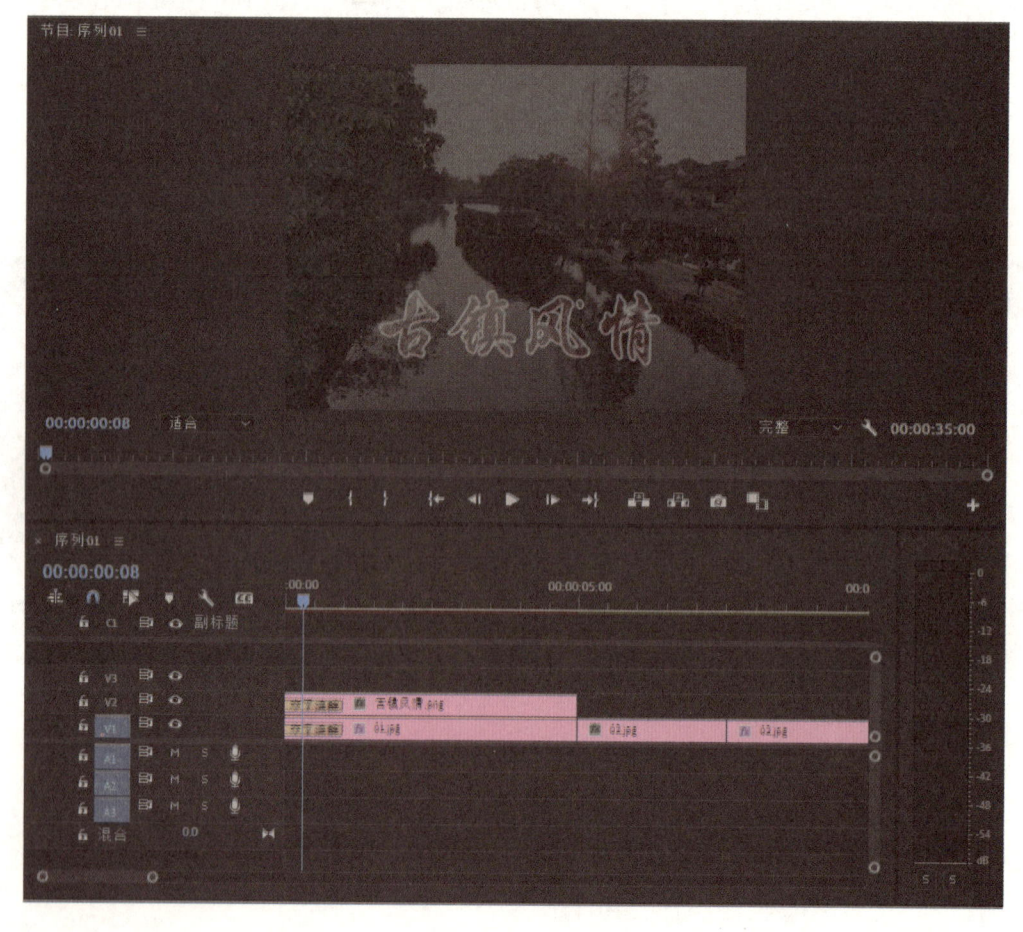

图 2.93　淡入效果

（15）同样地，在 V1 轨道的每两个素材之间添加"交叉溶解"效果，使素材之间转接更为自然；在 V1 轨道和 V2 轨道的最后一个素材的末尾分别添加"交叉溶解"效果，使视频以淡出效果结束，如图 2.94 所示。

图 2.94　淡出效果

（16）将"项目"面板中的音频素材"声音.mp3"拖到"时间轴"面板 A1 轨道的"00:00:00:00"位置处，为视频添加声音，从而完成本任务的制作。

小贴士

如果对视频效果不满意，则可重复添加同一种效果。

相关知识

1. "效果控件"面板

将一种视频效果应用于素材后，该效果就会出现在"效果控件"面板中，如图 2.95 所示。

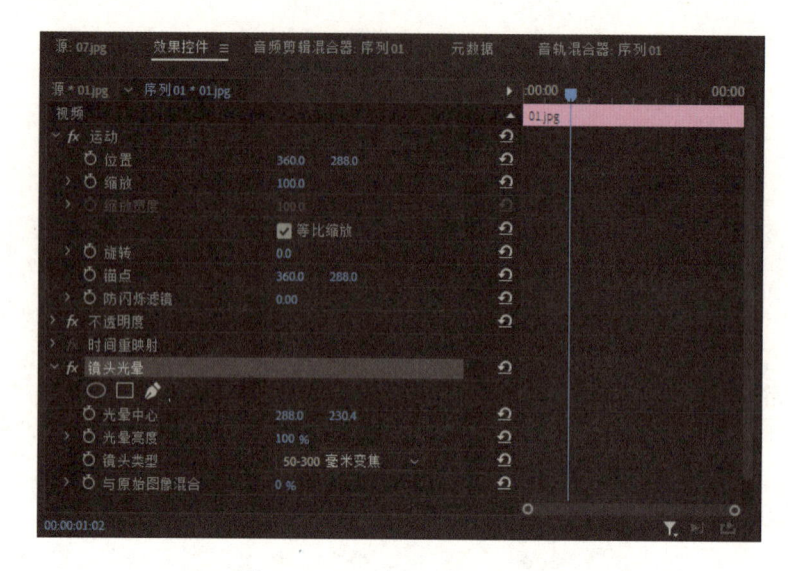

图 2.95 "效果控件"面板

在"效果控件"面板中可以执行如下操作。

选中的素材名称会显示在"效果控件"面板的顶部，在素材名称的右侧有▶按钮，单击该按钮，可以显示或隐藏右侧的时间轴。

在"效果控件"面板的左下角显示时间 00:00:01:02，该时间表示当前时间指针的位置，其右侧是控制放大和缩小的选项。

在选中的序列名称和素材名称下方是固定特效"运动""不透明度""时间重映射"，固定特效下方是时间轴上当前选中的视频素材所应用的某个或多个视频效果。选中视频素材，其应用的所有视频效果会按应用的先后顺序进行排列。因此，用户可以选择"效果控件"面板中某个视频效果的名称，并通过上下拖动来改变应用特效的先后顺序。

固定特效和视频效果名称左侧都有个"切换效果开关"按钮fx，当显示为fx按钮时，表示此效果是可用的，单击此按钮可以禁用此效果。效果名称最左侧有▶按钮，单击该按钮，会展开该特效的多个控件设置名称和参数。

每个特效都有一个或多个参数需要设置，如果参数设置不当，则可以单击特效名称右侧的 ↺ 按钮，重置参数值，使参数值恢复到初始状态。

许多特效可以结合 Premiere 的关键帧和曲线图选项一起应用，如果这样操作，参数名称的左侧会出现一个小秒表按钮 ⌚，单击该按钮，能够激活关键帧。在不同时间处设置不同的参数，会产生动态变化效果。

> **小贴士**
>
> 如果要删除已经添加的特效，则可以在"效果控件"面板中选中该特效，按 Delete 键将其删除。

2．视频效果的分类

Premiere Pro 2022 提供了几十种视频效果，这些效果分布在 19 个文件夹中，分别为"变换""图像控制""实用程序""扭曲""时间""杂色与颗粒""模糊与锐化""沉浸式视频""生成""视频""调整""过时""过渡""透视""通道""键控""颜色校正""风格化""Obsolete"，如图 2.96 所示。下面按类别介绍视频效果。

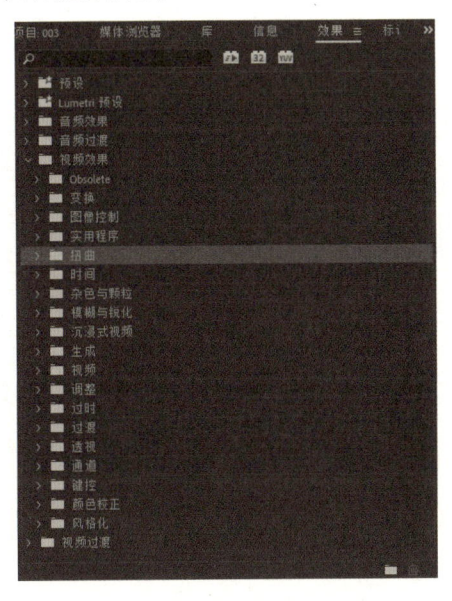

图 2.96　视频效果的分类

3．变换类

变换类视频效果主要是使素材产生二维或三维的形状，包括"垂直翻转""水平翻转""羽化边缘""自动重构""裁剪"5 种效果，如图 2.97 所示。

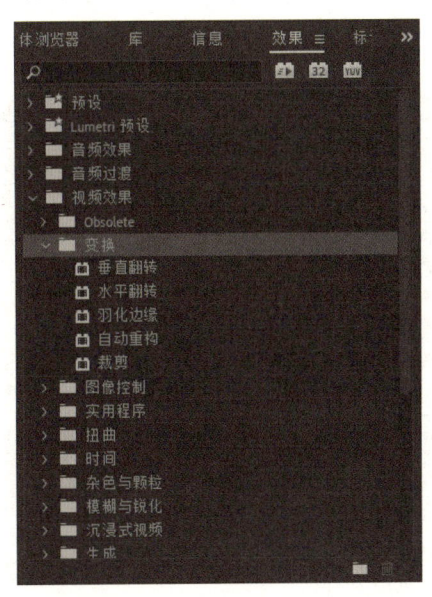

图 2.97　变换类视频效果

1）垂直翻转

"垂直翻转"效果可以使素材产生垂直翻转的画面效果。

2）水平翻转

"水平翻转"效果可以使素材产生水平翻转的画面效果。

3）羽化边缘

"羽化边缘"效果可以对素材边缘进行羽化处理。使用该效果前后的对比如图 2.98 所示。

图 2.98　使用"羽化边缘"效果前后的对比

4）自动重构

软件系统会根据画面情况，对素材位置、缩放、旋转等多个属性进行分析并自动调整画面效果。

5）裁剪

"裁剪"效果可以通过设置素材四周的参数对素材进行裁剪。"裁剪"效果的参数设置及效果显示如图 2.99 所示。

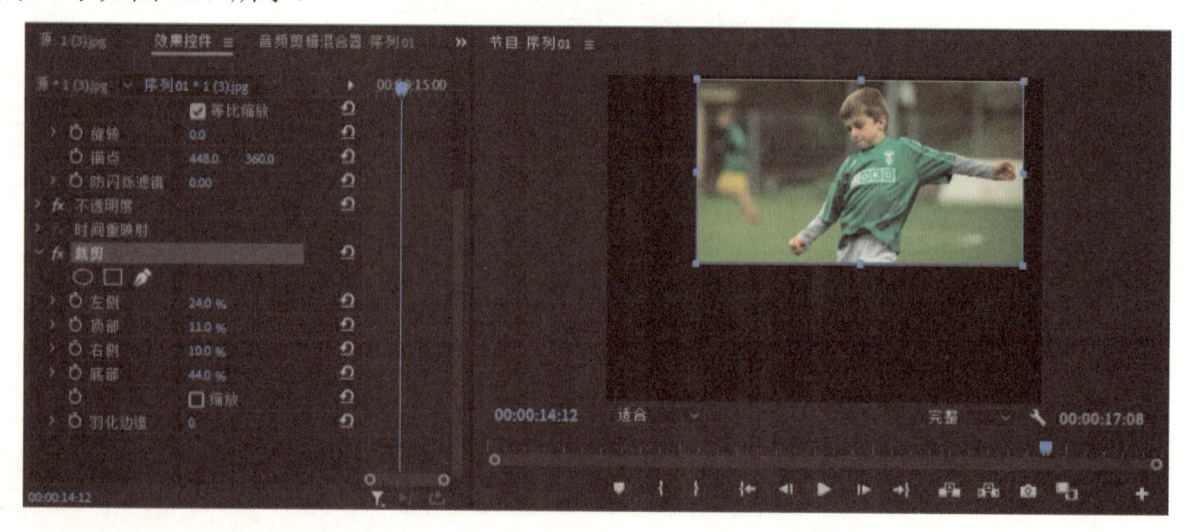

图 2.99　"裁剪"效果的参数设置及效果显示

4．图像控制类

图像控制类视频效果的主要作用是调整图像的色彩，弥补素材的画面缺陷。此类效果包括"Color Pass""Color Replace""Gamma Correction""黑白"4 种，如图 2.100 所示。

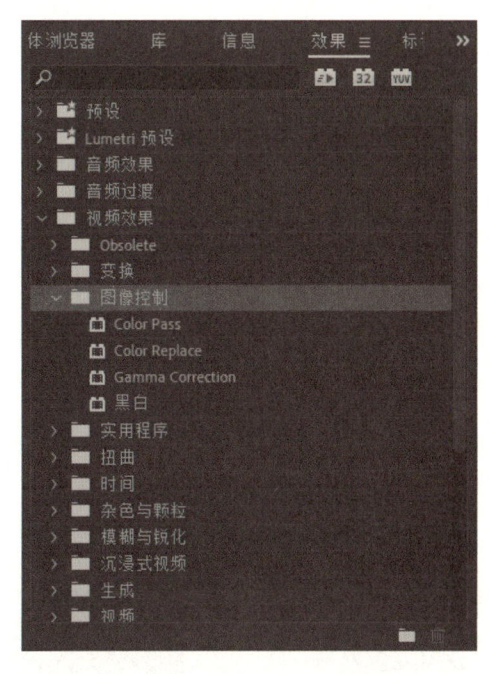

图 2.100　图像控制类视频效果

1）Color Pass（色彩传递）

"Color Pass"效果只保留指定的色彩，没有被指定的色彩将被转换成灰色。

2）Color Replace（颜色替换）

"Color Replace"效果可以在保持灰度级别不变的前提下，用一种新的颜色代替选中的色彩及其相似的色彩，其参数设置及对应的图像效果如图 2.101 所示。

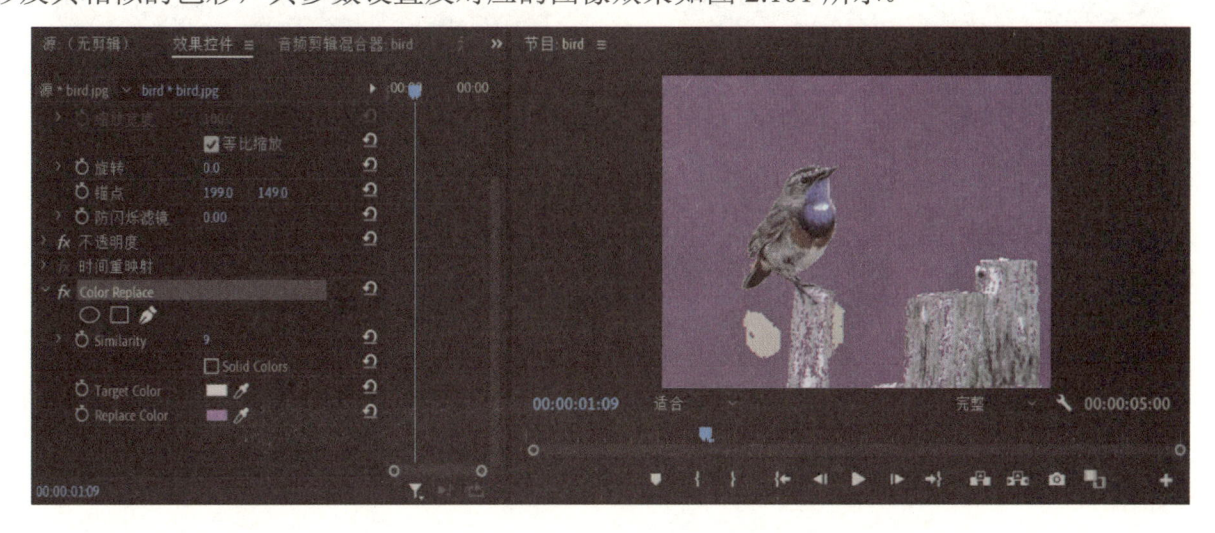

图 2.101　"Color Replace"效果的参数设置及对应的图像效果

3）Gamma Correction（灰度系数校正）

"Gamma Correction"效果通过改变图像中间色调的亮度来调节图像的明暗度。

4）黑白

"黑白"效果可以将彩色图像转化为黑白图像。

5. 实用程序类

实用程序类视频效果只包括"Cineon 转换器"一种效果，如图 2.102 所示。"Cineon 转换器"效果可以增强素材的明暗及对比度，让亮的部分更亮、暗的部分更暗，从而达到不同的色调效果。

6. 扭曲类

扭曲类视频效果可以创建出多种变形效果，包括"Lens Distortion""偏移""变形稳定器""变换""放大""旋转扭曲""果冻效应修复""波形变形""湍流置换""球面化""边角定位""镜像"12 种效果，如图 2.103 所示。

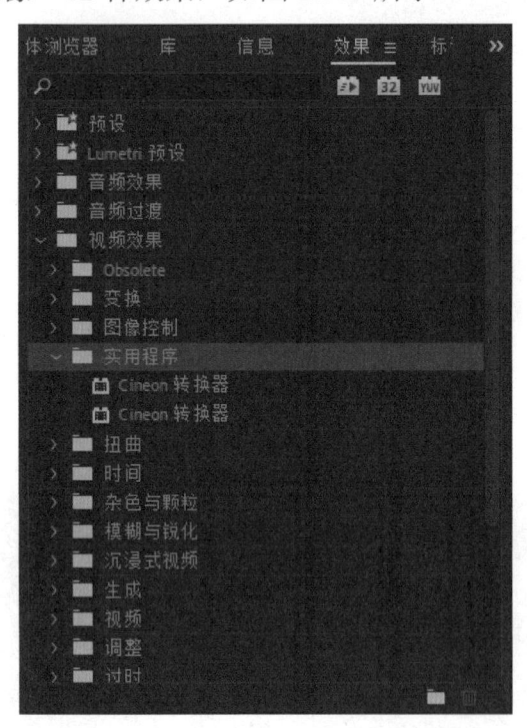

图 2.102　实用程序类视频效果　　　　图 2.103　扭曲类视频效果

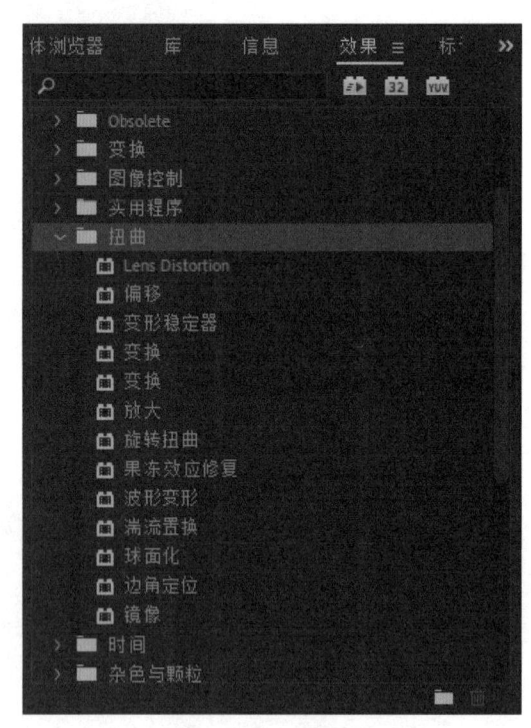

1）Lens Distortion（镜头扭曲）

"Lens Distortion"效果可以使画面沿水平轴和垂直轴扭曲变形，其参数设置及对应的图像效果如图 2.104 所示。

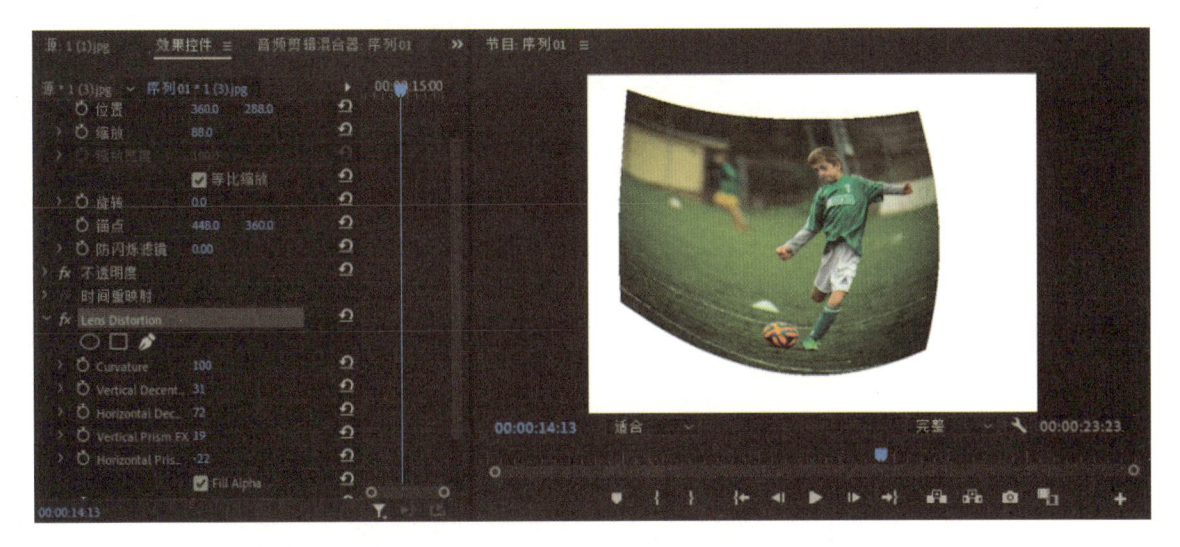

图 2.104 "Lens Distortion"效果的参数设置及对应的图像效果

2）偏移

"偏移"效果可以将素材进行上下或左右的偏移。

3）变形稳定器

"变形稳定器"效果用来消除因摄像机移动而产生的抖动感，使画面更加平稳。

4）变换

"变换"效果可以对图像的锚点、位置、缩放高度、缩放宽度、倾斜轴、不透明度和快门角度等参数进行综合调整，其参数设置及对应的图像效果，如图 2.105 所示。

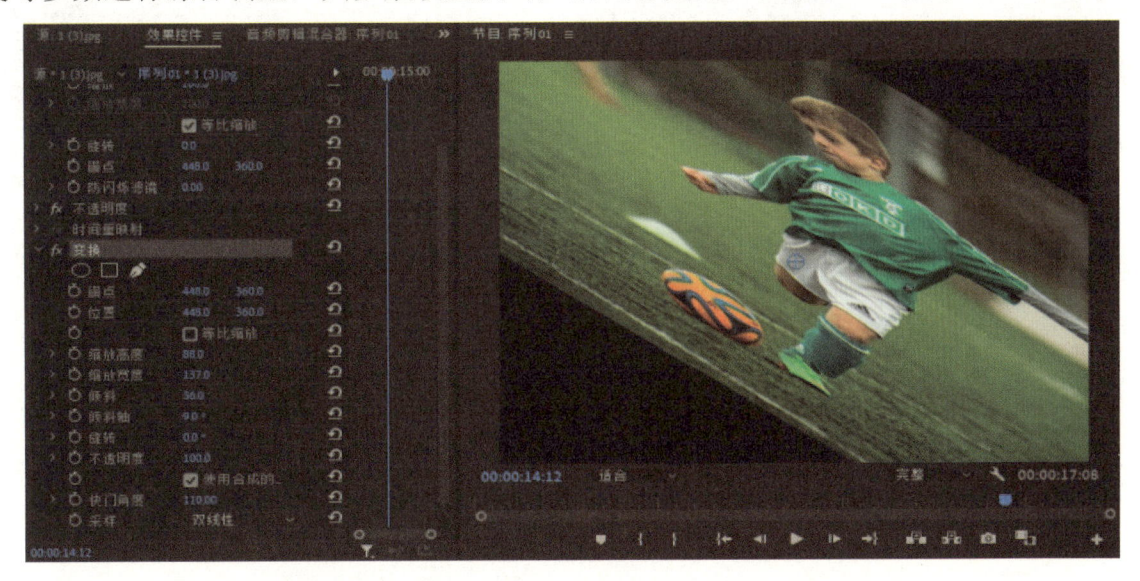

图 2.105 "变换"效果的参数设置及对应的图像效果

5）放大

"放大"效果可以使素材产生类似放大镜的扭曲变形效果。

6）旋转

"旋转"效果可以使素材产生沿指定中心旋转变形的效果，使用该效果前后的对比及其参数设置如图 2.106 所示。

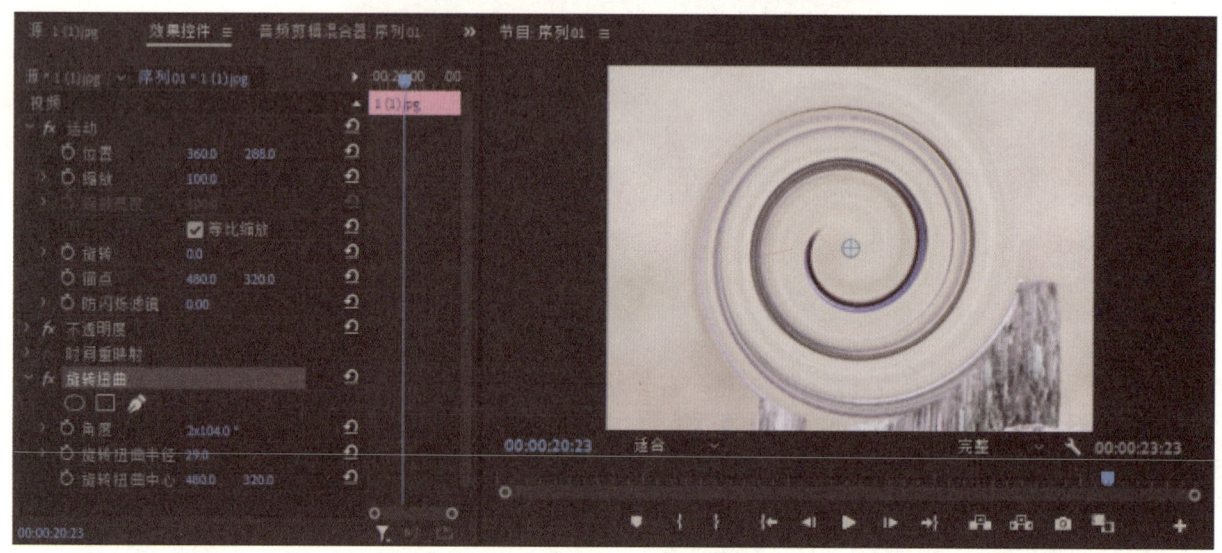

图 2.106　使用"旋转"效果前后的对比及其参数设置

7）果冻效应修复

"果冻效应修复"效果指定帧速率（扫描时间）的百分比，在变形中执行更为详细的点分析，在使用变形方法时可用。

8）波形变形

"波形变形"效果可以使素材产生一种类似水波纹的扭曲效果。

9）球面化

"球面化"效果可以使素材产生球形的扭曲变形效果，其参数设置及对应的图像效果如图 2.107 所示。

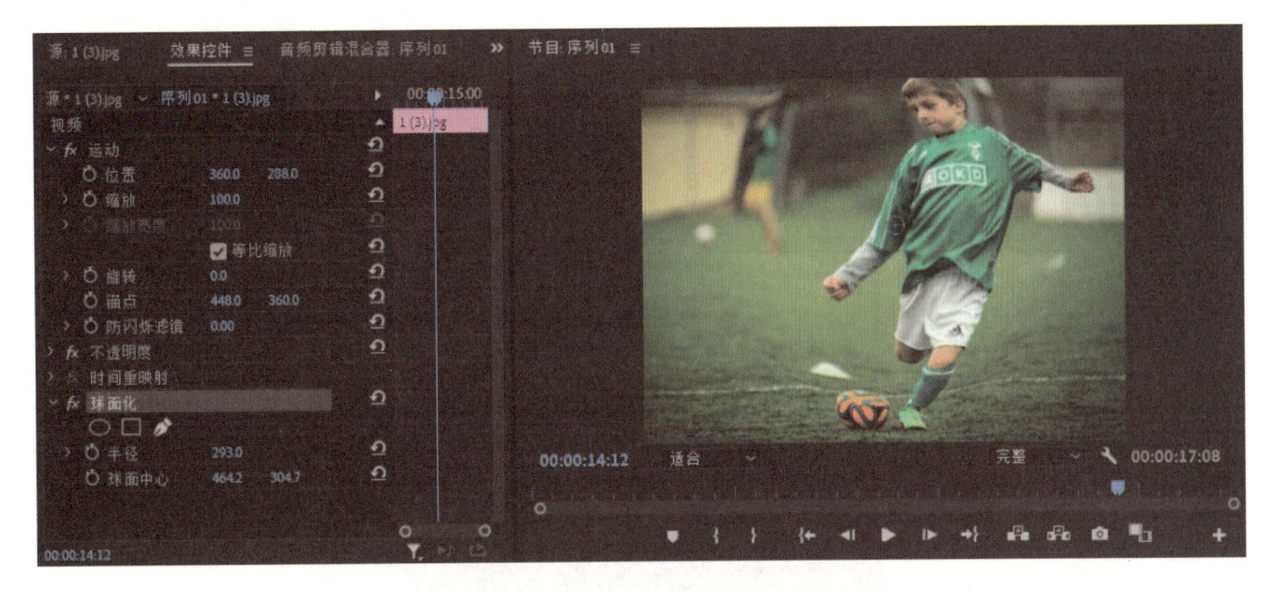

图 2.107 "球面化"效果的参数设置及对应的图像效果

10）湍流置换

"湍流置换"效果可以使素材产生各种凸起、旋转等效果。

11）边角定位

"边角定位"效果可以利用图像四个边角坐标的位置变化对图像进行透视扭曲，该效果的参数设置及对应的图像效果如图 2.108 所示。

图 2.108 "边角定位"效果的参数设置及对应的图像效果

12）镜像

"镜像"效果可以按照指定的方向和角度将图像沿某一条直线分割为两部分，从而制作出相反的画面效果。

7. 时间类

时间类视频效果可以控制素材的时间特效，包括"像素运动模糊""时间扭曲""残影""色调分离时间"4种效果，如图2.109所示。

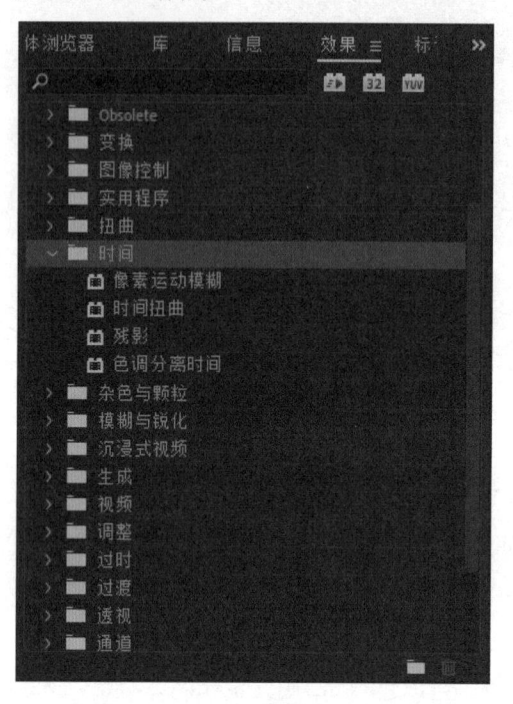

图 2.109　时间类视频效果

1）像素运动模糊

"像素运动模糊"效果可使画面像素发生不同程度的运动模糊。

2）时间扭曲

"时间扭曲"效果可让素材在不同帧的情况下发生扭曲变化。

3）残影

"残影"效果可以将素材中不同时间的多个帧组合起来同时播放，产生残影效果，类似于声音中的回音效果。

4）色调分离时间

"色调分离时间"效果可以将素材锁定到一个指定的帧率，从而产生跳帧的播放效果。

8. 杂色与颗粒类

杂色与颗粒类视频效果只包含"杂色"一种效果，如图2.110所示。"杂色"效果可以使素材画面添加雪花般杂色颗粒，其参数设置及对应的图像效果如图2.111所示。

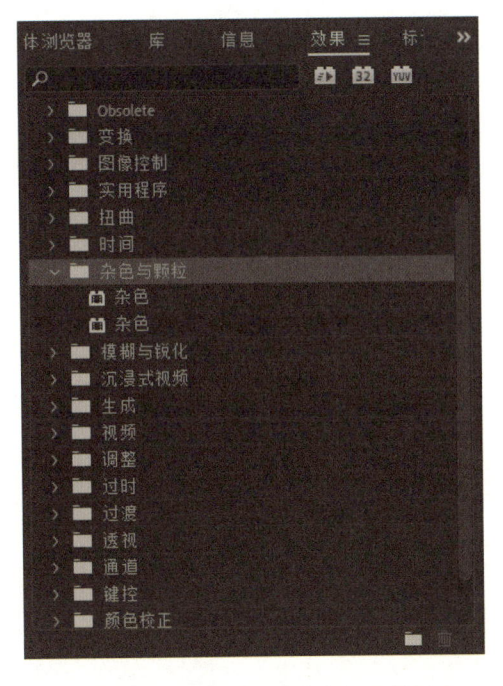

图 2.110　杂色与颗粒类视频效果

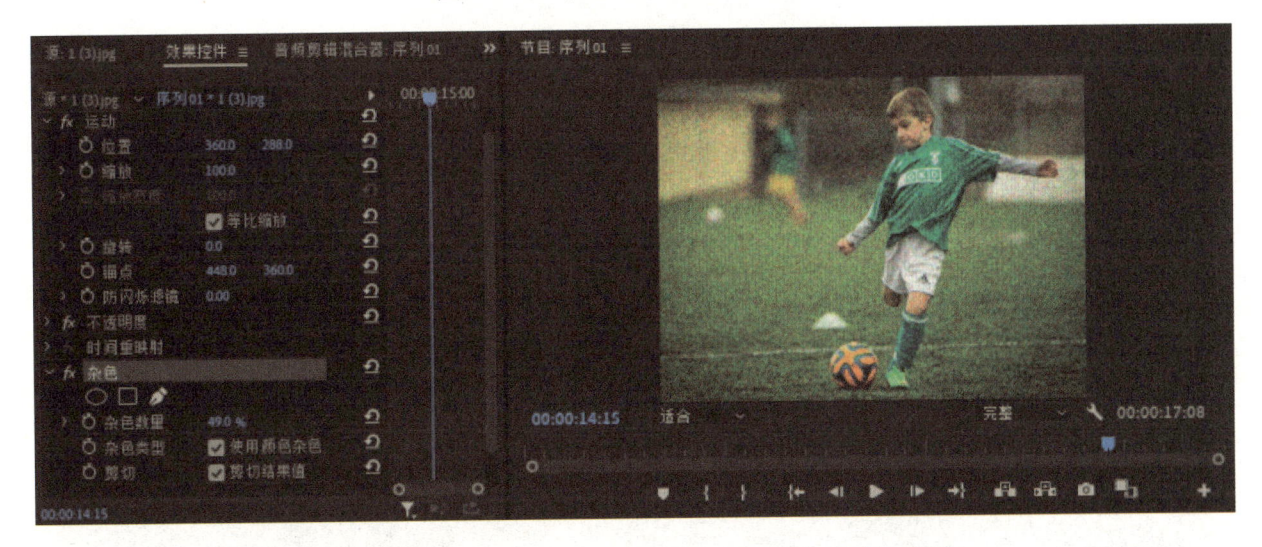

图 2.111　"杂色"效果的参数设置及对应的图像效果

9. 模糊与锐化类

模糊与锐化类视频效果包括"Camera Blur""减少交错闪烁""方向模糊""钝化蒙版""锐化""高斯模糊"6 种效果，如图 2.112 所示。

1）Camera Blur（镜头模糊）

"Camera Blur"效果是镜头变焦所产生的模糊效果。

2）减少交错闪烁

"减少交错闪烁"效果可以使画面产生垂直方向上的模糊，模糊程度可以调整。

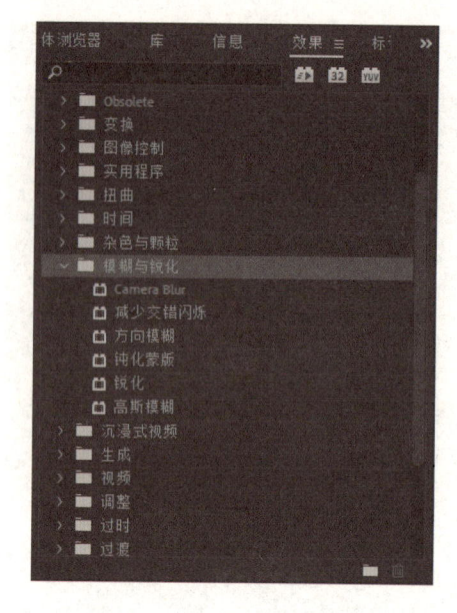

图 2.112 模糊与锐化类视频效果

3）方向模糊

"方向模糊"效果是让图像按特定的方向进行模糊，其参数设置及对应的图像效果如图 2.113 所示。

图 2.113 "方向模糊"效果的参数设置及对应的图像效果

4）钝化蒙版

"钝化蒙版"效果可以增加定义边缘的颜色之间的对比。

5）锐化

"锐化"效果通过增加相邻色彩像素的对比度，从而提高清晰度。

6）高斯模糊

"高斯模糊"效果用来模糊和柔化图像，消除图像中的噪点。

10．沉浸式视频类

沉浸式视频类视频效果包括"VR 分形杂色""VR 发光""VR 平面到球面""VR 投影""VR 数字故障""VR 旋转球面""VR 模糊""VR 色差""VR 锐化""VR 降噪""VR 颜色渐变"11 种效果，如图 2.114 所示。

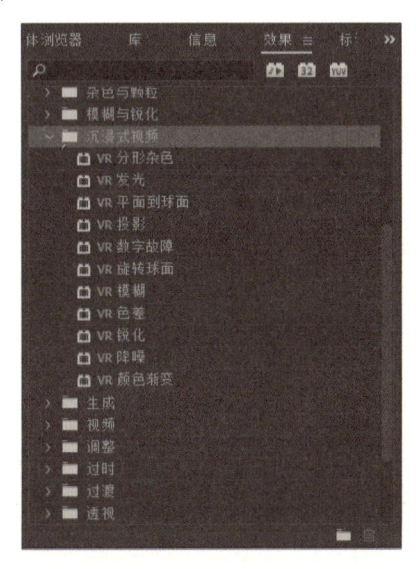

图 2.114　沉浸式视频类视频效果

1）VR 分形杂色

"VR 分形杂色"效果用于 VR 沉浸式分形杂色效果。

2）VR 发光

"VR 发光"效果用于 VR 沉浸式的发光效果，其参数设置及对应的图像效果如图 2.115 所示。

图 2.115　"VR 发光"效果的参数设置及对应的图像效果

3）VR 平面到球面

"VR 平面到球面"效果用于 VR 沉浸式从平面到球面的处理效果。

4）VR 投影

"VR 投影"效果用于 VR 沉浸式的投影效果。

5）VR 数字故障

"VR 数字故障"效果用于 VR 沉浸式的数字故障效果。

6）VR 旋转球面

"VR 旋转球面"效果用于 VR 沉浸式的旋转球面效果。

7）VR 模糊

"VR 模糊"效果用于 VR 沉浸式的模糊效果。

8）VR 色差

"VR 色差"效果用于 VR 沉浸式效果的色差校正。

9）VR 锐化

"VR 锐化"效果用于 VR 沉浸式效果的锐化处理。

10）VR 降噪

"VR 降噪"效果用于 VR 沉浸式效果的降噪处理。

11）VR 颜色渐变

"VR 颜色渐变"效果用于 VR 沉浸式效果的颜色渐变，其参数设置及对应的图像效果如图 2.116 所示。

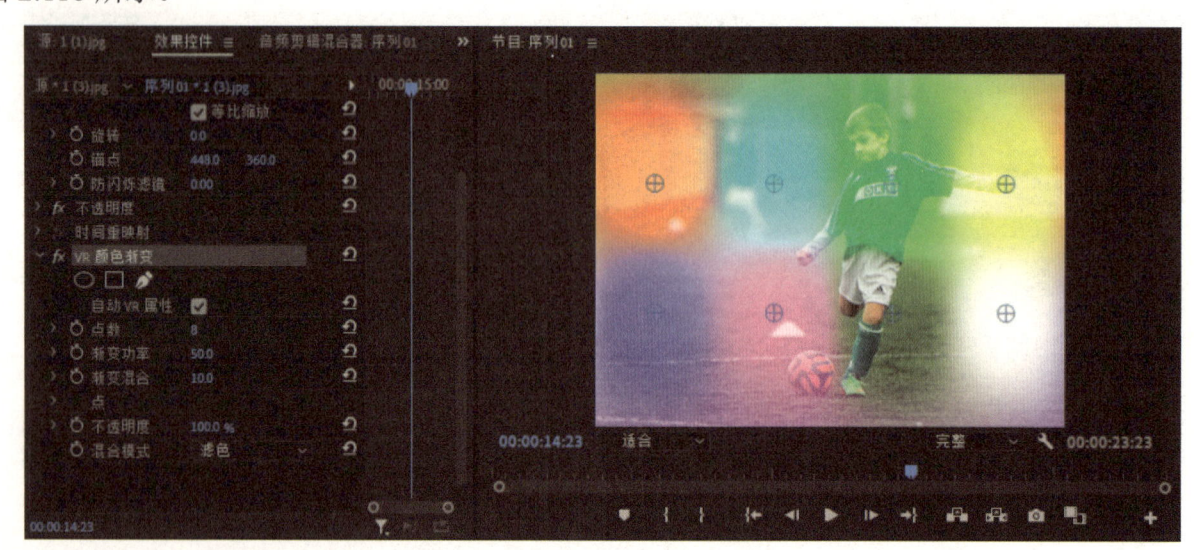

图 2.116 "VR 颜色渐变"效果的参数设置及对应的图像效果

11. 生成类

生成类视频效果包括"四色渐变""渐变""镜头光晕""闪电"4 种效果，如图 2.117 所示。

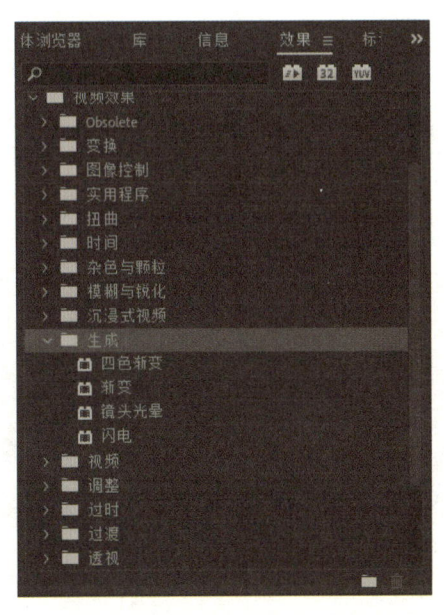

图 2.117 生成类视频效果

1）四色渐变

"四色渐变"效果可以在视频素材上通过调节透明度和叠加的方式产生特殊的四色渐变效果，其参数设置及对应的图像效果如图 2.118 所示。

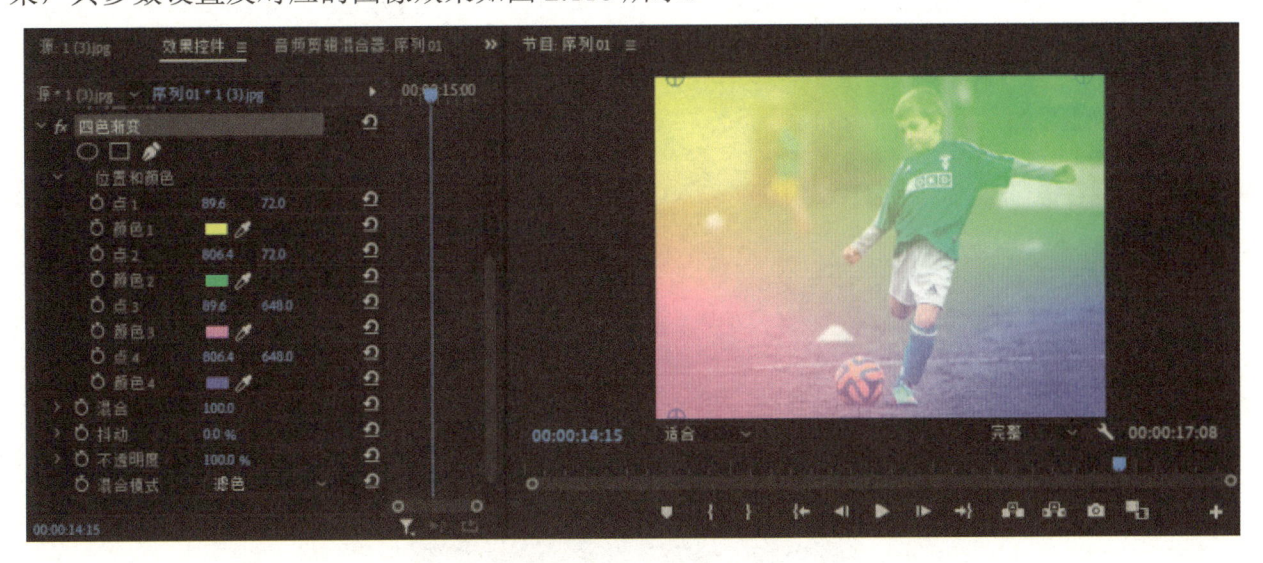

图 2.118 "四色渐变"效果的参数设置及对应的图像效果

2）渐变

"渐变"效果可以令素材按照线性或径向的方式产生颜色的渐变效果。

3）镜头光晕

"镜头光晕"效果可以模拟摄像机在强光照射下产生的镜头光晕效果，其参数设置及对应的图像效果如图 2.119 所示。

图 2.119　"镜头光晕"效果的参数设置及对应的图像效果

4）闪电

"闪电"效果可以在素材上模拟闪电划过的视觉效果。

12．视频类

视频类视频效果包括"SDR 遵从情况"和"简单文本"两种效果，如图 2.120 所示。

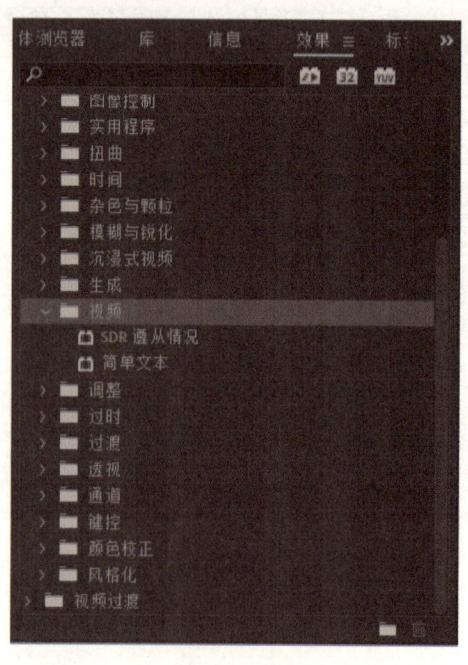

图 2.120　视频类视频效果

1）SDR 遵从情况

"SDR 遵从情况"效果位于"导出"设置的"效果"选项卡中。

2）简单文本

"简单文本"效果会使素材文件在"节目监视器"面板中显示该文本。

13．调整类

调整类视频效果包括"Extract""Levels""ProcAmp""光照效果"4 种效果，如图 2.121 所示。

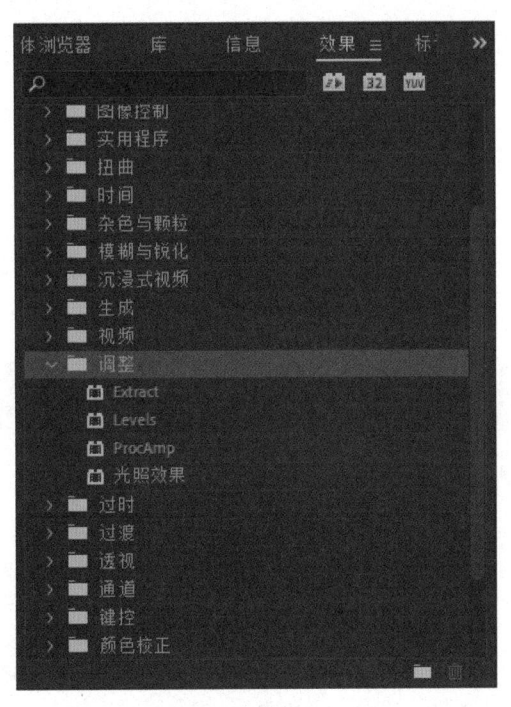

图 2.121　调整类视频效果

1）Extract

"Extract"效果可以消除视频剪辑的颜色，创建一个灰度图像。

2）Levels（色阶）

"Levels"效果可以将亮度、对比度、色彩平衡等功能相结合，对图像进行明度、阴暗层次和中间色的调整，以及保存和载入设置等。

3）ProcAmp

"ProcAmp"效果可以调整素材的亮度、对比度、色相、饱和度，其参数设置及对应的图像效果如图 2.122 所示。

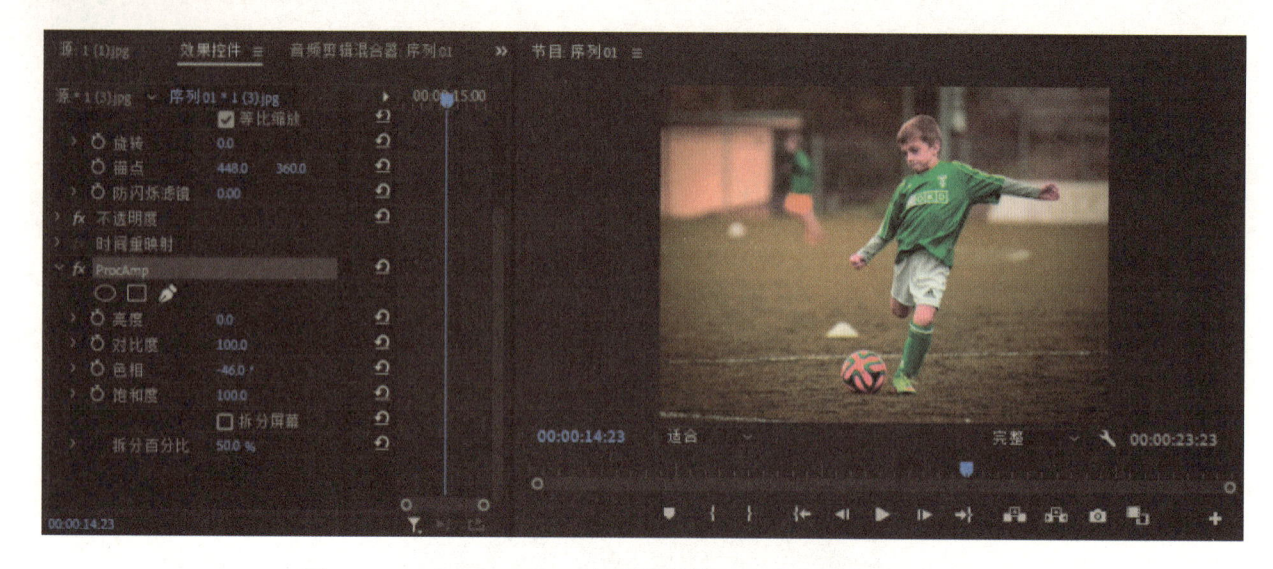

图 2.122 "ProcAmp"效果的参数设置及对应的图像效果

4）光照效果

"光照效果"效果可以为素材模拟出灯光效果，其参数设置及对应的图像效果如图 2.123 所示。

图 2.123 "光照效果"效果的参数设置及对应的图像效果

14．过时类

过时类视频效果包括多个以往 Premiere 版本中使用的效果，如图 2.124 所示。

1）圆形

"圆形"效果可以在背景上创建椭圆，用来当作遮罩，也可以直接与素材混合，其参数设置及对应的图像效果如图 2.125 所示。

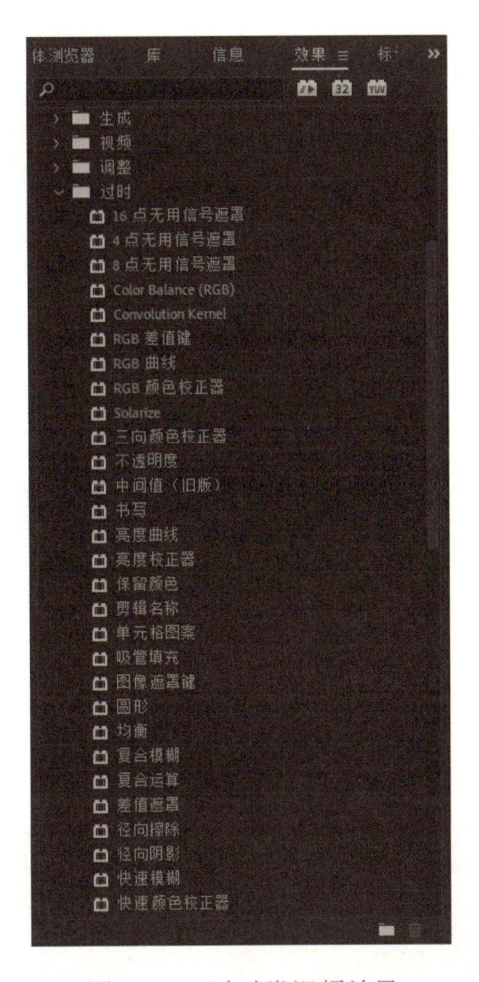

图 2.124 过时类视频效果

图 2.125 "圆形"效果的参数设置及对应的图像效果

2)径向擦除

"径向擦除"效果以图像中心点为中心,像扇面展开一样将图像擦除,其参数设置及对应的图像效果如图 2.126 所示。

图 2.126 "径向擦除"效果的参数设置及对应的图像效果

3）RGB 曲线

"RGB 曲线"效果通过调整图像的 RGB 曲线来调整图像的色彩效果，其参数设置及对应的图像效果，如图 2.127 所示。

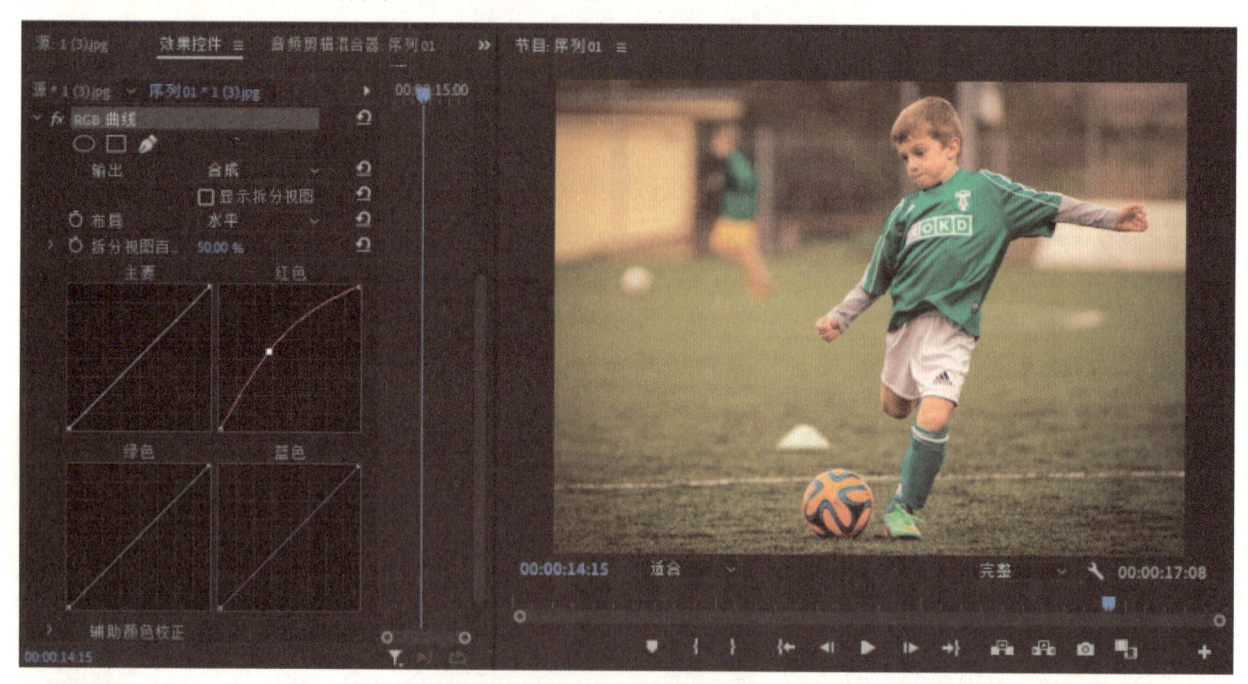

图 2.127 "RGB 曲线"效果的参数设置及对应的图像效果

4）保留颜色

"保留颜色"效果通过将画面中某一颜色及其相似、相近颜色设置为保留，而其他颜色改为灰色效果，其参数设置及对应的图像效果如图 2.128 所示。

图 2.128 "保留颜色"效果的参数设置及对应的图像效果

15. 过渡类

过渡类视频效果包括"块溶解""渐变擦除""线性擦除"3 种效果,如图 2.129 所示。

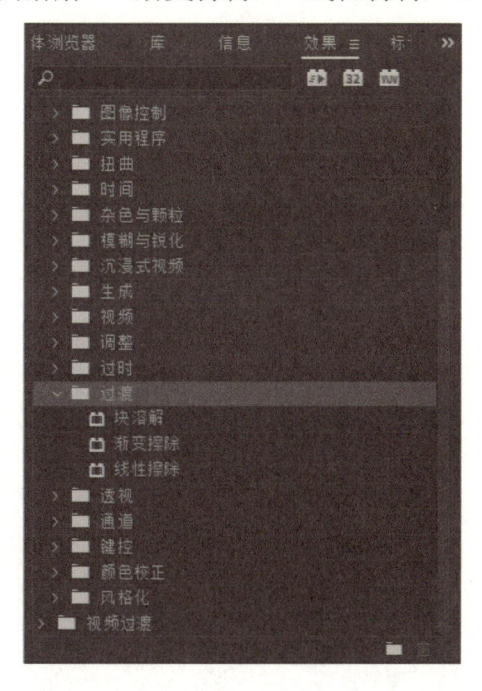

图 2.129 过渡类视频效果

1)块溶解

"块溶解"效果可以使素材图像产生随机板块溶解的效果,其参数设置及对应的图像效果如图 2.130 所示。

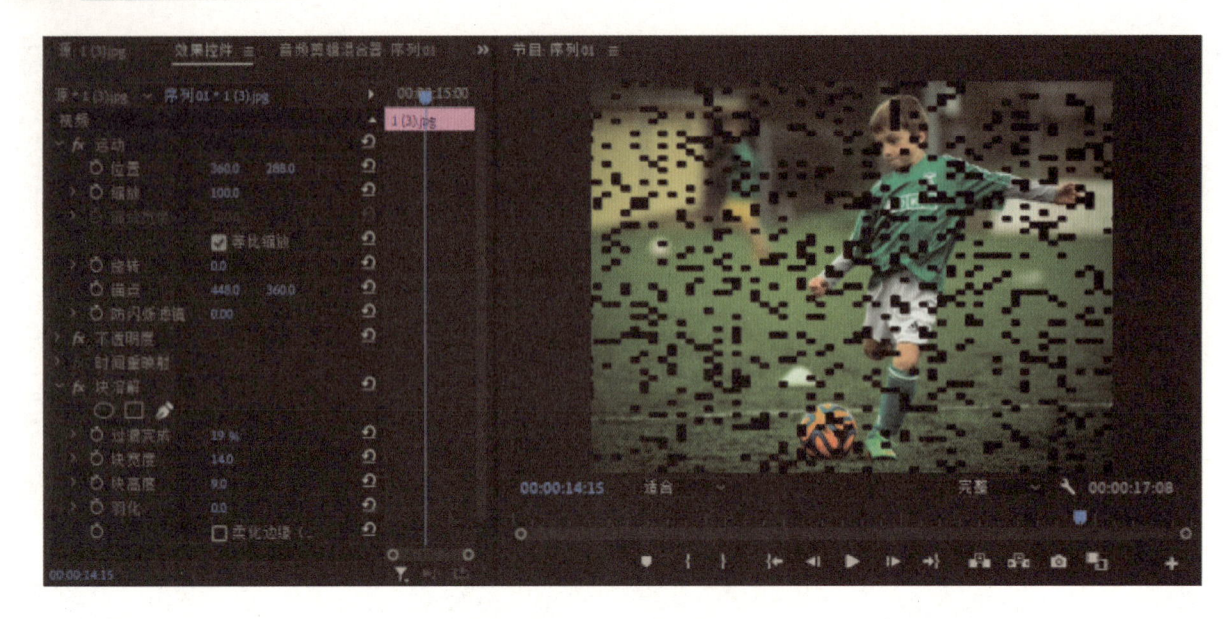

图 2.130 "块溶解"效果的参数设置及对应的图像效果

2）渐变擦除

"渐变擦除"效果可以使素材产生梯状渐变擦除的效果。

3）线性擦除

"线性擦除"效果可以使素材产生线性擦除的效果。

16．透视类

透视类视频效果包括"基本 3D"和"投影"两种效果，如图 2.131 所示。

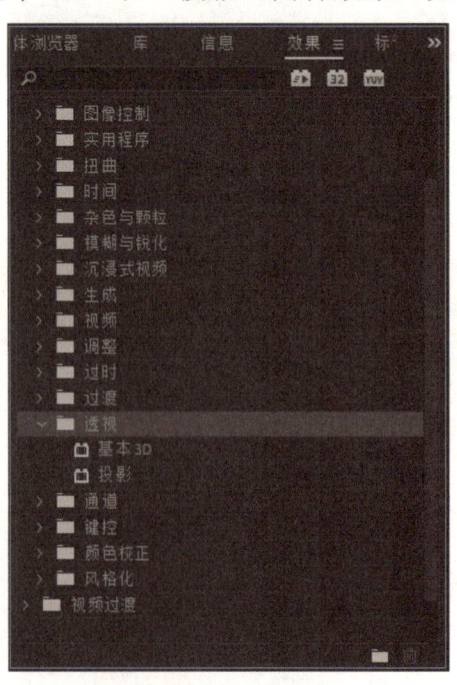

图 2.131 透视类视频效果

1）基本 3D

"基本 3D"效果可以使图像在模拟的三维空间中沿水平和垂直轴旋转，也可以使图像产生移近或拉远的效果，其参数设置及对应的图像效果如图 2.132 所示。

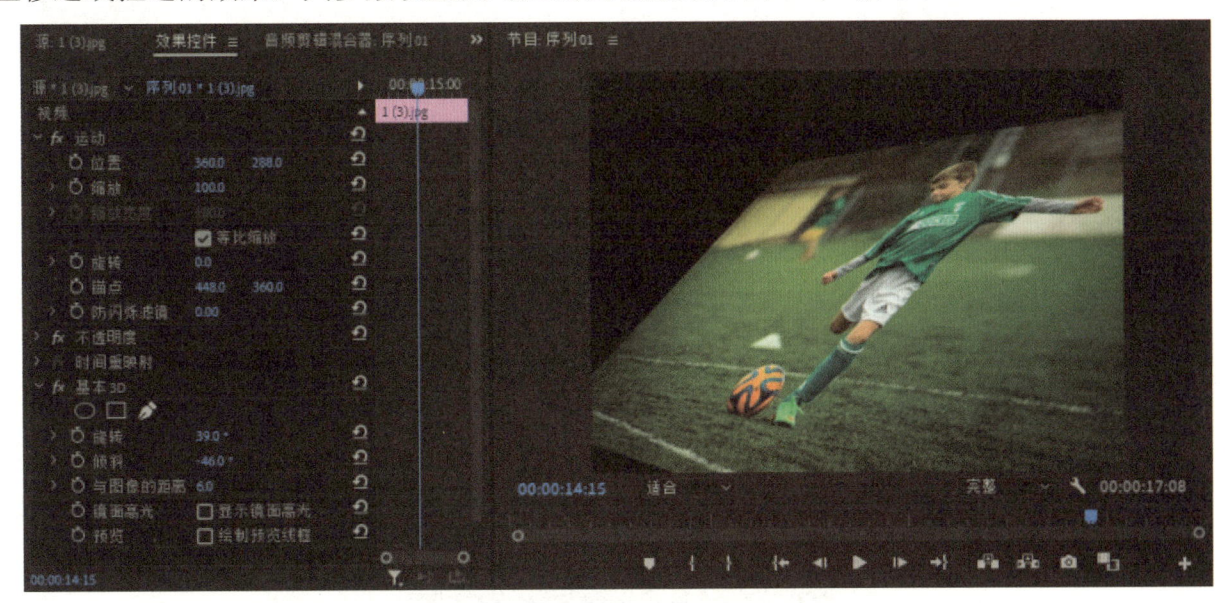

图 2.132　"基本 3D"效果的参数设置及对应的图像效果

2）投影

"投影"效果可以使图像在层的后面产生阴影，从而形成投影的效果。

17．通道类

通道类视频效果只包含"反转"一种效果，如图 2.133 所示。"反转"效果是将原素材的色彩都转换为该色彩的补色，其参数设置及对应的图像效果如图 2.134 所示。

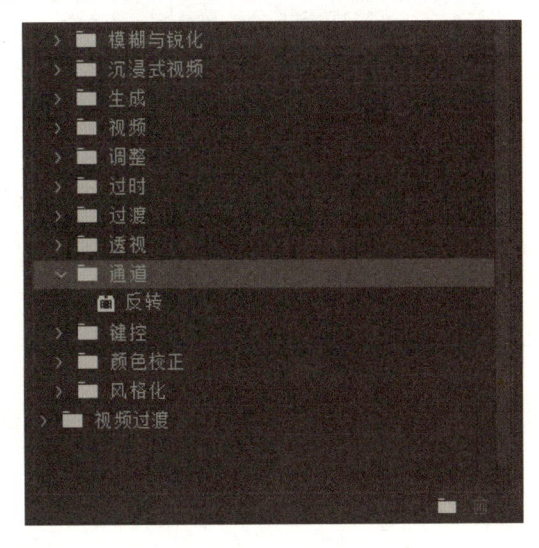

图 2.133　通道类视频效果

图 2.134　"反转"效果的参数设置及对应的图像效果

18．键控类

键控类视频效果包括"Alpha 调整""亮度键""超级键""轨道遮罩键""颜色键"5 种效果，如图 2.135 所示。

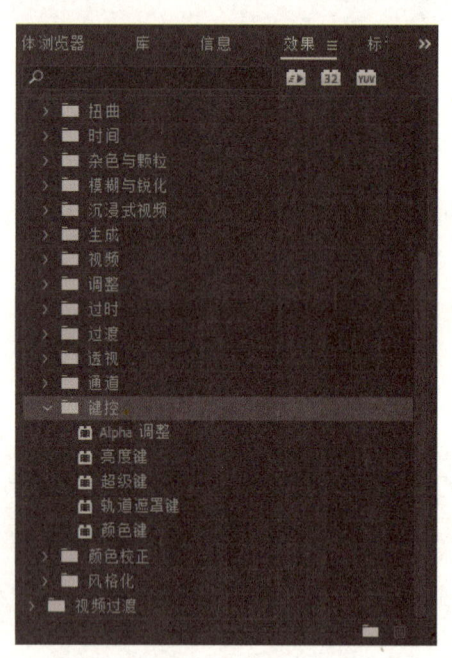

图 2.135　键控类视频效果

1）Alpha 调整

"Alpha 调整"效果可以根据上层素材的灰度等级来完成不同的叠加效果。

2）亮度键

"亮度键"效果可以将图像中的灰阶部分设置为透明，对明暗对比十分强烈的图像特别有效。

3）超级键

"超级键"效果可以在图像中吸取颜色并将其设置为透明，也可以设置遮罩效果。

4）轨道遮罩键

"轨道遮罩键"效果将相邻轨道上的素材作为被叠加的素材底纹背景，该底纹背景决定被叠加图像的透明区域。

5）颜色键

"颜色键"效果可以通过将某种颜色变成透明来完成抠像、合成效果，使用该效果前后的对比及其参数设置如图2.136所示。

图2.136 使用"颜色键"效果前后的对比及其参数设置

19. 颜色校正类

颜色校正类视频效果包括"ASC CDL""Brightness & Contrast""Lumetri 颜色""广播颜色""色彩""视频限制器""颜色平衡"7种效果，如图2.137所示。

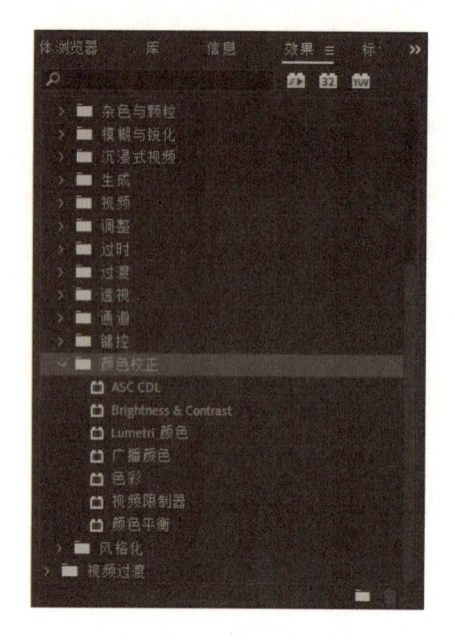

图2.137 颜色校正类视频效果

- 1) ASC CDL

"ASC CDL"效果可以通过设置图像红、绿、蓝3种颜色的斜率、偏移、功率来调整图像色彩,也可以通过设置图像饱和度来调整色彩变化,其参数设置及对应的图像效果如图2.138所示。

图2.138 "ASC CDL"效果的参数设置及对应的图像效果

2) Brightness & Contrast(亮度和对比度)

"Brightness & Contrast"效果用来调整图像的亮度和对比度。

3) Lumetri 颜色

"Lumetri 颜色"效果具有综合调色功能,包括基本校正、创意、曲线、色轮、辅助等多个功能模块。

92

4）广播颜色

为了让作品在电视中更加精确、清晰地播放，可以使用"广播颜色"效果。

5）色彩

"色彩"效果通过调整图像的黑、白色映射来改变图像的色彩，其参数设置及对应的图像效果如图 2.139 所示。

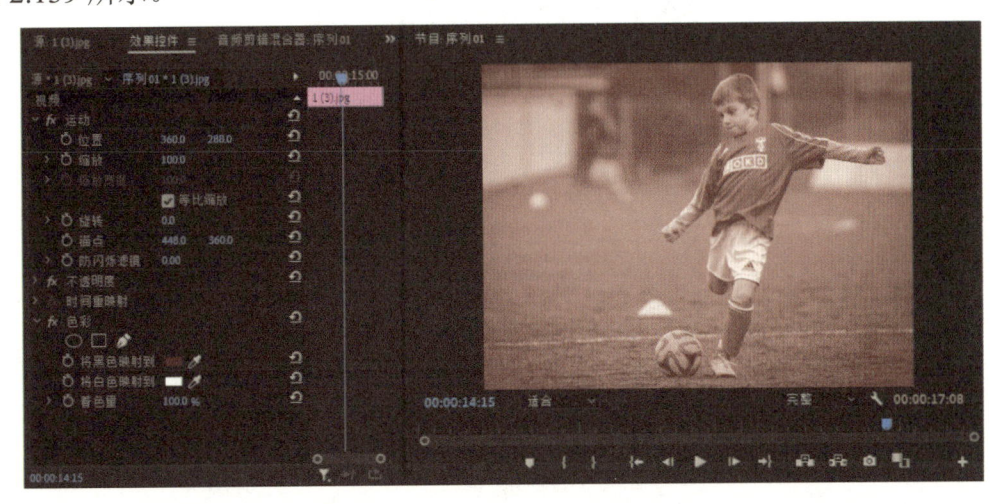

图 2.139　"色彩"效果的参数设置及对应的图像效果

6）视频限制器

在颜色修正之后，使用"视频限制器"效果可以确保视频处于指定的限制范围内，也可以限制影像的所有信号。

7）颜色平衡

"颜色平衡"效果可以通过调整高光、阴影和中间色调的红、绿、蓝的参数来更改图像总体颜色的混合程度，其参数设置及对应的图像效果如图 2.140 所示。

图 2.140　"颜色平衡"效果的参数设置及对应的图像效果

20. 风格化类

风格化类视频效果包括"Alpha 发光""Replicate""彩色浮雕""查找边缘""画笔描边""粗糙边缘""色调分离""闪光灯""马赛克"9 种效果，如图 2.141 所示。

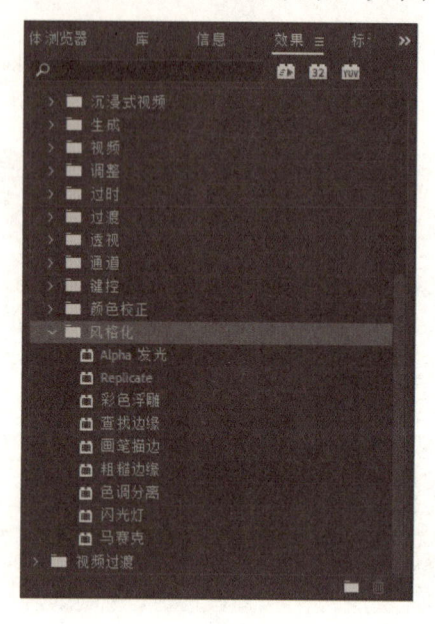

图 2.141　风格化类视频效果

1）Alpha 发光

"Alpha 发光"效果只对含有通道的素材起作用，并且会在 Alpha 通道的边缘产生一圈渐变的发光效果。

2）Replicate（复制）

"Replicate"效果将原始画面复制多个，其计数参数用于控制复制副本数量。该效果的参数设置及对应的图像效果如图 2.142 所示。

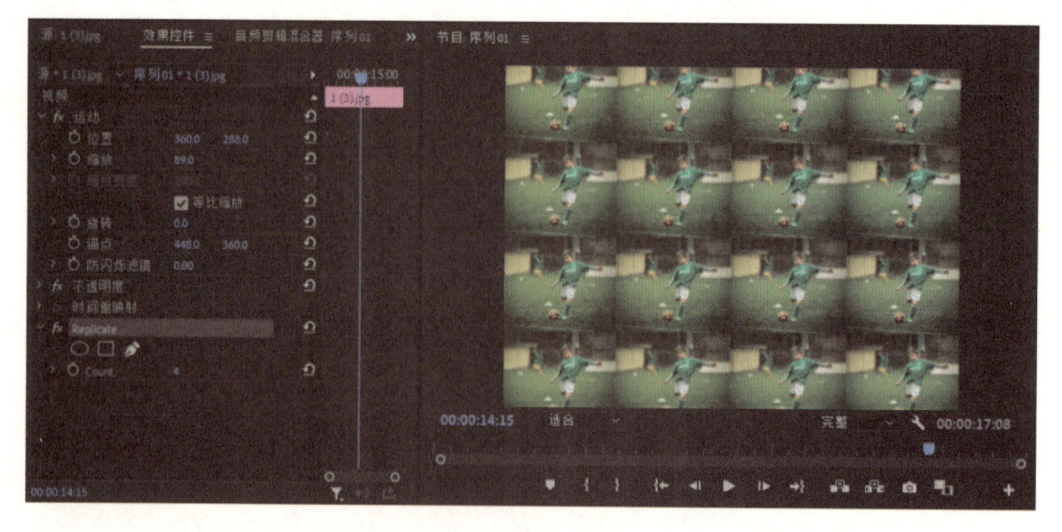

图 2.142　"Replicate"效果的参数设置及对应的图像效果

3）彩色浮雕

"彩色浮雕"效果使素材图像产生浮雕的效果。

4）查找边缘

"查找边缘"效果可以对素材的边缘进行勾勒，表现出类似铅笔勾画的效果。

5）画笔描边

"画笔描边"效果可以使素材图像的边缘产生画笔线条的效果，类似于水彩画效果。该效果的参数设置及对应的图像效果如图 2.143 所示。

图 2.143 "画笔描边"效果的参数设置及对应的图像效果

6）粗糙边缘

"粗糙边缘"效果可以影响图像的边缘，从而制作出锯齿边缘的效果。

7）色调分离

"色调分离"效果可以将连续的图像色调转化为有限的几种色调，产生类似海报的效果。该效果的参数设置及对应的图像效果如图 2.144 所示。

图 2.144 "色调分离"效果的参数设置及对应的图像效果

8）闪光灯

"闪光灯"效果可以在视频播放中形成一种随机闪烁的效果。

9）马赛克

"马赛克"效果可以将画面分成若干网格，每一格都用本格内所有颜色的平均色填充，形成马赛克效果。该效果的参数设置及对应的图像效果如图 2.145 所示。

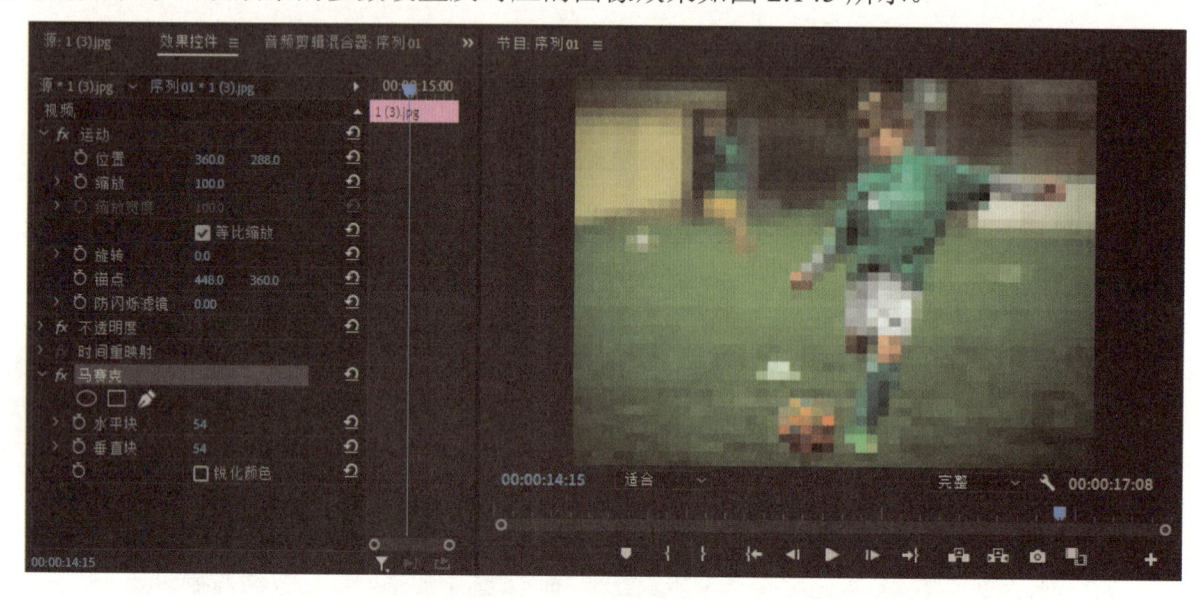

图 2.145　"马赛克"效果的参数设置及对应的图像效果

21．Obsolete 类

Obsolete 类视频效果包含"Threshold""Bend""Noise HLS"等效果，如图 2.146 所示。

图 2.146　Obsolete 类视频效果

1）Threshold（阈值）

"Threshold"效果可以将一个灰度或彩色素材转换为高对比度的黑白图像，并通过调整阈值级别来控制黑白所占的比例。该效果的参数设置及对应的图像效果如图 2.147 所示。

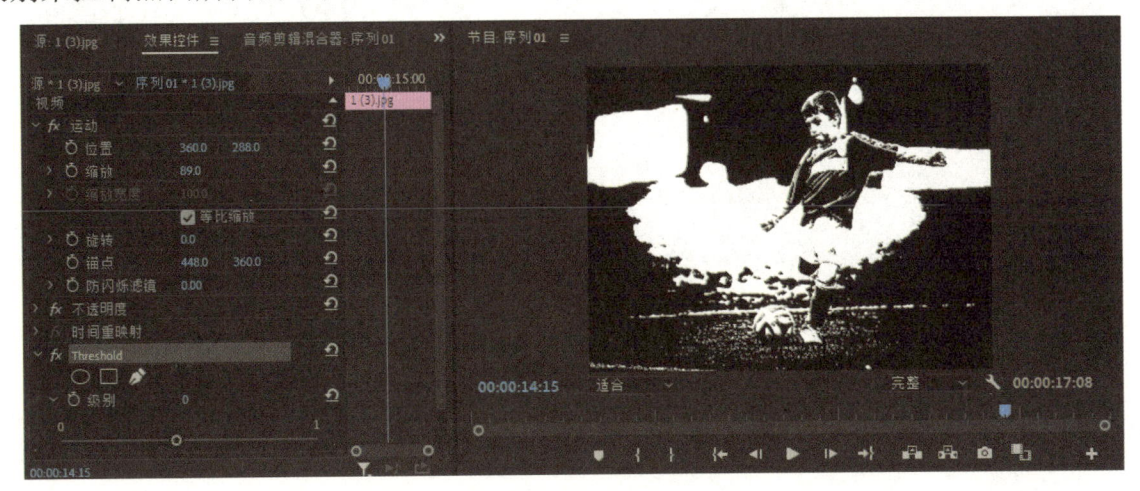

图 2.147 "Threshold"效果的参数设置及对应的图像效果

2）Bend（弯曲）

"Bend"效果可以使素材在水平和垂直方向上产生扭曲效果。该效果的参数设置及对应的图像效果如图 2.148 所示。

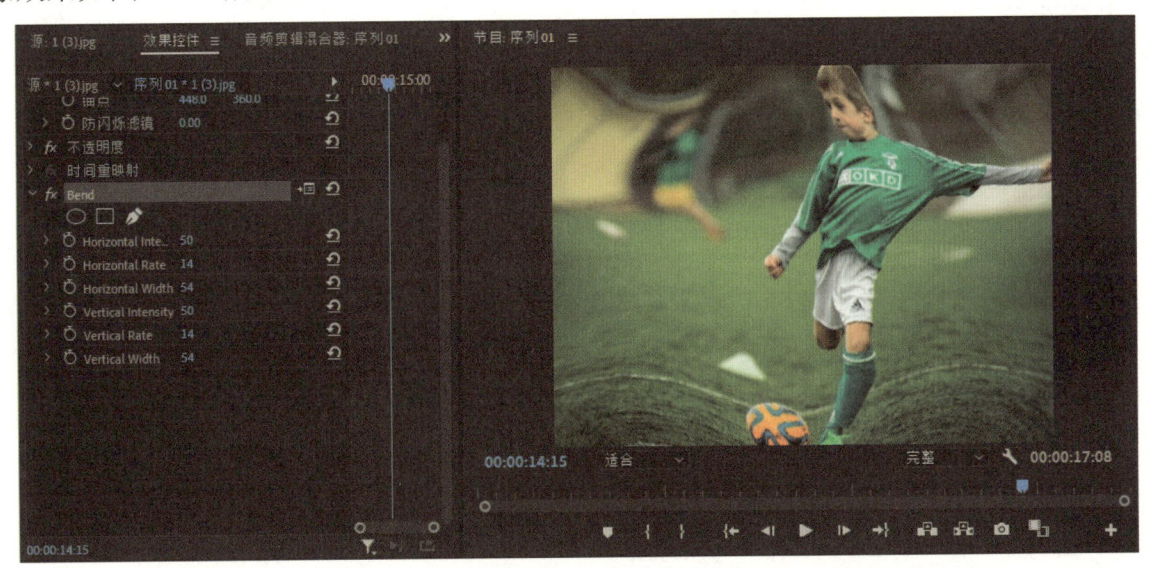

图 2.148 "Bend"效果的参数设置及对应的图像效果

3）Noise HLS

"Noise HLS"效果可以通过对参数的调节设置来生成杂色的产生位置和透明度，其参数设置及对应的图像效果如图 2.149 所示。

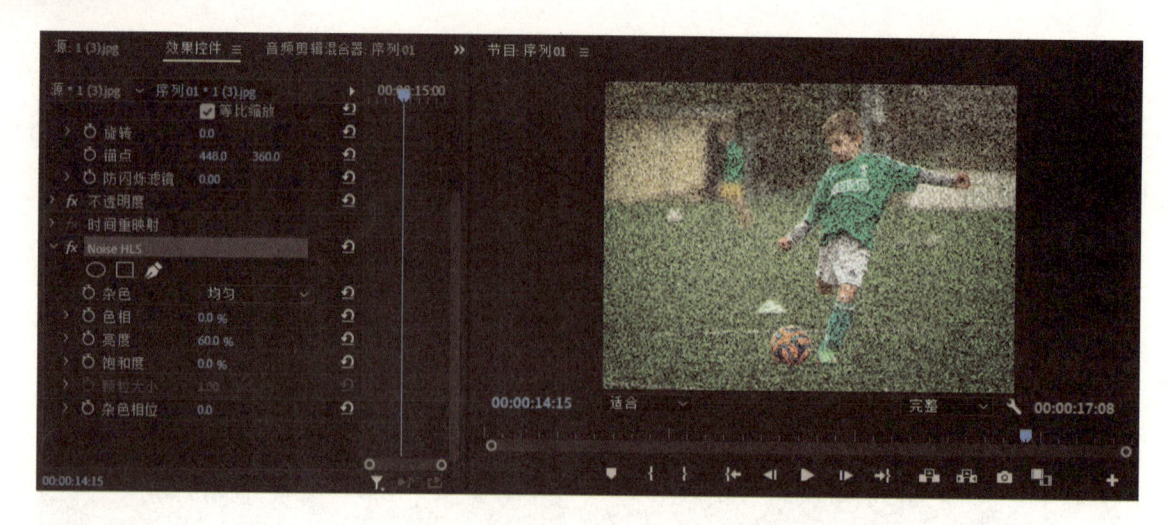

图 2.149　"Noise HLS"效果的参数设置及对应的图像效果

任务 4　简单字幕的制作

任务目标

- 了解字幕设计窗口。
- 掌握字幕文件的基本操作。

任务描述

本任务使用 Premiere 进行字幕设计，从而实现逐步创建视频字幕的过程。

任务分析

有效地利用字幕可以在视频作品的开头部分起到制造悬念、引入主题的作用，也可以在整个视频中起到设立基调的作用。字幕可以用来显示作品标题，也可以用来提供片段之间的过渡，还可以用来介绍人物和场景。作为数字视频制作工具，Premiere 的功能非常强大，其字幕设计窗口提供了制作视频作品所需的所有字幕特性。

操作步骤

（1）启动 Premiere Pro 2022，新建项目文件。

（2）按 Ctrl+N 键，弹出"新建序列"对话框，在左侧的列表框中展开"DV-PAL"文件夹并选择"标准 48kHz"选项，单击"确定"按钮，新建"序列 01"。

（3）在"项目"面板的空白处双击，弹出"导入"对话框，导入素材"美食.jpg"。

（4）选择"文件"→"新建"→"旧版标题"命令，如图 2.150 所示。在弹出的"新建字幕"对话框中为字幕命名,单击"确定"按钮,如图2.151所示。打开字幕设计窗口,字幕工作区的绘图区域与序列的画幅大小相同,如图2.152所示。

图2.150　选择"旧版标题"命令

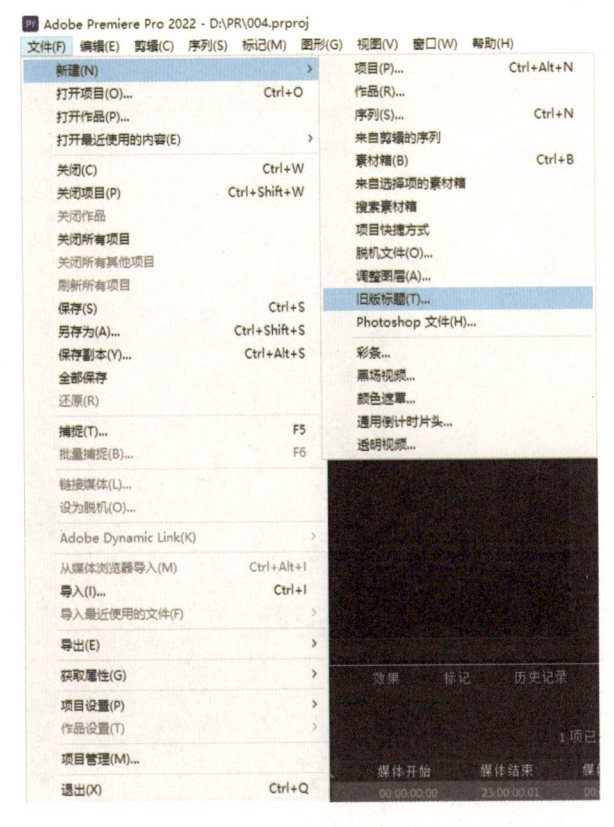

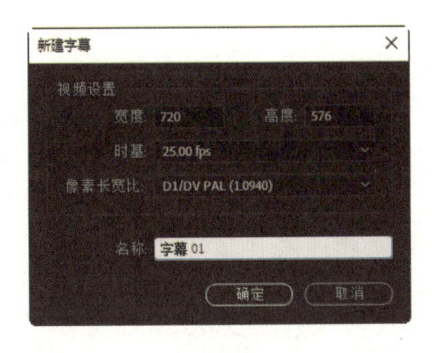

图2.151　"新建字幕"对话框

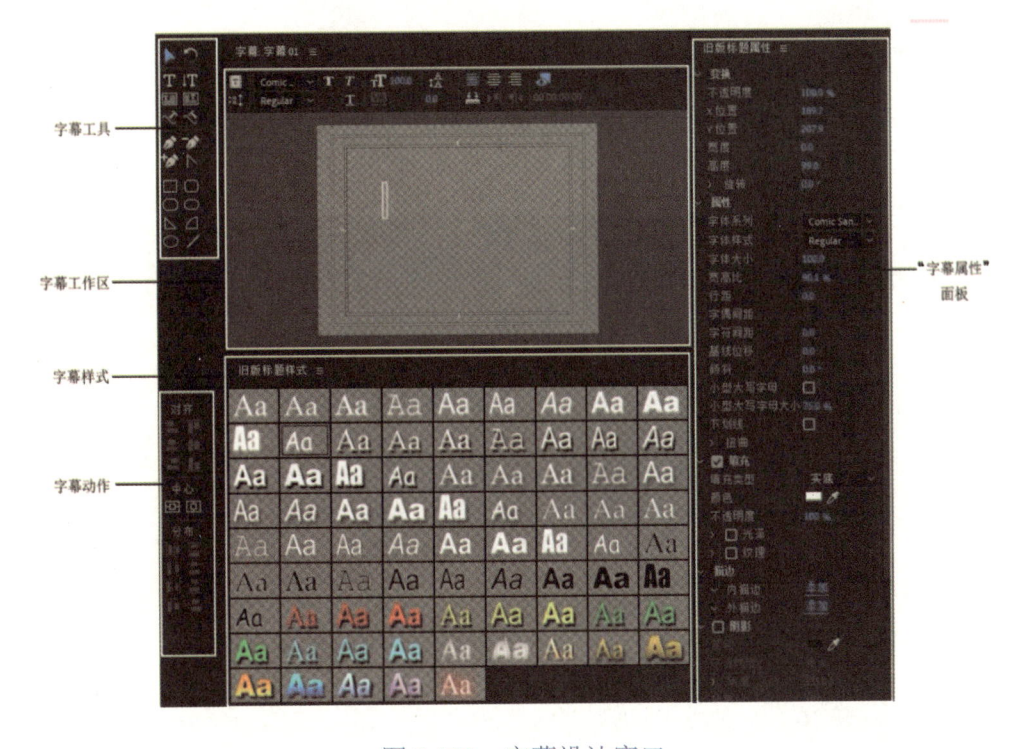

图2.152　字幕设计窗口

（5）使用文字工具 T，在字幕工作区中输入文字"美食天下"，在"字幕属性"面板中选择需要的字体并填充需要的颜色，如图 2.153 所示。

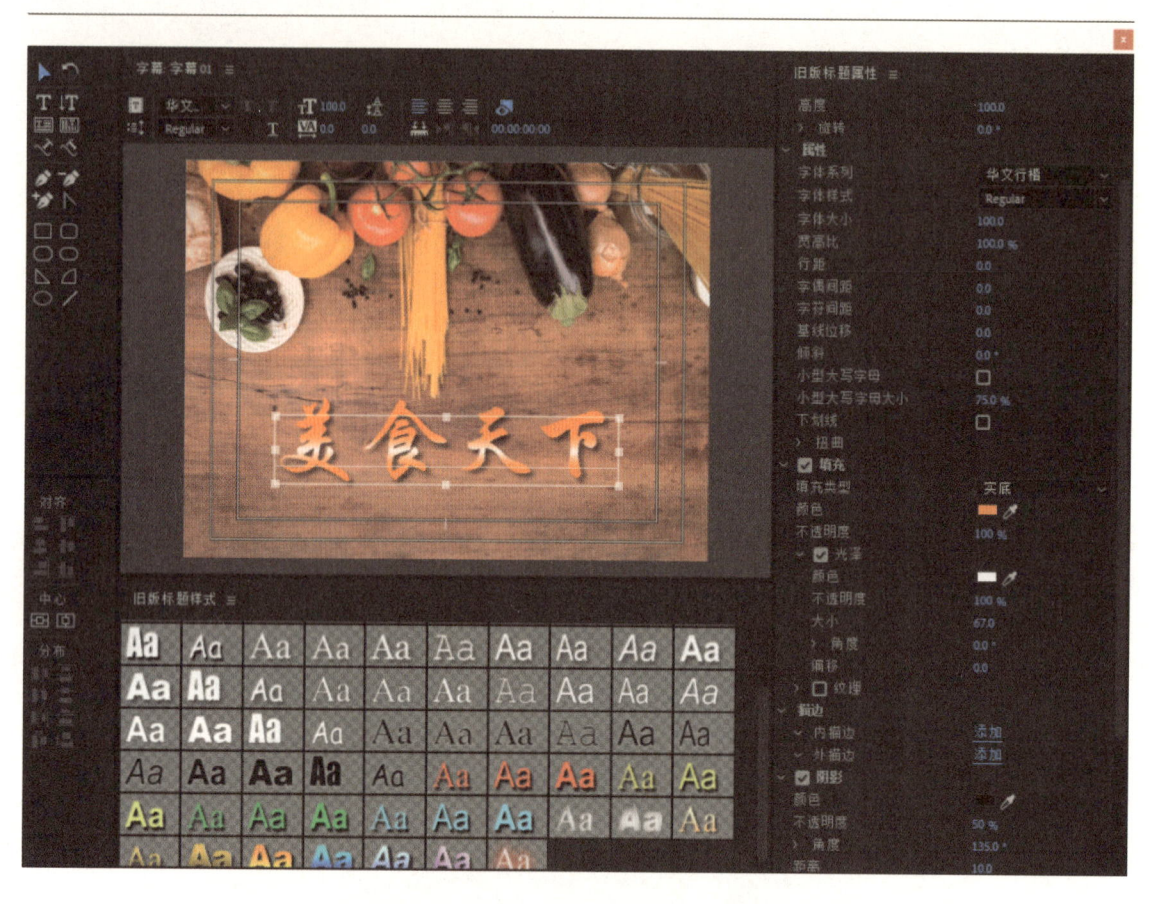

图 2.153　输入文字并设置其参数

（6）关闭"字幕属性"面板，新建的"字幕 01"字幕文件会自动保存到"项目"面板中，如图 2.154 所示。

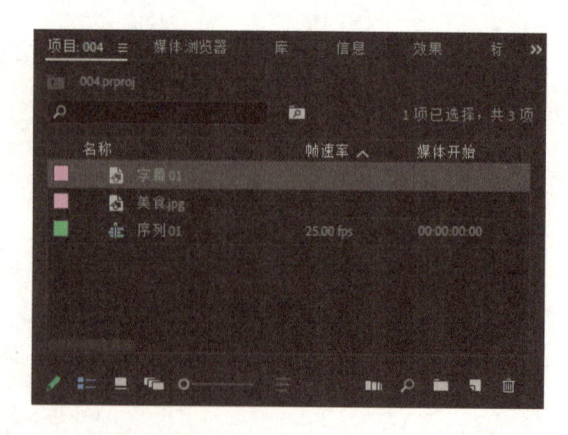

图 2.154　"字幕 01"字幕文件自动保存到"项目"面板中

（7）将素材"美食.jpg"拖到 V1 轨道的"00:00:00:00"位置处，将素材"字幕 01"拖到 V2 轨道的"00:00:00:00"位置处，如图 2.155 所示。

图 2.155　将素材添加到"时间轴"面板中

（8）选中"字幕01"，将时间指针放置在"00:00:00:00"位置处，打开"效果控件"面板，展开"运动"选项，单击"位置"选项左侧的"切换动画"按钮，激活关键帧，将"位置"参数设置为（-242.0,288.0），如图 2.156 所示。将时间指针放置在"00:00:02:00"位置处，将"位置"参数设置为（360.0,288.0），如图 2.157 所示。完成字幕由左侧进入画面的动画效果。

图 2.156　设置字幕在 0 秒处的"位置"参数

图 2.157　设置字幕在 2 秒处的"位置"参数

相关知识

在字幕设计窗口中，包含字幕工作区、字幕工具、字幕动作、"字幕属性"面板和字幕样式 5 个区域。

1. 字幕工作区

字幕工作区可以说是设置字幕的"心脏"，所有创建的字幕都会显示在字幕工作区中，如图 2.158 所示。

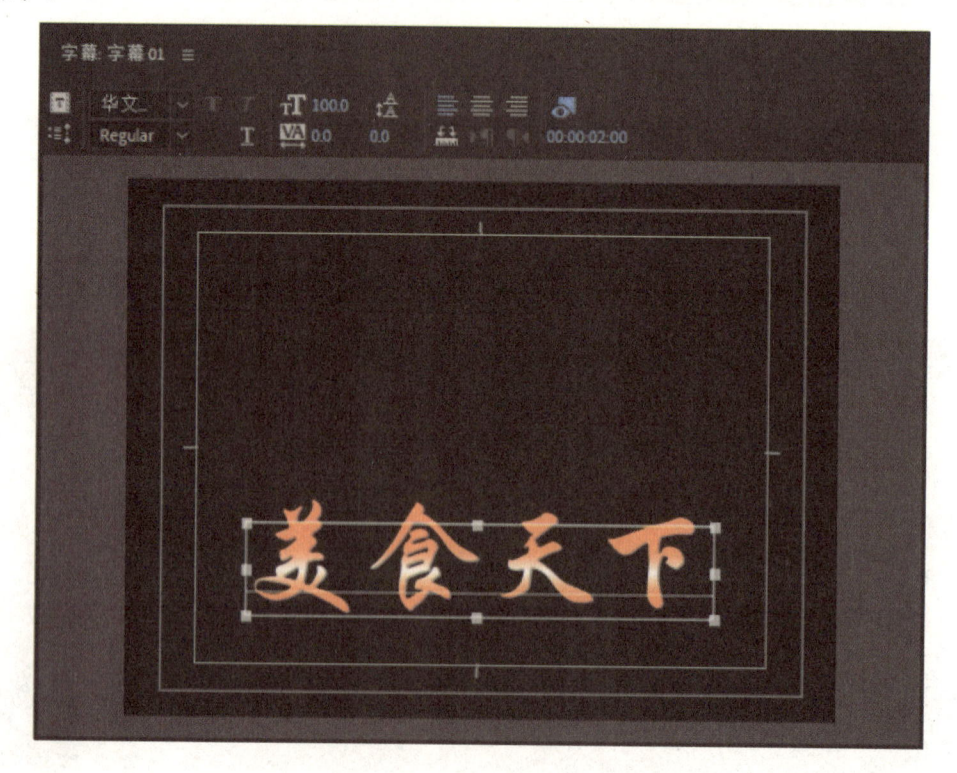

图 2.158　字幕工作区

字幕工作区中按钮的功能如下。

▪：基于当前字幕新建字幕，单击该按钮，将在当前字幕的基础上再创建一个新字幕。

▪：滚动/游动选项，单击该按钮，在弹出的"滚动/游动选项"对话框中可以设计游动和滚动字幕。

▪：设置字体，用来浏览字体的样式和选择字幕的字体。

▪：显示当前字体的样式。

▪：分别设置字幕为加粗、倾斜和下画线显示。

▪：分别为左对齐、居中、右对齐和制表符。

▪：是否显示背景视频按钮，将视频中的场景在某时间位置处作为背景显示在字幕工作区中。

2．字幕工具

字幕工具中包含字幕设计的基本工具，如图 2.159 所示。

图 2.159　字幕设计的基本工具

▪：选择工具，用于选择字幕工作区中创建的字幕或图形对象。如果配合 Shift 键使用，则可以选择多个对象。使用选择工具，选择字幕工作区中的字幕，字幕边框会显示出来，此时可以上下左右移动该字幕。

▪：旋转工具，用于旋转字幕文本或图形的角度。

▪：文字工具，用于在字幕工作区创建水平方向的字幕。使用文字工具，在字幕工作区单击，此时字幕工作区会出现光标，输入文字即可。

▪：垂直文字工具，用于在字幕工作区中创建垂直方向的字幕。该工具的使用方法与文字工具的相同。

▪：区域文字工具，可以在水平方向上一次性输入多行文本。使用该工具，在字幕工作区中拖动出一个矩形文本框，此时文本框中出现光标，输入整段文字即可。

▪：垂直区域文字工具，可以在垂直方向上一次性输入多行文本。

▪：路径文字工具，用于输入水平方向上弯曲路径的文本。使用该工具，在字幕工作区中单击并拖动鼠标，设置文本的显示路径，输入文字即可。

▪：垂直路径文字工具，用于在垂直方向上输入弯曲路径的文本，其使用方法同平行路径工具类似。

▪：钢笔工具，用于绘制不规则的图形，以及调整平行路径工具和垂直路径工具创建出

103

来的路径。使用该工具，在字幕工作区中移动文本路径的节点，即可调整文本路径。

：添加锚点工具，用于为文本路径添加节点，在通常情况下需要与钢笔工具配合使用。

：删除锚点工具，用于为文本路径删除节点，在通常情况下需要与钢笔工具配合使用。

：转换锚点工具，用于调节文本路径的平滑程度。使用该工具，单击文本路径上的节点，此时该节点会出现两个控制柄，拖动控制柄，即可调整路径的平滑度。

：矩形工具，可以在字幕工作区中绘制矩形，并且用户可以根据需要来设置矩形的颜色和边框色等属性。使用该工具，在字幕工作区中拖动鼠标，即可绘制出一个矩形，如果同时按住 Shift 键，则可以绘制出一个正方形。

：圆角矩形工具，用于绘制圆角矩形，其使用方法与矩形工具的相同。

其他工具还有切角矩形工具、圆矩形工具、楔形工具、弧形工具、椭圆形工具和直线工具等，它们的使用方法和矩形工具的使用方法是相同的。

3．字幕动作

字幕动作包含字幕的排列方式，如图 2.160 所示。

图 2.160　字幕动作

在使用"排列"对齐方式时，需要同时选择两个或两个以上的素材，才能将该区域的所有按钮激活。

（1）"对齐"区域包含"水平-左对齐""垂直-顶对齐""水平-居中""垂直-居中""水平-右对齐""垂直-底对齐"。

（2）"中心"区域中的对齐方式是将一个或一个以上的对象进行水平或垂直居中的排列方法，如"垂直居中"是将选择的对象进行垂直方向上的居中对齐，"水平居中"是将选择的对象进行水平方向上的居中。

（3）"分布"区域中的对齐方式是将 3 个或 3 个以上的对象进行顶端、居中和底端等方向的分布，包含"水平-左对齐""垂直-顶对齐""水平-居中""垂直-居中""水平-右对齐""垂直-底对齐""水平-平均""垂直-平均"。

4. "字幕属性"面板

"字幕属性"面板用于设置字幕的属性,其中包括变换、属性、填充、描边、阴影和背景6个选项,如图2.161所示。

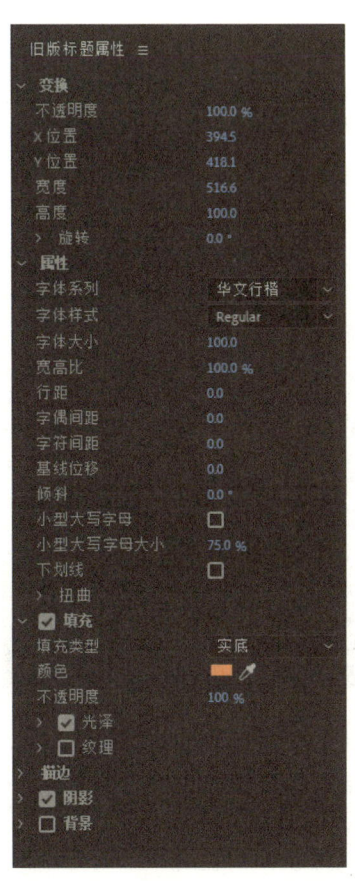

图2.161 "字幕属性"面板

5. 字幕样式

字幕样式用于选择自定义文本的样式,如图2.162所示。

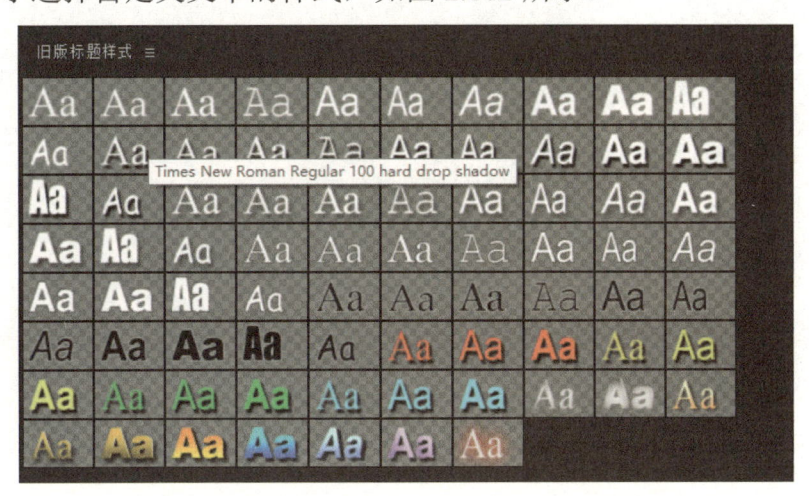

图2.162 字幕样式

在 Premiere Pro 2022 中，还有其他添加字幕的方式：一是在工具栏中选择文字工具T，在"节目监视器"面板中直接输入文字相关内容，在"效果控件"面板中可以设置文字的各种属性，如图 2.163 所示；二是选择"窗口"→"基本图形"命令，打开"基本图形"面板，同样可以快速设置文字的各种参数，实现多种字幕效果，如图 2.164 所示。

图 2.163　在"效果控件"面板中设置文字的各种属性

图 2.164　在"基本图形"面板中设置文字属性

任务 5 音视频的合成

任务目标

- 了解音频轨道的设置。
- 掌握编辑音频音量的基本操作。

任务描述

本任务将介绍使用 Premiere Pro 2022 的音频轨道为视频添加背景音乐的方法。

任务分析

Premiere Pro 2022 提供了许多将声音集成到视频项目中的功能。当在"时间轴"面板中放入视频素材后，Premiere Pro 2022 会自动采集视频素材中的声音。如果要淡入/淡出背景音乐或旁白，则可以使用"效果控件"面板中提供的相应工具来对音频进行编辑。

操作步骤

（1）启动 Premiere Pro 2022。双击桌面上的 Premiere Pro 2022 快捷图标 Pr，或者在"开始"菜单中选择"Premiere Pro 2022"命令，启动 Premiere 软件。

（2）进入项目界面，单击"新建项目"按钮，在弹出的"新建项目"对话框中设置"位置"参数，选择文件保存路径，输入项目文件名称，单击"确定"按钮，新建项目文件。

（3）按 Ctrl+N 组合键，弹出"新建序列"对话框，在左侧的列表框中展开"DV-PAL"文件夹并选择"标准 48kHz"选项，单击"确定"按钮，新建"序列 01"。

（4）按 Ctrl+I 组合键，导入视频素材"运动 1.mp4"和"运动 2.mp4"，以及音频素材"背景音乐.mp3"。

（5）将视频素材"运动 1.mp4"和"运动 2.mp4"拖到 V1 轨道上，音频素材"背景音乐.mp3"拖到 A2 轨道上，如图 2.165 所示。

（6）调整素材画面大小。分别选中 V1 轨道的素材"运动 1.mp4"和"运动 2.mp4"，打开"效果控件"面板，将素材的"缩放"参数值设置为"160.0"，如图 2.166 所示。

（7）使用剃刀工具裁切音频素材"背景音乐.mp3"的音频时长，使音频时长与视频时长相一致。选中 A1 轨道上多余的音频素材，按 Delete 键将其删除，如图 2.167 所示。

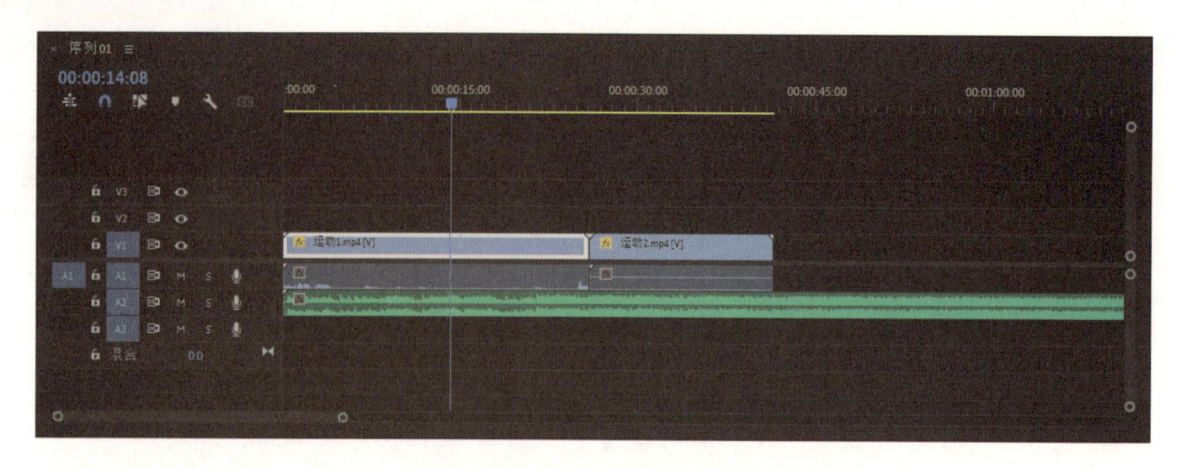

图 2.165　添加素材到"时间轴"面板中

图 2.166　设置素材的"缩放"参数值

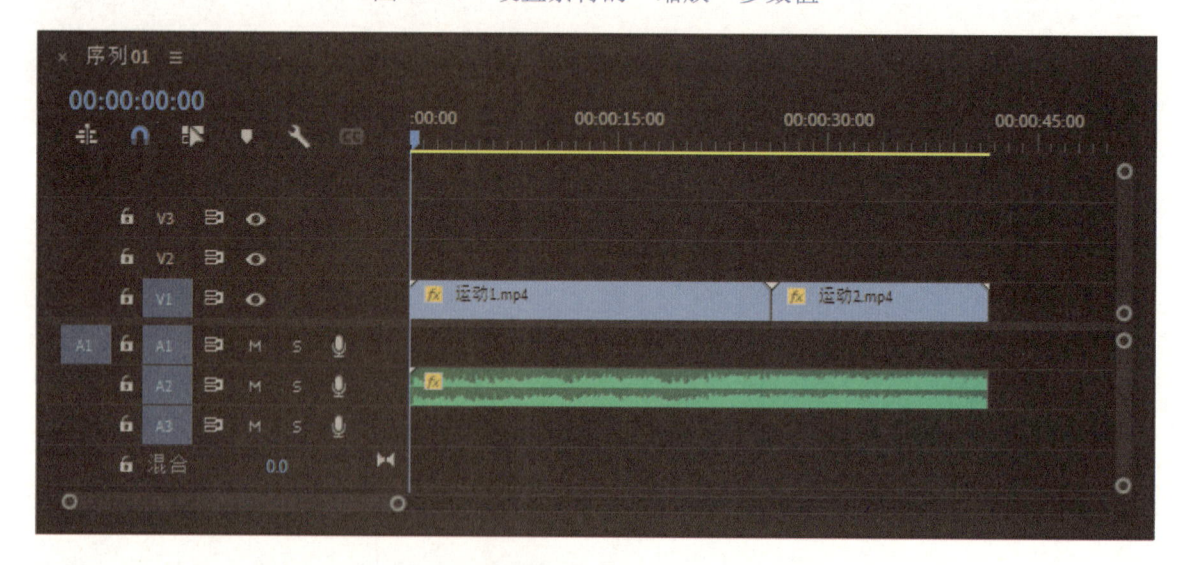

图 2.167　音频时长与视频时长相一致

（8）将时间指针放置在"00:00:00:00"位置处，选中 A2 轨道的音频素材"背景音乐.mp3"，打开"效果控件"面板，展开"音量"选项，将"级别"设置为"-30.0dB"，并单击 按钮，激活关键帧，如图 2.168 所示。

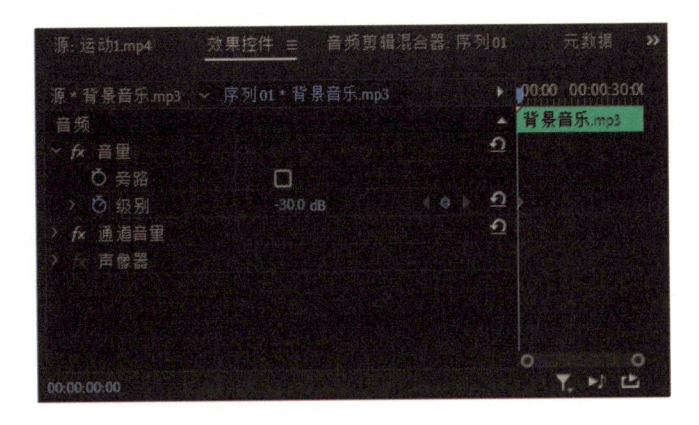

图 2.168　设置"级别"参数并添加关键帧

（9）将时间指针放置在"00:00:05:00"位置处，将"级别"设置为"0.0dB"，如图 2.169 所示，完成声音淡入效果。

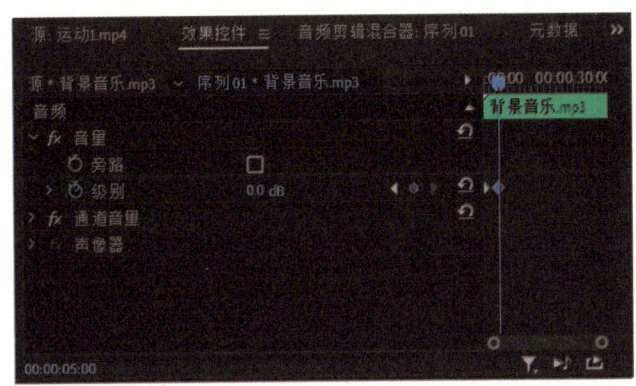

图 2.169　在 5 秒处设置"级别"参数

（10）将时间指针放置在"00:00:38:00"位置处，单击在"级别"参数右侧的"添加/移除关键帧"按钮，添加关键帧，如图 2.170 所示。

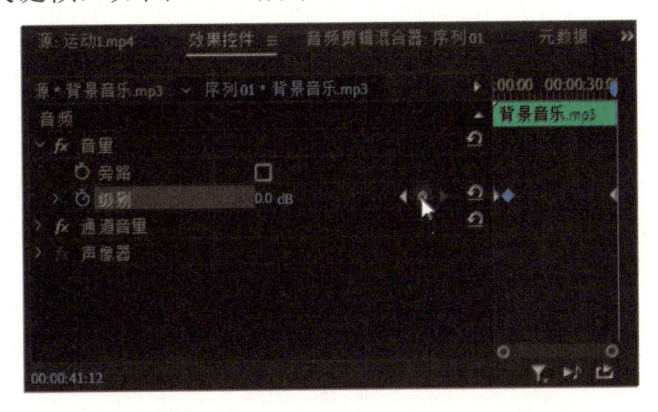

图 2.170　在 38 秒处添加关键帧

（11）将时间指针放置在音频末尾"00:00:41:12"位置处，将"级别"设置为"-30.0dB"，完成声音淡出效果。

小贴士

将"级别"参数设置为负数表示音量降低,正数表示音量升高。用户可以通过创建关键帧来实现淡入淡出效果。

相关知识

人类生活在一个声音的环境中,通过声音可以进行交谈、表达思想感情,也可以开展各种活动。不同的声音会使人产生不同的情绪,因此声音是很重要的。

在后期合成中有两个元素:一个是视频画面,另一个就是声音。声音的处理在后期合成中非常重要,好的视频不仅需要画面和声音同步,还需要声音具有丰富变化的效果。有些画面效果虽然比较简单,但是声音效果和音色上的完美应用可以营造一种非常强烈的气氛,如喜悦、悲伤、兴奋、平静等。

在 Premiere 中对声音的处理主要集中在音量增减、声道设置和特效运用上。因为 Premiere 是一个剪辑软件,所以声音的制作能力相对较弱,适合在已有声音上添加特效和再处理,但如果对上述技术点能够灵活运用,往往也会取得不俗的表现。

项目 3　影视合成

项目目标

- 熟悉 Affect Effects 2022 的工作环境和特点。
- 了解数字视频合成的原理和基本方法。
- 掌握影视后期常用的特技效果，了解其在后期制作中的应用。
- 理解非线性编辑的概念和手法，了解行业内后期编辑合成常用的软件。

项目描述

本项目通过几个具体的任务，使读者不仅可以掌握 After Effects 2022 的各种基础知识和操作技巧，还可以熟练使用该软件，如创建合成项目、导入素材并进行编辑管理、制作关键帧动画、创建摄像机动画、创建三维空间效果、创建文字特效、完成后期调色和键控抠像等，并最终输出影视特效成品文件。

任务 1　基础动画的制作

任务目标

- 了解关键帧动画的原理及制作流程。
- 掌握创建关键帧动画的方法。
- 掌握创建及编辑关键帧的方法。

任务描述

本任务使用"星球""火箭""背景"等给定的图片素材，创建 3 个关键帧动画，进而实现它们动态显示的效果。

任务分析

After Effects 被称为活动的 Photoshop。在 After Effects 中设置动画的方法很多，可以在时间线面板中通过向图层属性添加关键帧来设置动画，也可以通过表达式来设置动画，还可以通过动画预置的方法来实现。其中，通过向图层属性添加关键帧来设置动画，是最常用的动画设置方法，基于关键帧制作的动画也就是通常所说的关键帧动画。

操作步骤

（1）启动 After Effects 2022，按 Ctrl+N 组合键，新建一个合成，并将其命名为"太空"，如图 3.1 所示。

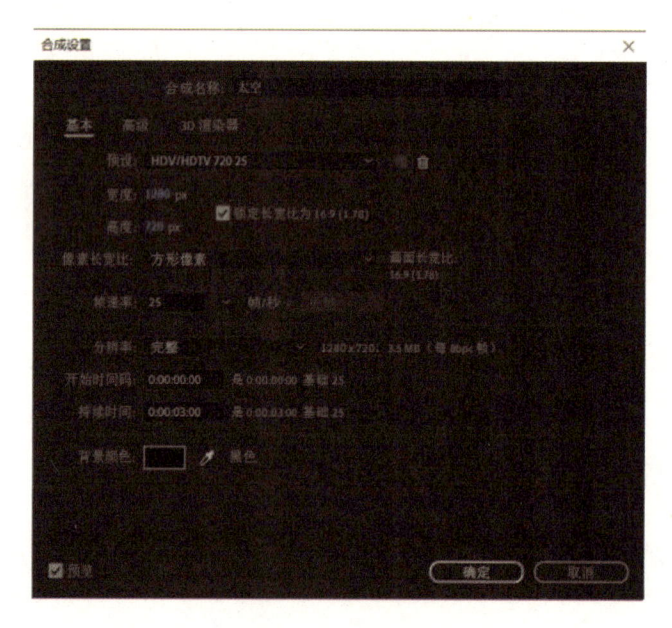

图 3.1　新建合成

（2）在"项目"面板的空白处双击，在弹出的对话框中选中"01.png""02.png""03.png""背景.jpg"文件进行导入。将这 4 个素材拖到时间线面板中，并调整到合适的大小及位置，如图 3.2 所示。

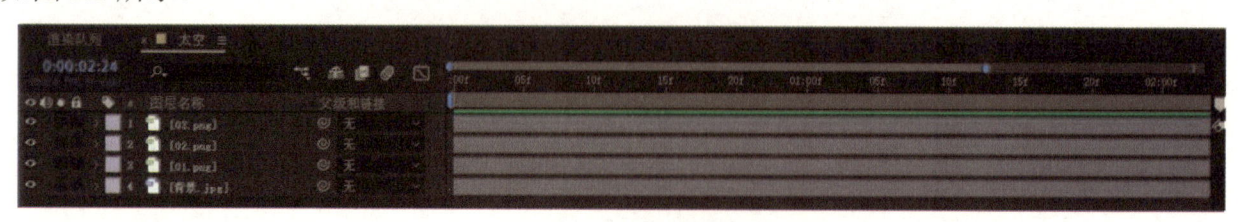

图 3.2　时间线面板

（3）展开"01.png"图层的"变换"属性组，将时间指示器拖到 0 秒位置处。

项目 3　影视合成

小贴士

按住 Ctrl 键，并在时间线面板左上角的时间显示码处单击可以切换显示方式。

（4）单击"缩放"属性左侧的秒表按钮，添加关键帧，将"01.png"图层的"缩放"设置为"0.0,0.0%"，如图 3.3 所示。

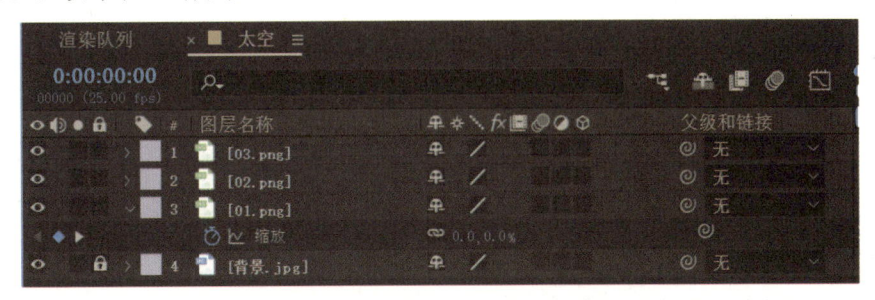

图 3.3　添加关键帧并设置"缩放"属性

（5）将时间指示器拖到 1 秒位置处，再次设置"01.png"图层的"缩放"属性，具体设置如图 3.4 所示，此时 After Effects 会自动记录关键帧。

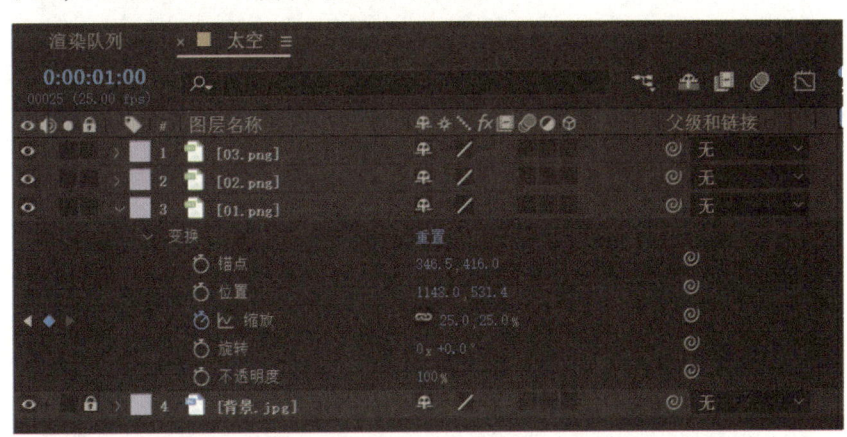

图 3.4　"缩放"属性的设置

（6）为了使动画更加柔缓流畅，框选所有的关键帧并右击，在弹出的快捷菜单中选择"关键帧辅助"→"缓动"命令，如图 3.5 所示。

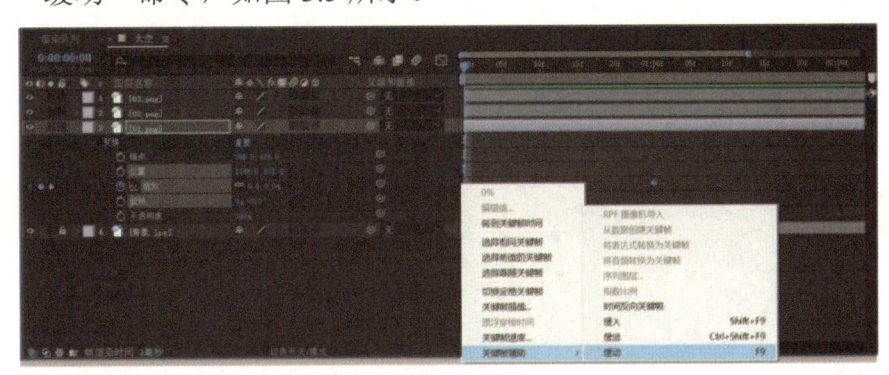

图 3.5　选择"缓动"命令

113

> "缓动"命令会使运动画面更加平滑真实,快捷键是F9。如果想取消缓动效果,则按住Ctrl键,同时单击关键帧即可。

(7)展开"02.png"图层的"变换"属性组,在0帧处单击"位置"和"缩放"属性左侧的秒表按钮,添加关键帧,将飞船位置从右下角移出画面,同时将"缩放"设置为"50.0,50.0%",拖动时间指示器到视频结束处,将飞船位置移到左上角,并将"缩放"设置为"0.0,0.0%",此时After Effects会自动记录"位置"和"缩放"属性的关键帧。

(8)为了使画面更流畅,分别给"02.png"和"03.png"图层的所有关键帧添加缓动效果。

(9)该动画在0帧、1秒和3秒处的属性设置分别如图3.6、图3.7和图3.8所示。

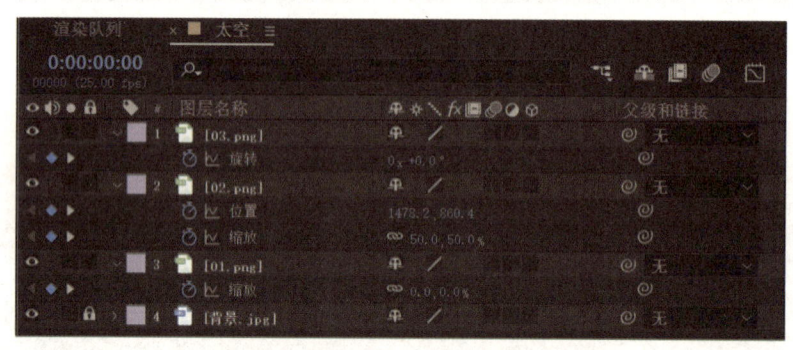

图3.6　0帧处的属性设置

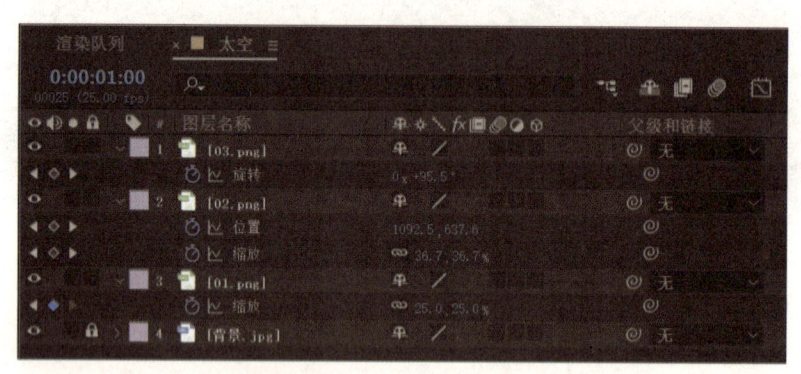

图3.7　1秒处的属性设置

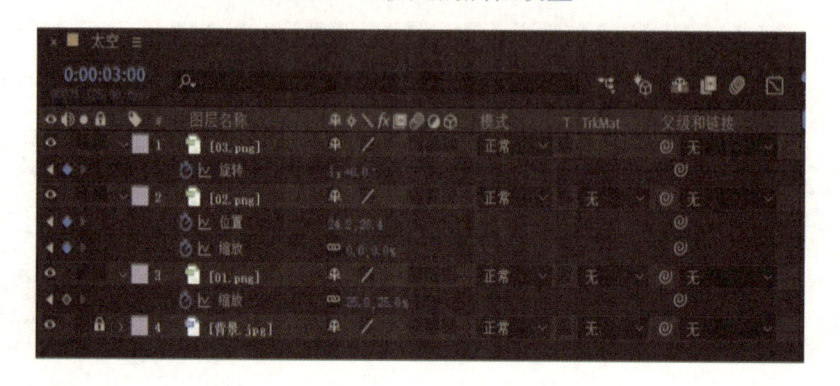

图3.8　3秒处的属性设置

（10）至此，该动画制作完成，按 Space 键可以预览动画效果，如图 3.9 所示。

图 3.9　预览动画效果

相关知识

1．创建关键帧动画

关键帧并不是一个纯计算机图形学概念，其概念来源于传统的动画片制作。我们平时看到的视频或动画，其实是一幅幅图像快速切换而产生的视觉效果。

制作关键帧动画，是 After Effects 2022 的强项之一。After Effects 2022 是通过创建关键帧来控制动画的，当向时间线上某图层的某个属性添加一个关键帧时，表示当前图层在当前时间确定了一个固定的属性值，通过设置至少两个不同的关键帧，就会在这些关键帧之间产生属性值的变化，从而产生画面的变化，这样就产生动画效果了。

动画的画面是基于时间变化的。例如，一个图层在第 1 秒时有一个关键帧，其位置在预览窗口画面左侧，在第 3 秒时有一个关键帧，其位置在预览窗口画面右侧，这样在第 1 秒和第 3 秒之间，After Effects 2022 会自动产生该图层图像向右移动的画面，如图 3.10 所示。

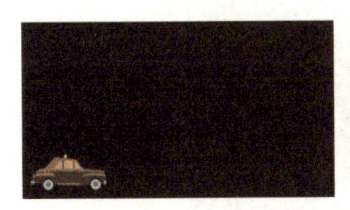

图 3.10　基于关键帧形成动画

1）产生关键帧动画的条件

要在 After Effects 2022 中创建关键帧动画，基本条件主要有以下 3 个。

- 必须单击属性名称左侧的秒表按钮 才能记录关键帧。
- 必须在不同的时间位置设置至少两个关键帧才能有动画出现，一个关键帧不能产生动画。
- 关键帧的某属性值在不同的时间要有变化。

2）创建关键帧动画的基本流程

在 After Effects 2022 中，创建关键帧动画的方法基本一样。下面以位移动画为例，详细介绍创建关键帧动画的基本流程。

（1）准备好素材文件，将其导入 After Effects 2022，如图 3.11 所示。

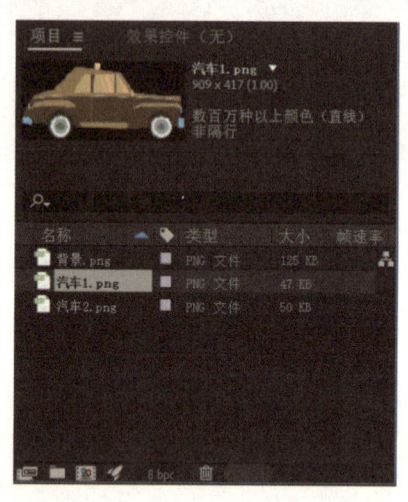

图 3.11 导入素材

（2）新建一个合成，将其命名为"位移"，并将合成的持续时间设置为 3 秒，如图 3.12 所示。

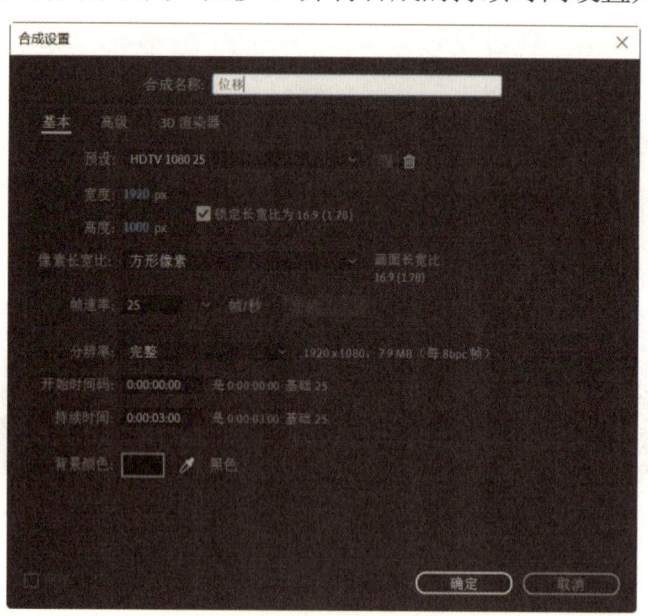

图 3.12 合成设置

（3）将"背景.png"素材拖到时间线面板中，自动创建一个"背景.png"图层，将其调整至合适的大小，并单击"锁定"按钮，将其设定为不可编辑图层。

（4）将"汽车.png"素材拖到时间线面板中，自动创建一个"汽车.png"图层，将其调整至合适的大小。使用选择工具，将其拖到合成面板左侧的位置。

（5）展开"汽车.png"图层的"位置"属性，将时间指示器拖到 0 秒位置处，单击"位置"属性左侧的秒表按钮，添加关键帧，如图 3.13 所示。

图 3.13　添加"位置"属性关键帧

（6）将时间指示器拖到 3 秒位置处，使用选择工具将"汽车.png"图层拖到合成面板的右侧位置，如图 3.14 所示。

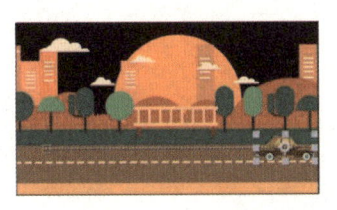

图 3.14　3 秒位置处的合成面板

（7）由于"位置"属性发生了变化，因此会在 3 秒的位置自动创建一个关键帧，此时就会在预览窗口产生动画效果。

以上步骤就是创建关键帧动画的基本流程，如图 3.15 所示。

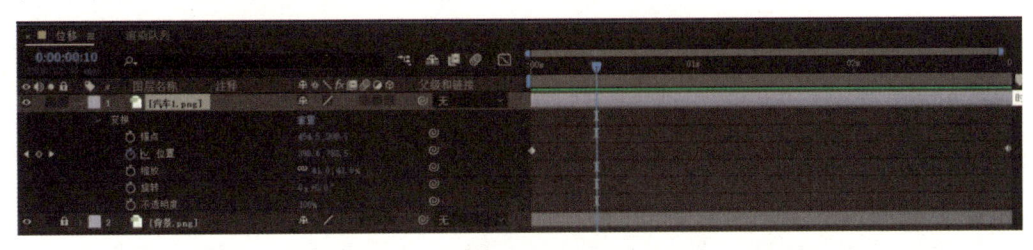

图 3.15　关键帧动画的基本流程

2．创建及编辑关键帧

关键帧是动画合成的基本元素，由于 After Effects 2022 中几乎所有的动画都有关键帧的参与，因此关键帧的重要性不言而喻。下面详细介绍创建和编辑关键帧的基本知识和操作方法。

1）添加关键帧

方法 1：单击属性名称左侧的秒表按钮，创建关键帧。

方法 2：在秒表按钮激活的状态下，使用 Alt+Shift+属性快捷键，可以在当前时间位置添加新的关键帧。例如，添加"位置"属性关键帧，可以使用 Alt+Shift+P 组合键。

方法 3：在秒表按钮激活的状态下，单击"添加/移除关键帧"按钮，即可在新的时间点添加一个关键帧，如图 3.16 所示。

图3.16 "位置"属性关键帧

方法4：在秒表按钮■激活的状态下，将时间指示器拖到新的时间点直接修改属性值，这样也可以添加新的关键帧，而且该方法是非常简便的一种方法，如图3.17所示。

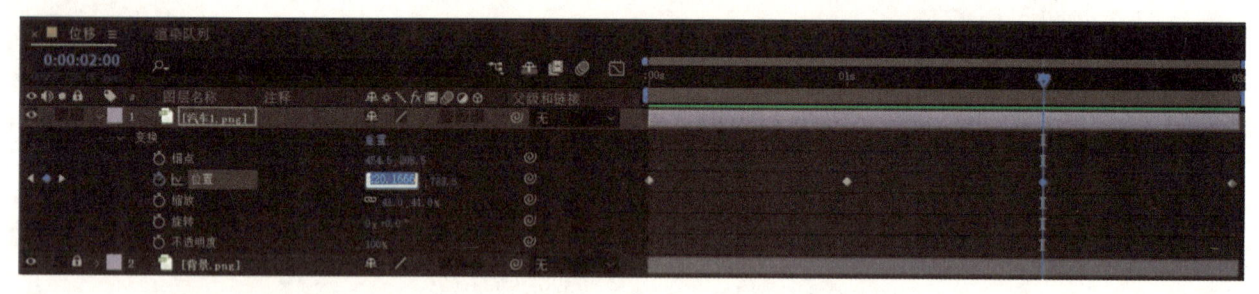

图3.17 修改属性值自动创建关键帧

2）选择关键帧

编辑关键帧的首要条件是选择关键帧，下面介绍几种选择关键帧的方法。

方法1：单击选择。在时间线面板中，直接单击关键帧图标■，即可选中该关键帧。

> **小贴士**
>
> 将时间指示器移至某个关键帧与选择某个关键帧不同。将时间指示器移至关键帧上时，并不等于选择这个关键帧，只有关键帧变为蓝色时，才表示它被选择了。

方法2：拖动选择。在时间线面板空白处单击并按鼠标左键拖动出一个矩形框，在矩形框内的关键帧都将被选择，如图3.18所示。

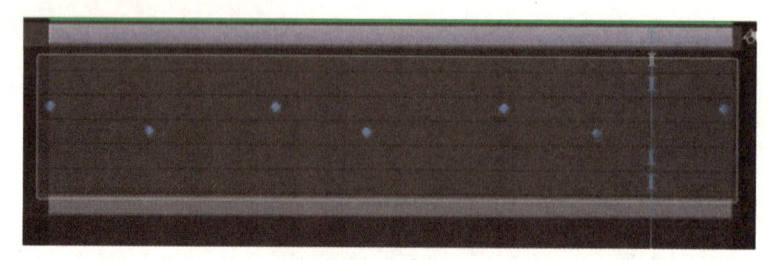

图3.18 框选关键帧

方法3：通过属性名称选择。在时间线面板中单击关键帧属性的名称，即可选中该属性的所有关键帧，如图3.19所示。

图 3.19 通过属性名称选择关键帧

方法 4：配合快捷键选择。按住 Shift 键不放，在多个关键帧上单击，可以把要选择的关键帧同时选上，如图 3.20 所示。而对于已选择的关键帧，按住 Shift 键不放再次单击，可以取消选择。

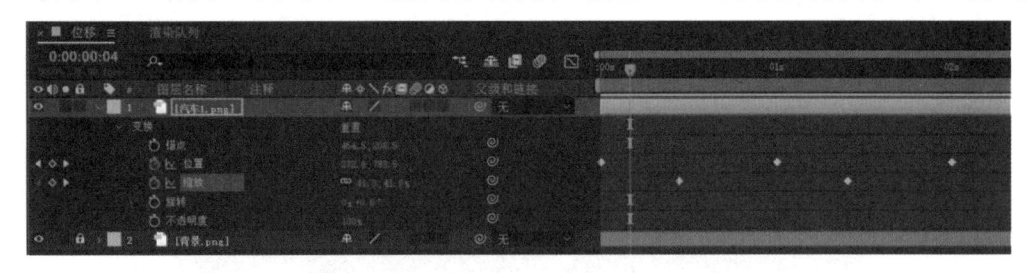

图 3.20 配合 Shift 键选择关键帧

3）删除关键帧

在操作过程中，如果因失误而添加了多余的关键帧，可以选中不需要的关键帧图标◆，按键盘上的 Delete 键，即可将选中的关键帧删除。另外，如果取消了秒表按钮的激活状态，则该属性的所有关键帧也将被删除。

4）修改关键帧

将时间指示器拖到关键帧所在的时间位置，修改属性值，即可对关键帧进行修改。如果时间指示器不在关键帧所在的时间位置，则修改属性值会产生新的关键帧。

由于修改关键帧需要时间指示器在关键帧所在的时间位置，因此需要掌握将时间指示器精确对齐到关键帧位置的方法。如图 3.21 所示，用户可以通过单击关键帧导航按钮来跳转到目标关键帧，其中◀按钮表示跳转到上一个关键帧，◆按钮表示在当前时间位置添加或删除关键帧，▶按钮表示跳转到下一个关键帧。

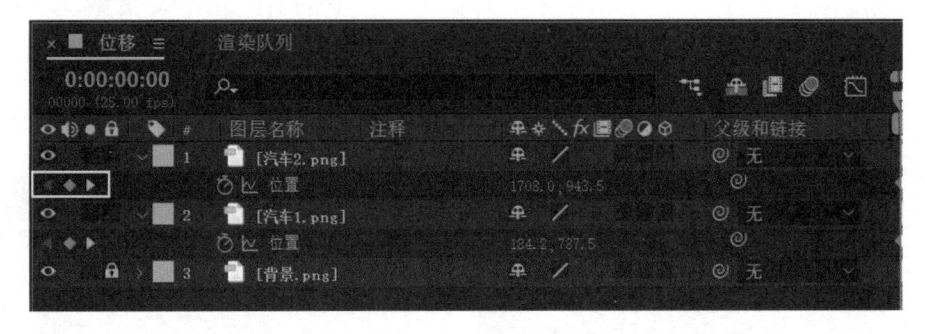

图 3.21 关键帧导航按钮

> 按住 Shift 键的同时拖曳时间指示器，会自动吸附到拖曳位置的关键帧上。另外，使用快捷键 J 或 K，可以将时间指示器跳转到最近的上一个关键帧或下一个关键帧上。

5）复制和粘贴关键帧

选择要复制的关键帧，按 Ctrl+C 组合键，即可复制关键帧。将时间指示器拖到新的时间点，按 Ctrl+V 组合键，即可粘贴关键帧。

6）变换动画关键帧

展开一个图层，在没有添加"遮罩"或任何特效的情况下，只有一个"变换"属性组，这个属性组包含了一个图层最重要的 5 个属性，如图 3.22 所示。

图 3.22 "变换"属性组

这 5 个属性分别如下。

- 锚点：After Effects 2022 以锚点作为基准对相关属性进行设置。这个锚点是对象进行旋转或缩放等设置的坐标中心点，在默认情况下为对象的几何中心点。显示该属性的快捷键为 A 键。
- 位置：该属性主要用来制作图层的位移动画。显示该属性的快捷键为 P 键。
- 缩放：该属性可以以锚点为基准来改变图层的大小。显示该属性的快捷键为 S 键。
- 旋转：该属性可以以锚点为基准旋转图层。显示该属性的快捷键为 R 键。
- 不透明度：该属性以百分比的方式来调整图层的不透明度，数值越低，透明度越高。显示该属性的快捷键为 T 键。

当需要将图层的多个变换属性同时显示时，可以配合使用 Shift 键来完成。例如，按 P 键会显示"位置"属性，此时再按 S 键，则只会显示"缩放"属性。而如果按住 Shift 键的同时再按 S 键，则会在显示"位置"属性的基础上，再显示出"缩放"属性，如图 3.23 所示。

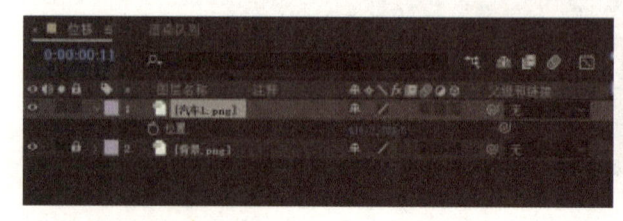

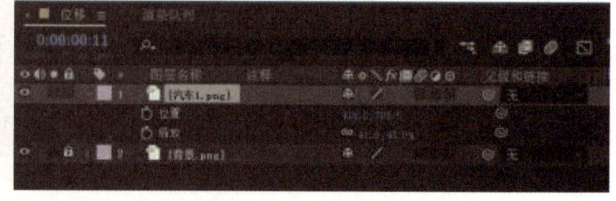

图 3.23 使用快捷键显示图层属性

小贴士

按 U 键会显示添加了关键帧的属性，即显示所有被编辑过的属性。当展开这些属性后，再次按 U 键可以将其收起。需要特别说明的是，使用这些单字母快捷键时，需要切换至英文输入法状态。

3．动画的播放和预览

动画创建完成后，可以通过拖动时间指示器来预览动画效果，但这并不是实时的。为了查看精确的动画效果，需要进行预览操作。

在菜单栏中选择"窗口"→"预览"命令，即可打开"预览"面板，如图 3.24 所示。

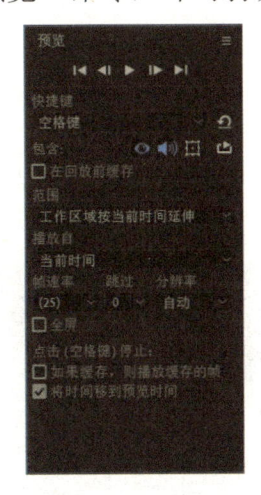

图 3.24 "预览"面板

用户可以单击预览控制台中的"播放"按钮▶，预览动画，也可以在激活时间线面板后，按 Space 键。

小贴士

用户可以按小键盘上的 0 键进行内存预览。绿线区域代表渲染完成的区域，该区域内的动画可以实时播放。渲染长度与物理内存大小有关，内存越大，可渲染长度越长。

任务 2　创建三维合成

任务目标

- 了解二维合成与三维合成之间的区别。
- 理解三维合成的工作环境。
- 掌握使用三维图层的方法。

任务描述

本任务使用给定的图片素材,通过设置其三维属性,将其转化为三维图层,进而实现这些图片的三维动画效果。

任务分析

在 After Effects 2022 中不仅能够显示二维图层,还可以显示三维图层。当将图层指定为三维图层后,After Effects 2022 会自动为图层添加一个 Z 轴,用来控制图层在空间中的深度。当增大 Z 轴数值时,图层将离镜头越来越远;当减少 Z 轴的数值时,图层将离镜头越来越近。当然,我们也可以利用添加摄像机的方法来实现三维运动,在任务 3 中会详细讲解。

操作步骤

(1)打开 After Effects 2022,按 Ctrl+N 组合键,新建一个合成,其设置如图 3.25 所示。

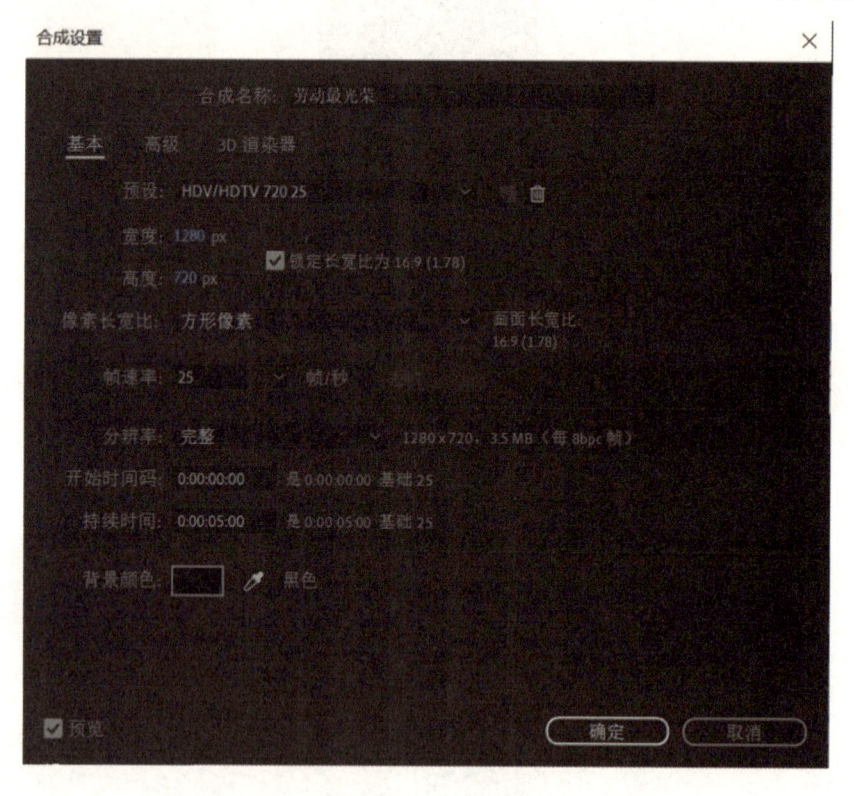

图 3.25 合成设置

(2)在"项目"面板的空白处双击,在弹出的对话框中选中"BG.png""01.png""02.png""03.png""04.png""标题 2.png"等文件进行导入。

(3)将"项目"面板中的 6 个素材拖到时间线面板中,调整各图层的大小和位置,摆放位置如图 3.26 所示。

图 3.26　图层摆放位置

（4）锁定"BG.png"图层。开启"01.png""02.png""03.png""04.png""标题 2.png"5 个图层的三维开关，如图 3.27 所示。

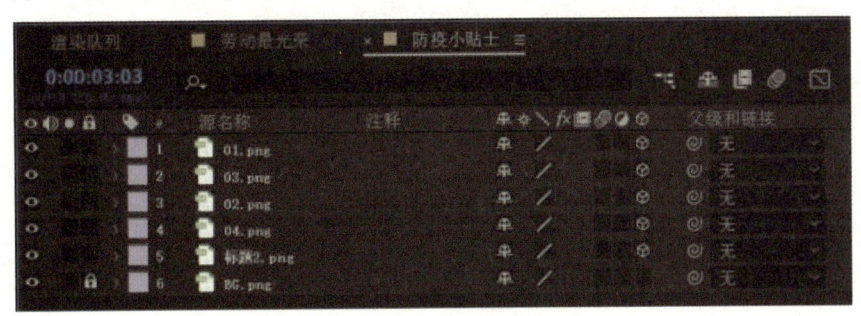

图 3.27　开启图层的三维开关

（5）展开"标题 2.png"图层的"旋转"属性，使用锚点工具，将锚点移到合适的位置，如图 3.28 所示。

图 3.28　移动锚点

（6）将时间指示器拖到第 0 秒处，单击"X 轴旋转"左侧的秒表按钮，将"X 轴旋转"设置为"0x+105.0°"；后移时间指示器到第 20 帧处，将"X 轴旋转"设置为"0x-20.0°"；后移时间指示器到第 40 帧处，将"X 轴旋转"设置为"0x+10.0°"；后移时间指示器到第 50 帧处，将"X 轴旋转"设置为"0x+0.0°"。

（7）展开"标题 2.png"图层的"不透明度"属性，将时间指示器定位在第 0 秒处，单击"不透明度"属性左侧的秒表按钮，将"不透明度"设置为"0%"；后移时间指示器并定位在第 10 帧处，将"不透明度"设置为"100%"。

（8）框选"标题 2.png"图层属性中所设置的所有关键帧，按 F9 快捷键添加缓动效果，使动画更为流畅。至此，"标题 2.png"图层的动画效果设置完成，如图 3.29、图 3.30、图 3.31、图 3.32 和图 3.33 所示。

图 3.29　"标题 2.png"图层动画设置（1）

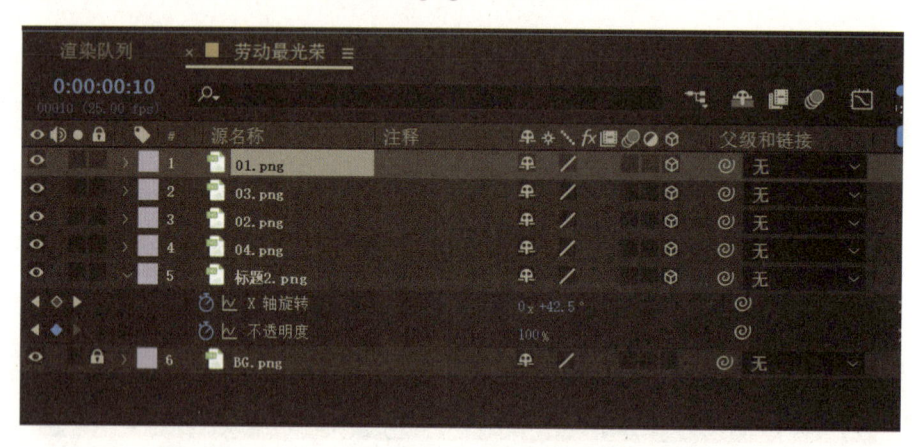

图 3.30　"标题 2.png"图层动画设置（2）

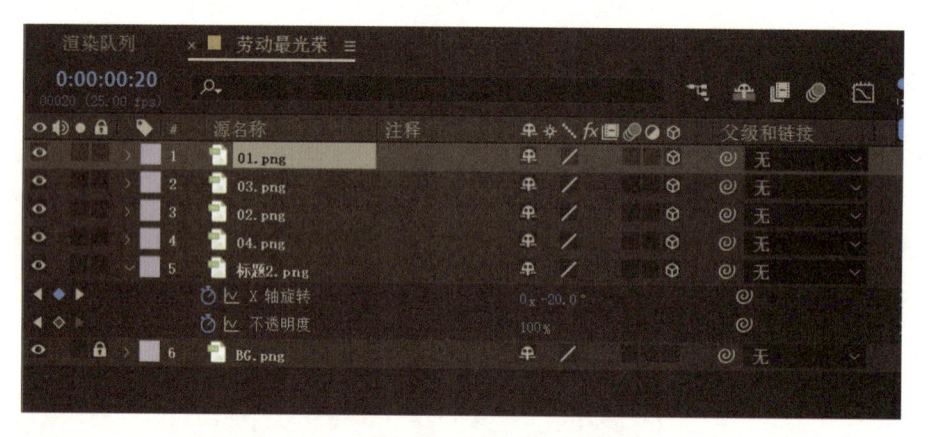

图 3.31　"标题 2.png"图层动画设置（3）

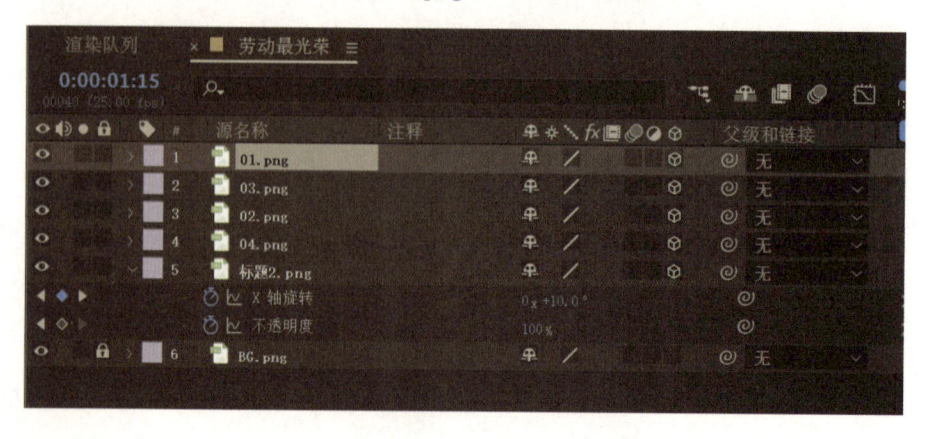

图 3.32　"标题 2.png"图层动画设置（4）

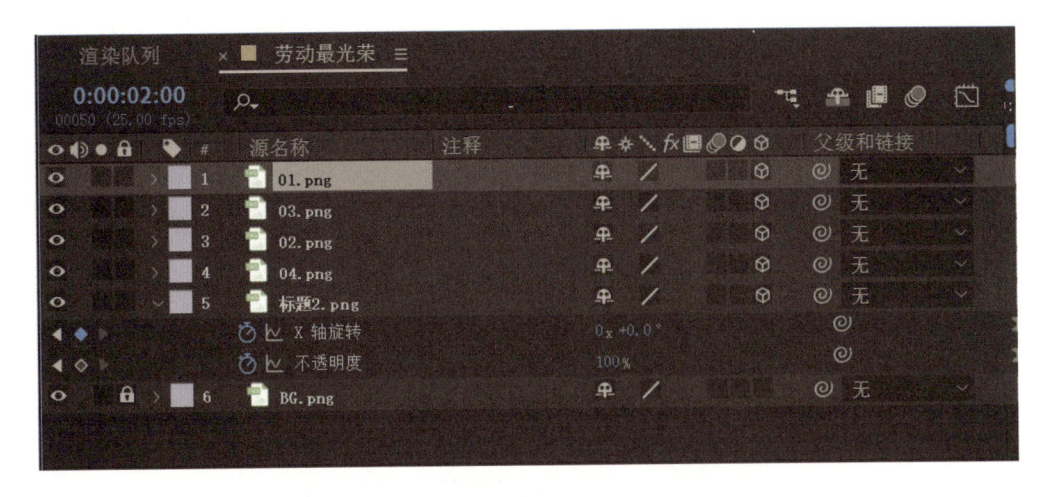

图 3.33　"标题 2.png"图层动画设置（5）

（9）参考"标题 2.png"图层的动画设置步骤逐一完成"01.png""02.png""03.png""04.png"图层的动画设置，如图 3.34 所示。

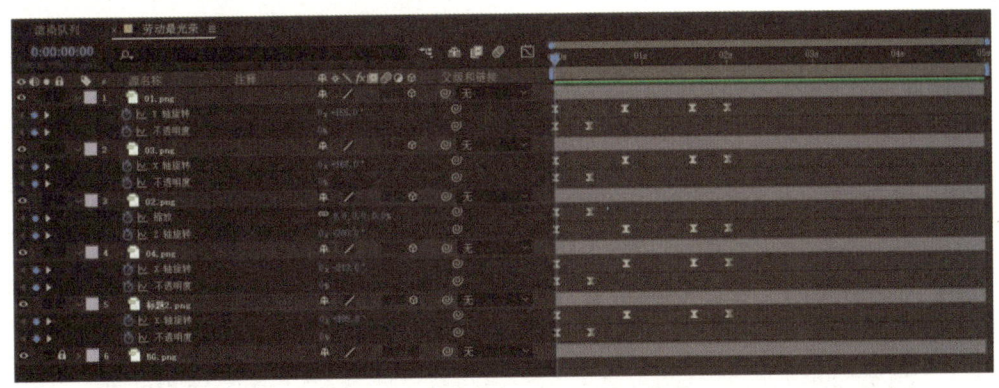

图 3.34　所有图层的动画设置

（10）使用选择工具在时间线上向后拖动图层，调整每个图层的进场时间，使整个动画更有层次感，如图 3.35 所示。

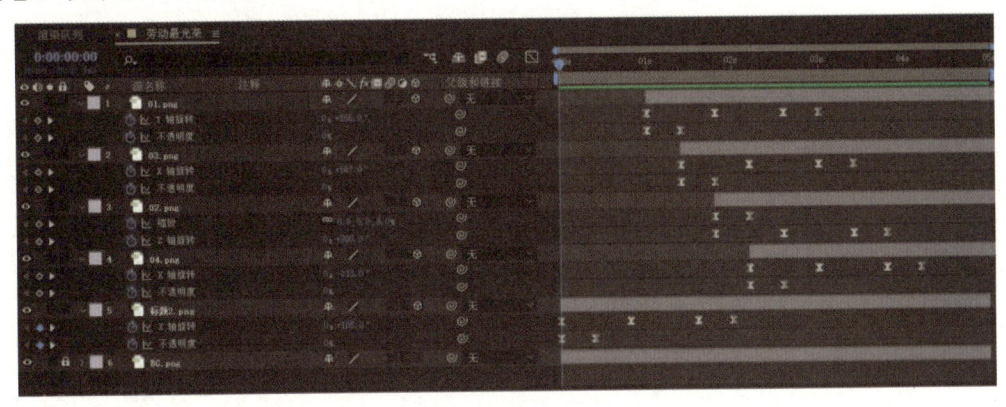

图 3.35　设置图层的进场时间

（11）至此，本任务已制作完成，按小键盘上的 0 键可以预览最终效果。

125

相关知识

1. 认识三维空间

After Effects 在早期主要用来进行二维图像的合成和特效制作，但随着合成技术和三维动画制作技术的发展，从 After Effects 5.5 版本开始加入了三维合成功能。在如今的很多合成软件中，三维合成已是必不可少的合成方式了。

三维的概念是建立在二维的基础上的，我们平时所看到的图像都是在二维空间中形成的。二维图层只有一个定义长度的 X 轴和一个定义宽度的 Y 轴。X 轴与 Y 轴形成一个面，虽然有时看到的图像呈现出三维立体效果，但是那只是视觉上的错觉。

在三维空间中除了表示长、宽的 X 轴和 Y 轴外，还有一个体现三维空间的关键——Z 轴。在三维空间中，Z 轴用来定义深度，也就是通常所说的远近。在三维空间中，通过 X 轴、Y 轴、Z 轴 3 个不同方向的坐标，可以调整物体的位置、旋转角度等。图 3.36 所示为三维空间中的图层。

图 3.36　三维空间中的图层

2. 三维合成的工作环境

在三维空间中合成对象为我们提供了更为广阔的想象空间，同时能产生更炫、更酷的效果。但 After Effects 和诸多三维软件不同，虽然它也具有三维合成功能，但是并不具备建模能力。After Effects 中所有的图层都像一张纸，只是可以改变其位置、角度和大小而已。

1）三维视图

在 After Effects 中可以用不同的三维视角来预览合成效果。在三维图层的角度或位置不变的情况下，如果视角发生变化，则其合成效果也会发生相应的变化。在 After Effects 中的合成预览窗口下方有一个视图类型的下拉选项列表，如图 3.37 所示。

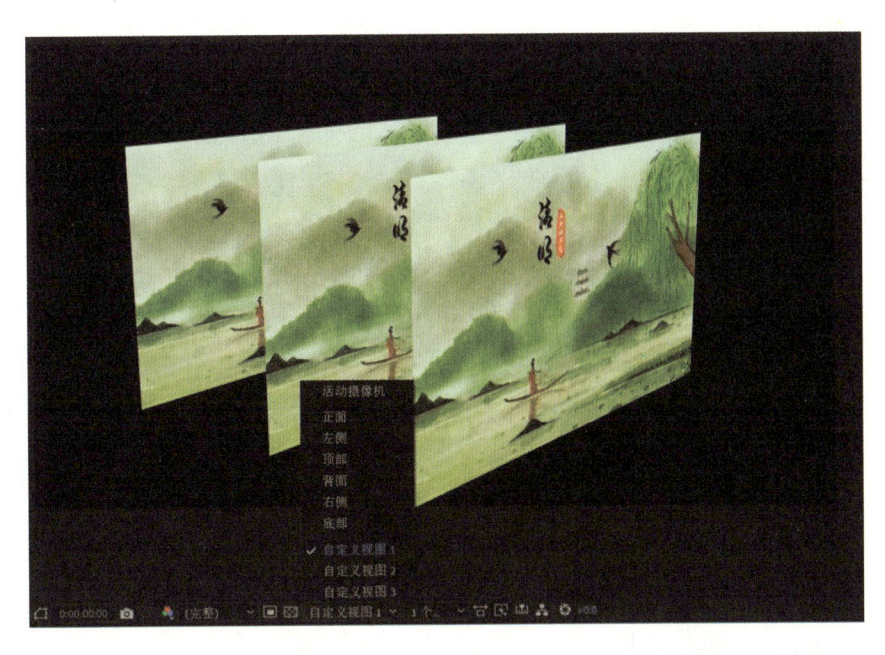

图 3.37　三维视图选项

- 活动摄像机：当前时间线中使用的摄像机。如果时间线中未创建摄像机，则 After Effects 会使用一个默认的摄像机视图。
- 正面：从正前方的视角观看，不会显示出图像的透视效果。
- 左侧：从左侧观看的正视图。
- 顶部：从顶部观看的正视图。
- 背面：从背后观看的正视图。
- 右侧：从右侧观看的正视图。
- 底部：从底部观看的正视图。
- 自定义视图 1：一个从左上前方观看的自定义透视图。
- 自定义视图 2：一个从上前方观看的自定义透视图。
- 自定义视图 3：一个从右上前方观看的自定义透视图。

2）坐标模式

三维空间工作需要一个坐标系，After Effects 提供了 3 种坐标模式，可以在工具栏中选择一种模式，如图 3.38 所示。

图 3.38　坐标模式

- 本地轴坐标模式：最常用的模式，坐标与三维图层表面对齐。
- 世界轴坐标模式：与合成的绝对坐标系对齐，忽略施加给图层的旋转。当对合成图像中的图层进行旋转时，可以发现坐标系没有任何改变。
- 视图坐标模式■：使用当前视图定位坐标系。例如，假设一个图层被旋转了，且视图更改为一个自定义视图，则其后的变化操作都会沿着观看图层的一个视图系统进行移动。

小贴士

坐标模式之间的差异仅在合成中具有3D摄像机时才相关。

3．三维图层的操作

1）转换并创建三维图层

在时间线面板中，单击图层的"三维开关"按钮■，或者选择"图层"→"3D 图层"命令，可以将选中的二维图层转换为三维图层。再次单击"三维开关"按钮■，或者选择"图层"→"3D 图层"命令，即可取消该图层的三维属性，如图 3.39 所示。

图 3.39　转换三维图层

二维图层转换为三维图层后，在原有的 X 轴和 Y 轴基础上会增加一个 Z 轴，图层的属性也相应增加了，如图 3.40 所示。此时，用户可以在三维空间中对三维图层进行位移或旋转等操作。

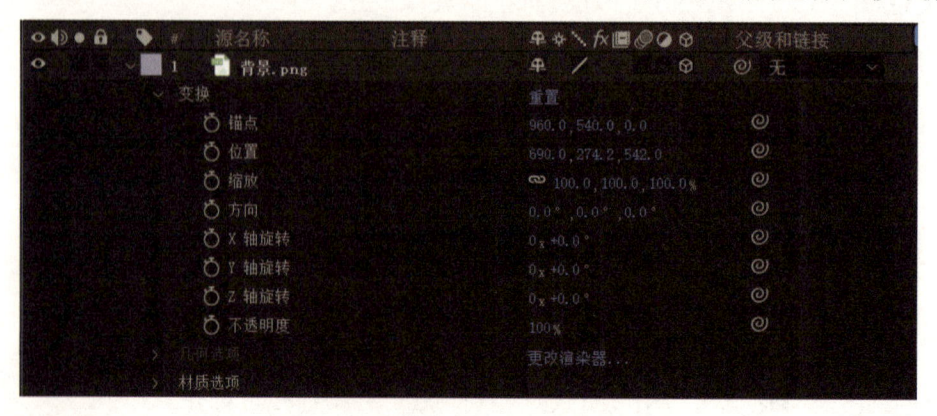

图 3.40　三维图层的变换属性

同时，三维图层增加了"材质选项"属性组，这些属性决定了灯光和阴影对三维图层的影响，是三维图层的重要属性，如图 3.41 所示。

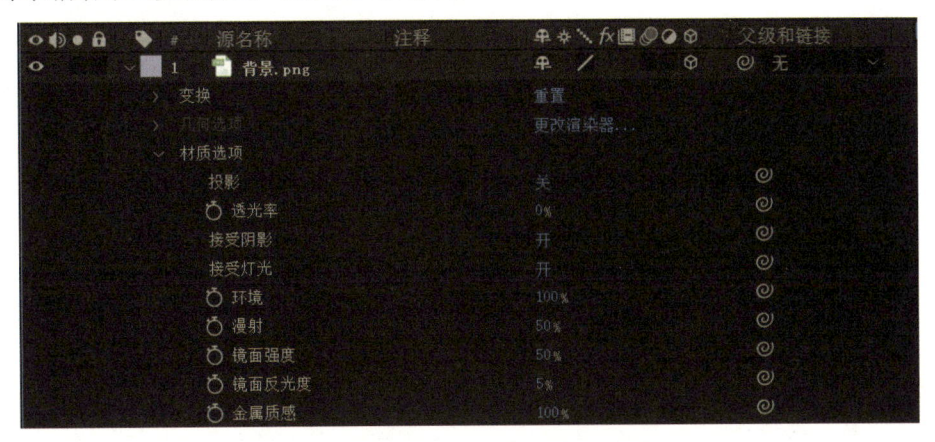

图 3.41　三维图层的"材质选项"属性组

2）移动三维图层

与普通图层类似，移动三维图层可以对该图层施加位移动画，以便制作三维空间的位移动画效果。

选择准备进行操作的三维图层，在合成面板中，使用选择工具拖动与移动方向相应的三维控制坐标箭头，即可在箭头的方向上移动三维图层，如图 3.42 所示。按住 Shift 键进行操作，可以更快地进行移动。用户也可以在时间线面板中，通过修改"位置"属性的值，对三维图层进行移动。

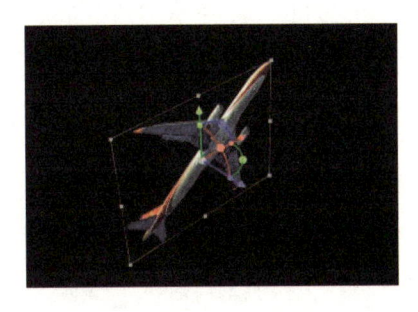

图 3.42　移动三维图层

小贴士

按 Ctrl+Home 组合键，可以将所选图层的锚点和当前视图的中心对齐。

3）旋转三维图层

通过改变图层的"方向"或"旋转"属性值，可以旋转三维图层。无论使用哪一种操作方式，图层都会围绕其锚点进行旋转。两种方式的区别是施加动画时，图层如何运动。

当为三维图层的"方向"属性施加动画时，图层会尽可能直接地旋转到指定位置。当为

X、Y或Z轴的"旋转"属性施加动画时，图层会按照独立的属性值沿着某个独立的轴进行运动。也就是说，"方向"属性值设定了一个角度距离，而"旋转"属性值设定了一个角度路径，通过设置该属性值可以进行多次旋转。

选择要进行旋转的三维图层，选中旋转工具，并在工具栏右侧的设置菜单中选择"方向"或"旋转"选项，以便决定这个工具影响哪个属性，如图3.43所示。

图3.43　设置影响的属性

在合成面板中，拖动与旋转方向相应的三维控制坐标箭头，可以在围绕箭头的方向上旋转三维图层，如图3.44所示。在时间线面板中，通过修改"旋转"或"方向"属性的数值，也可以对三维图层进行旋转。

图3.44　旋转三维图层

4. 图层的混合模式

在时间线面板中，通过按下时间线面板左下角不同面板的"层展开/折叠开关"按钮，可以展开层控制面板和层模式面板。按F4快捷键，时间线面板会在层控制面板和层模式面板之间进行切换。在层模式面板的"模式"栏中可以选择不同的图层混合模式。

> 小贴士
>
> "上层"与"下层"的称呼是针对时间线面板中只有两个图层的情况的，如果处于多图层的情况中，则"上层"指的是设置混合模式的图层，"下层"指的是所选图层下所有的图层。

1）正常模式

这是图层混合模式的默认模式，较为常用，并且不与其他图层发生任何混合。使用时，目标图层像素的颜色会覆盖下面图层像素的颜色。

2）溶解模式

溶解模式产生的像素颜色来源于上、下图层混合颜色的一个随机置换值，与像素的不透明度有关。当将目标图层图像以散乱的点状形式叠加到下面图层图像上时，图像的色彩不会产生任何影响。通过调节不透明度，可以增加或减少目标图层散点的密度。使用该模式的结果通常是画面呈现颗粒状或线条边缘粗糙化。

3）变暗模式

该模式在混合两图层图像的像素颜色时，分别对二者的 RGB 值（RGB 通道中的颜色亮度值）进行比较，取二者中低的值再组合为混合后的颜色，所以总的颜色灰度级降低，造成变暗的效果，因而与白色混合的图像会毫无变化。这种模式考查每一个通道的颜色信息及相混合的像素颜色，并选择较暗的作为混合的结果。颜色较亮的像素会被颜色较暗的像素替换，而颜色较暗的像素不会发生变化。该模式仅采用了图层中颜色比背景颜色更暗的这些图层的色调，因此会导致比背景颜色更淡的颜色从混合图像中被删除。

4）正片叠底模式

该混合模式的原理和色彩模式中的"减色原理"是一样的，因此这样混合产生的颜色总是比原来的要暗。如果和黑色进行正片叠底混合，则产生的只有黑色；而与白色混合，则不会对原来的颜色产生任何影响。将上、下两图层像素颜色的灰度级进行乘法计算，使灰度级更低的颜色成为混合后的颜色，图层混合后的效果是低灰度级的像素显现，而高灰度级的像素不显现（深色出现，浅色不出现），产生类似正片叠加的效果。

5）颜色加深模式

当在保留白色的情况下使用这种模式时，软件通过计算像素每个通道中的颜色信息，以增加对比度的方式，使下面图层图像变暗，并与目标图层图像进行混合。颜色加深适合处理曝光较亮的图像素材，由于在加深的过程中，幅度比较大，因此一般会结合图层的不透明度进行使用。当强行处理曝光不足的照片时，就会出现色阶断层的现象。该模式有些类似于正片叠底，但不同的是，它会根据混合的像素颜色增加下面图层图像的相应对比度。在这种模式下和白色混合没有效果。

6）线性颜色加深模式

这种模式也类似于正片叠底，通过降低图像的亮度，使底色变暗，以便反映混合色彩。在这种模式下和白色混合没有效果。

7）添加模式

这种模式将底色与当前图层的颜色相加，从而得到更为明亮的颜色。当图层颜色为纯黑色或底色为纯白色时，使用这种模式混合均不发生变化。

8）变亮模式

与变暗模式相反，变亮模式在对两图层像素的 RGB 值进行比较后，取高值成为混合后的颜色，因而总的颜色灰度级升高，造成变亮的效果。在这种模式下用黑色与图像进行混合时无作用，而用白色与图像进行混合时，则仍为白色。

9）屏幕模式

屏幕模式也被称为滤色，与正片叠底模式相反，其混合图层的效果是显现两图层中较高灰度级的像素，而较低灰度级的像素不显现（浅色出现，深色不出现），从而产生一种"漂白"的效果，生成一幅更加明亮的图像。

10）颜色减淡模式

在保留白色的情况下，软件通过计算像素每个通道中的颜色信息，以减小对比度的方式，使下面图层图像变亮，并与目标图层图像进行混合。该模式适合处理曝光略显较暗的图像素材，由于在加亮的过程中，幅度比较大，因此一般会结合图层的不透明度进行使用。

11）线性减淡模式

线性减淡模式类似于颜色减淡模式，但是线性减淡模式通过增加亮度使得下面图层图像颜色变亮，从而获得混合色彩。在这种模式下与黑色混合没有任何效果。

12）叠加模式

采用此模式混合图像时，综合了正片叠底和屏幕两种模式的方法，即根据下面图层图像的色彩决定将目标图层图像的哪些像素以正片叠底模式混合，哪些像素以屏幕模式混合，混合后有些区域变暗，有些区域变亮。一般来说，发生变化的都是中间色调，亮色和暗色区域基本保持不变。像素是进行正片叠底混合还是屏幕混合，取决于下面图层图像颜色的灰度级值。虽然颜色会被混合，但是下面图层图像颜色的高光与阴影部分的亮度细节会被保留。

13）柔光模式

此模式的效果如同打上一层色调柔和的光，在发生作用时将目标图层图像以柔光的方式施加到下面图层图像中。当下面图层图像颜色的灰度级趋于高或低时，会调整图层混合结果趋于中间的灰度级，从而获得色彩较为柔和的混合效果。其混合结果是，图像的中亮色调区域变得更亮，暗色调区域变得更暗，从而使图像反差增大，类似于使用柔光灯照射图像的效果。

14）强光模式

此模式的效果如同打上一层色调强烈的光。如果两图层中的颜色的灰度级偏向低灰度级，则此模式的作用与正片叠底模式类似；如果偏向高灰度级，则与屏幕模式类似。中间灰度级作用不明显。对下面图层图像颜色进行正片叠底还是屏幕混合取决于目标图层图像颜色。如果用纯黑或纯白进行混合，则得到的也是纯黑或纯白。

15）亮光模式

这种模式也被称为艳光模式，将调整目标图层图像的对比度以加深或减淡颜色，进行哪种混合取决于目标图层图像的颜色分布，如果颜色（光源）亮度高于50%灰阶，则图像会被降低对比度并变亮；如果颜色（光源）亮度低于50%灰阶，则图像会被提高对比度并变暗。

16）线性光模式

如果目标图层图像颜色（光源）亮度高于中性灰（50%灰阶），则用增加亮度的方法使图像变亮，反之则用降低亮度的方法使图像变暗。

17）固定光模式

这种模式也被称为点光模式，根据目标图层的颜色分布信息来替换颜色。如果目标图层的颜色（光源）亮度高于50%灰阶，则比目标图层颜色暗的像素会被替换，而较亮的像素不发生变化。如果目标图层的颜色（光源）亮度低于50%灰阶，则比目标图层颜色亮的像素会被替换，而较暗的像素不发生变化。

18）强混合模式

选择此模式后，目标图层图像的颜色会和下面图层图像中的颜色进行混合。在通常情况下，混合两个图层以后的结果是，亮色更亮，暗色更暗，降低填充不透明度，建立多色调分色或阈值。其中，降低填充不透明度能使混合结果变得柔和。

19）差值模式

选择此模式后，会将参与混合的图层的各像素RGB值中的每个值进行比较，用高值减去低值作为混合后的颜色。与白色混合将使底色反相；与黑色混合则不产生变化。例如，在差值模式下，将蓝色应用到绿色背景中会产生一种青绿组合色。此模式适用于模拟原始设计的底片，尤其可用于在背景颜色从一个区域到另一区域发生变化的图像中生成突出效果。

20）排除模式

与差值模式作用类似。在使用较高阶或较低阶颜色去混合图像时，排除模式与差值模式毫无分别；在使用趋近中间阶调颜色时，效果比差值模式要柔和。

21）色相模式

在混合时，色相模式用目标图层图像的色相值替换下面图层图像的色相值，而饱和度与亮度不变。决定生成颜色的参数包括：下面图层图像颜色的亮度与饱和度，以及目标图层图像颜色的色调。在这种模式下，目标图层图像的色值或着色的颜色将代替下面图层图像的色彩。

22）饱和度模式

在混合时，饱和度模式用目标图层图像的饱和度替换下面图层图像的饱和度，而色相值与亮度不变。决定生成颜色的参数包括：下面图层图像颜色的亮度与色调，以及目标图层图像颜色的饱和度。使用这种模式与饱和度为 0 的颜色混合（灰色）将不产生任何变化。

23）颜色模式

颜色模式用目标图层图像的色相值与饱和度替换下面图层图像的色相值和饱和度，而亮度保持不变。决定生成颜色的参数包括：下面图层图像颜色的亮度，以及目标图层图像颜色的色调与饱和度。这种模式能保留原有图像的灰度细节，也能对黑白或不饱和的图像上色。

24）亮度模式

在混合时，亮度模式用目标图层图像的亮度值替换下面图层图像的亮度值，而色相值与饱和度不变。决定生成颜色的参数包括：下面图层图像颜色的色调与饱和度，以及目标图层图像颜色的亮度。该模式产生的效果与颜色模式的效果刚好相反，是根据目标图层图像颜色的亮度分布来与下面图层图像颜色混合的。

25）亮度轮廓模式

该模式可以根据图层上像素的亮度值在图层间切出一个洞。使用此模式，图层中较亮的像素比较暗的像素透明度更高。

26）Alpha 轮廓模式

该模式可以通过图层的 Alpha 通道在图层间切出一个空白区域。

27）Alpha 添加模式

该模式使用下面图层图像与目标图层图像的 Alpha 通道，共同创建一个无痕迹的透明区域。

28）冷光预乘模式

该模式在混合之后，通过将超过 Alpha 通道的颜色值添加到混合中来防止这些颜色值被修剪。

任务 3　摄像机运动效果

任务目标

- 掌握在三维合成中创建及使用摄像机的方法。
- 理解摄像机各个参数的含义。
- 掌握设置摄像机的方法。

任务描述

在本任务中，要将给定的素材转换为三维图层，则需要添加一个摄像机，并使用摄像机实现画面的三维运动效果。

任务分析

在现实环境中可以通过摄像机观察和拍摄画面，而在 After Effects 2022 中同样可以创建一个特殊的图层——摄像机，用于观察和拍摄三维图层，利用其景深，可以创造出逼真的运动场景。

操作步骤

（1）打开 After Effects 2022，按 Ctrl+N 组合键，新建一个合成，其设置如图 3.45 所示。

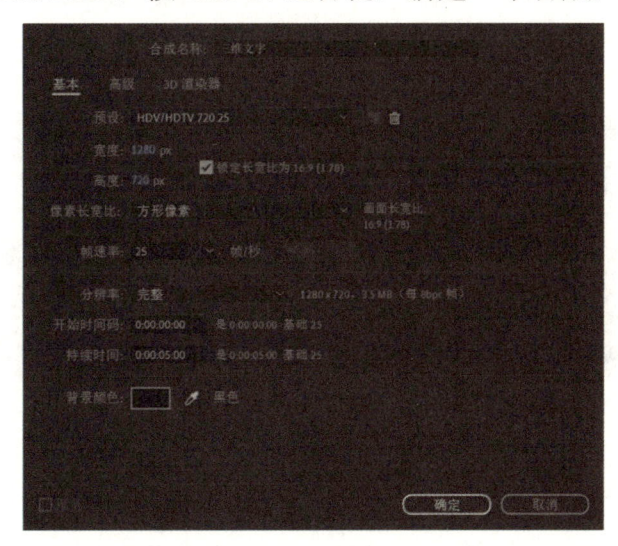

图 3.45 新建合成的设置

（2）导入素材"背景.png"和"文字.png"，并将其拖到时间线面板中，开启三维图层开关。

（3）展开"背景.png"图层的"旋转"属性，将"X 轴旋转"设置为"0_x-90.0°"，如图 3.46 所示。

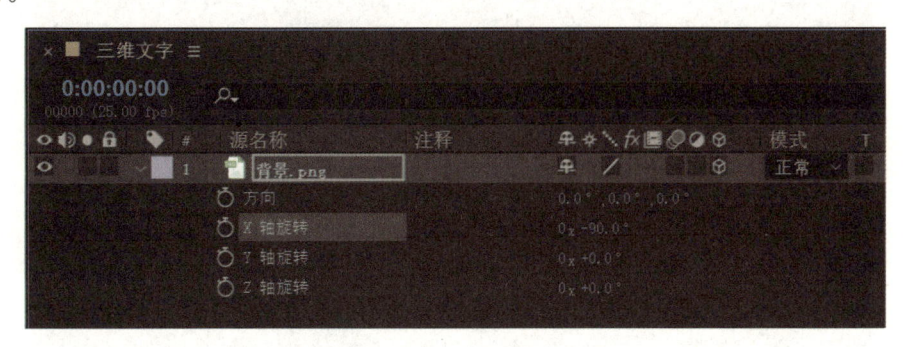

图 3.46 设置"X 轴旋转"属性

(4) 展开"背景.png"图层的"位置"属性，调整 Y 轴数值，或者移动合成面板中 Y 轴的位置，如图 3.47 所示。

(5) 展开"文字.png"图层的"位置"属性，调整 X 轴和 Y 轴。为了更方便地调整，可以将监视器窗口设置为 2 视图显示方案，如图 3.48 所示。具体的属性设置也以参考图 3.49。

图 3.47　移动 Y 轴的位置

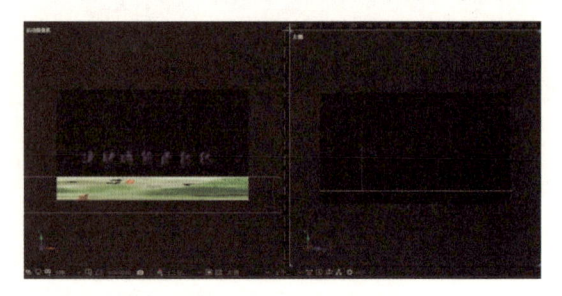

图 3.48　2 视图显示

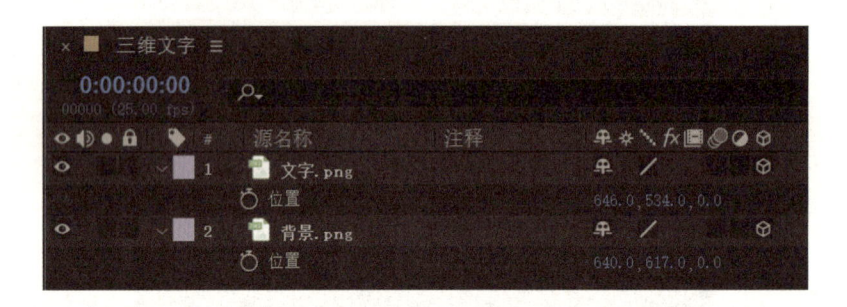

图 3.49　属性设置

(6) 在时间线面板的空白处右击，在弹出的快捷菜单中选择"新建"→"摄像机"命令，或者按 Ctrl+Alt+Shift+C 组合键，新建一个摄像机图层，具体设置如图 3.50 所示。

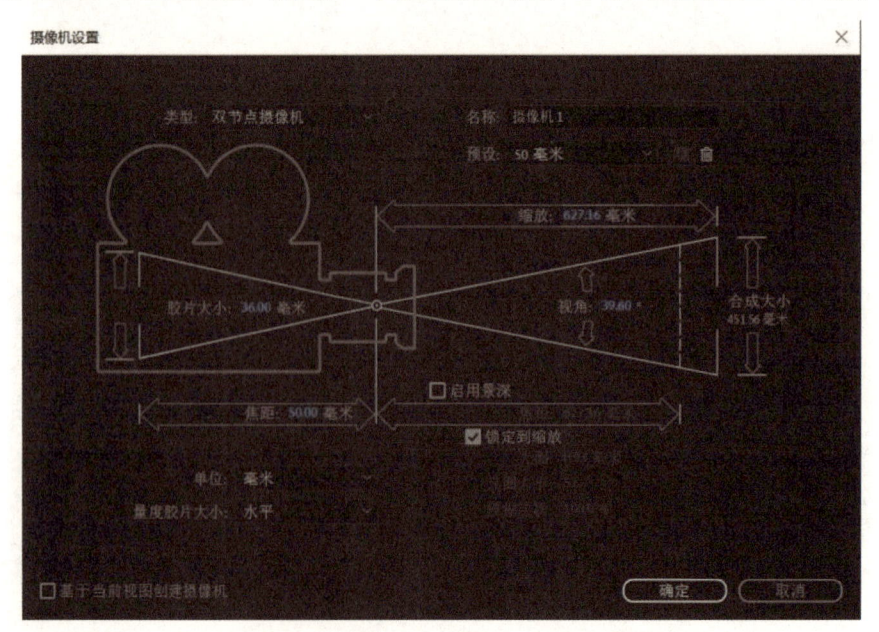

图 3.50　摄像机设置

（7）将时间指示器拖到第 0 秒处，展开摄像机图层的"变换"属性组，单击"目标点"和"位置"两个属性左侧的秒表按钮。按 C 快捷键，切换到摄像机的操作工具，向后拖动摄像机至合适的位置，如图 3.51 所示。具体属性设置也可以参考图 3.52。

图 3.51　摄像机初始效果

图 3.52　摄像机 0 秒处的属性设置

（8）将时间指示器拖到第 2 秒处，使用向光标方向推拉镜头工具，向前拖动摄像机，使摄像机有一种镜头推近的感觉。此时 After Effects 会自动记录关键帧，显示效果如图 3.53 所示，具体属性设置如图 3.54 所示。

图 3.53　摄像机 2 秒处的显示效果

图 3.54　摄像机 2 秒处的属性设置

（9）将时间指示器拖到第 4 秒处，使用绕光标旋转工具 ，向右旋转摄像机，使摄像机有一种镜头摇移的感觉。此时 After Effects 会自动记录第 3 组关键帧，显示效果如图 3.55 所示，具体属性设置如图 3.56 所示。

图 3.55　摄像机 4 秒处的显示效果

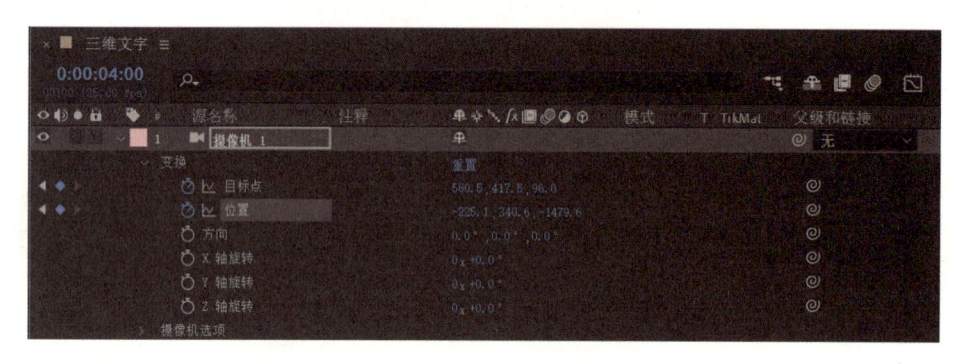

图 3.56　摄像机 4 秒处的属性设置

至此，本任务的主体已经制作完成，下面进行一些细节上的完善和调整。

（10）展开摄像机图层下的"变换"属性组，框选所有的关键帧并右击，在弹出的快捷菜单中选择"关键帧辅助"→"缓动"命令，或者按 F9 快捷键，如图 3.57 所示。此时，按小键盘上的 0 键可以预览动画效果。

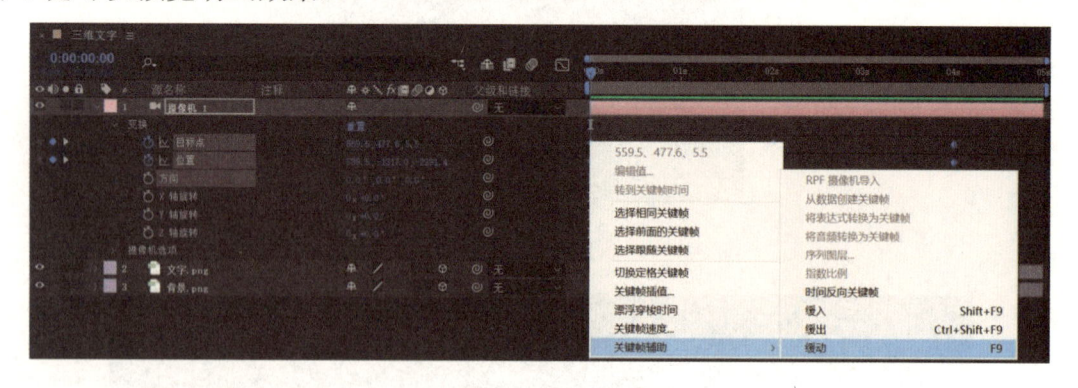

图 3.57　关键帧缓动

相关知识

After Effects 中的摄像机和现实中的摄像机类似，可以调节摄像机的镜头类型、焦距、景深等。下面详细介绍摄像机应用的相关知识和操作方法。

1. 创建摄像机

在 After Effects 中，合成影像中的摄像机在时间线面板中也是以一个图层的形式出现的。在默认的情况下，新建的摄像机图层总是在图层堆栈的最上方。After Effects 虽然以"有效摄像机"的视图方式来显示合成影像，但是合成影像中并不包含摄像机，这只不过是 After Effects 的一种默认视图方式而已。

要创建摄像机，可以在时间线面板的空白处右击，在弹出的快捷菜单中选择"新建"→"摄像机"命令，如图 3.58 所示，也可以在菜单栏中选择"图层"→"新建"→"摄像机"命令来创建，而最为快捷的方法是按 Ctrl+Alt+Shift+C 组合键，在弹出的对话框中设置相关参数即可。

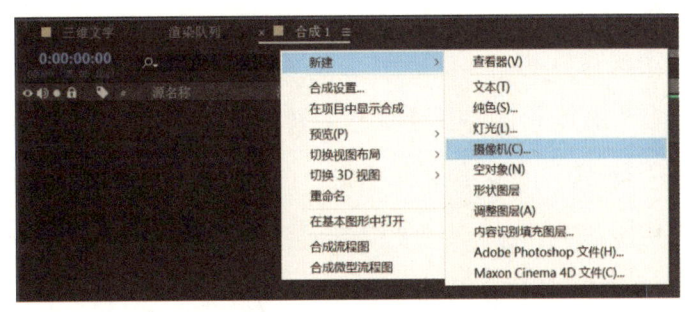

图 3.58 创建摄像机

2. 摄像机的参数设置

创建摄像机后，可以选择"图层"→"摄像机设置"命令（也可以在时间线面板中双击摄像机图层，还可以按 Ctrl+Shift+Y 组合键），打开"摄像机设置"对话框，如图 3.59 所示。在该对话框中可以对摄像机的各种参数进行设置，各项参数的含义如下。

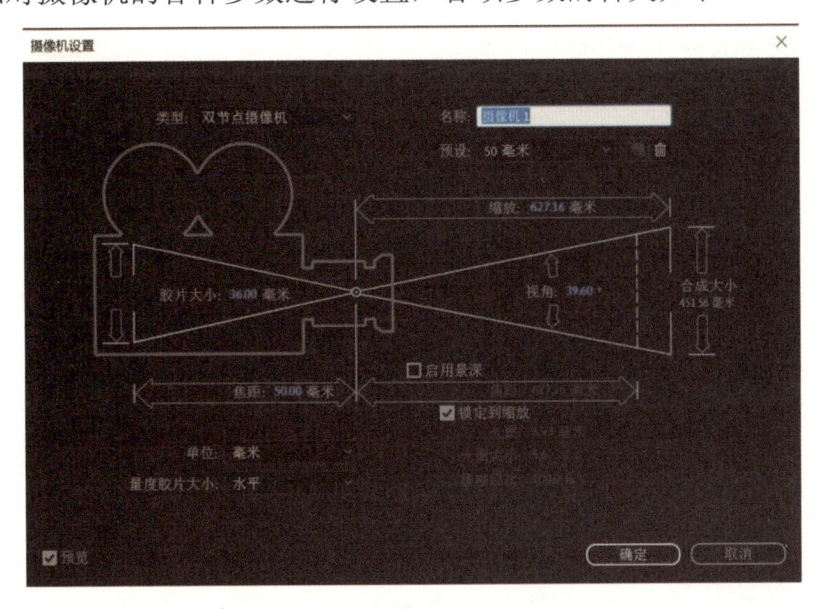

图 3.59 "摄像机设置"对话框

- 类型：分为单节点摄像机和双节点摄像机。其中，单节点摄像机围绕自身定向，而双节点摄像机具有目标点并围绕该点定向。将摄像机设为双节点摄像机与将摄像机的"自动定向"属性（"图层"→"变换"→"自动定向"）设置为"定向到目标点"相同。
- 名称：摄像机的名称。在默认情况下，"摄像机 1"是用户在合成中创建的第一个摄像机的名称，并且所有后续摄像机按升序顺序编号。为多个摄像机设置不同的名称，便于区分它们。
- 预设：要使用的摄像机参数设置组合的类型。After Effects 的预设根据镜头焦距命名，每个预设代表装有某个特定焦距的镜头的 35 毫米胶片摄像机的一组参数设置，包括"视角""缩放""焦距""光圈"等。默认预设为"50 毫米"。用户也可以通过为任何设置指定新值来创建自定义摄像机。
- 视角：在图像中捕获的场景的宽度。通过"焦距""胶片大小""缩放"值可以确定视角，较广的视角相当于使用广角镜头进行拍摄。
- 启用景深：对"焦距""光圈大小""模糊层次"设置应用自定义变量。通过这些变量，用户可以调整景深来创建更逼真的摄像机对焦效果。景深是指在镜头前能获得清晰成像的前后距离范围，位于这个范围之外的图像将变得模糊。
- 焦距（右）：从摄像机镜头透镜中心到焦点的距离。
- 缩放：使"焦距"值与"光圈"值匹配。
- 光圈：镜头孔径的大小。光圈设置也影响景深，增大光圈会增加景深之外的模糊程度。在修改光圈设置时，F-Stop 的值也会更改以匹配它。
- 光圈大小：表示焦距与光圈的比例。大多数摄像机使用 F-Stop 测量指定光圈大小，因此许多摄影师喜欢以 F-Stop 单位设置光圈大小。在修改 F-Stop 时，光圈也会更改以匹配它。
- 模糊层次：图像中景深之外的模糊程度，可在一定光圈档位下，再次调整虚化的程度。降低数值可减少模糊。降低此数值可减小模糊程度。
- 胶片大小：胶片曝光区域的大小，直接与合成大小相关。在修改胶片大小时，"变焦"值也会更改以匹配真实摄像机的透视效果。
- 焦距（左）：从胶片平面到摄像机镜头透镜中心的距离。在 After Effects 中，摄像机的位置相当于镜头的透镜中心。在修改焦距时，"视角"值也会更改以匹配真实摄像机的透视效果，此外，"预设""光圈"值会相应更改。
- 单位：表示摄像机设置值所采用的测量单位。

- 量度胶片大小：用于指定"胶片大小"值对应的测量方向。

3．应用摄像机工具组

在工具栏中用鼠标按住摄像机工具按钮不放，会弹出摄像机工具组，如图3.60所示。

图 3.60　摄像机工具组

- 摄像机旋转工具组：应用该工具组可使摄像机旋转。从顶视图中观看，摄像机围绕目标点画半圆运动，如图3.61所示。

图 3.61　摄像机旋转工具组

- 摄像机移动工具组：应用该工具组可使摄像机沿 X、Y 轴方向运动，如图3.62所示。

图 3.62　摄像机移动工具组

- 摄像机推拉工具组：应用该工具组可使摄像机沿 Z 轴方向运动，实现推拉镜头的效果，如图3.63所示。

图 3.63　摄像机推拉工具组

同样地，在按住 Alt 键的情况下，接住鼠标左键在合成面板中拖动可应用摄像机旋转工具组，按住鼠标中键在合成面板中拖动可应用摄像机移动工具组，按住鼠标右键在合成面板中拖动可应用摄像机推拉工具组。

在现实中，用户可以通过推、拉、摇、移摄像机来控制画面；而在 After Effects 中，运用摄像机工具组同样可以实现这些效果。

4．灯光的应用

在 After Effects 中，可以用一种虚拟的灯光来模拟三维空间中真实的光线效果，进而渲染影片的气氛，产生更加真实的合成效果。下面详细介绍灯光应用的相关知识。

1）灯光的创建

在 After Effects 中灯光也是一个图层，可以用来照亮其他的图层。在默认状态下，在合成影像中是不会产生灯光图层的，所有的图层都可以完整显示。即使是三维图层，也不会产生阴影、反射光效果，因此它们必须借助灯光的照射，才能产生真实的三维效果。

下面结合实例来介绍灯光的创建方法。

在时间线面板的空白处右击，在弹出的快捷菜单中选择"新建"→"灯光"命令（或者在菜单栏中选择"图层"→"新建"→"灯光"命令），如图 3.64 所示。在弹出的"灯光设置"对话框中进行参数设置，然后单击"确定"按钮即可。此时，会新产生一个灯光图层，如图 3.65 所示。

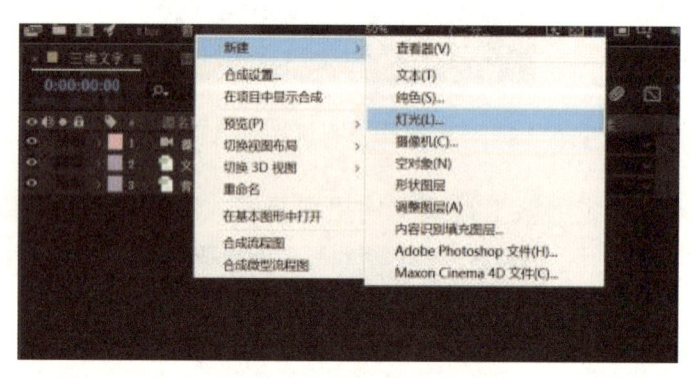

图 3.64　新建灯光图层

图 3.65　灯光图层

小贴士

按 Ctrl+Shift+Alt+L 组合键是创建灯光图层最为快捷的方式。

2）灯光的类型

用户可以在一个场景中创建多个灯光，并且有 4 种不同的灯光类型可供选择，分别是平行光、聚光灯、点光源和环境光。

- 平行光：光线具有很强的方向性，无论光源远近，光线都不会发散，如图 3.66 所示。

图 3.66　平行光

- 聚光灯：光线从一个点发射出来，并呈锥形发散，类似于舞台上的聚光灯效果。用户可以在圆锥中进行角度的调节，如图 3.67 所示。

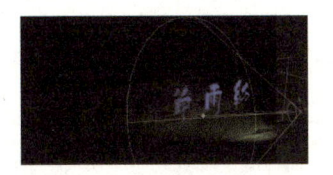

图 3.67　聚光灯

- 点光源：光线从光源处向四周发散，类似于完全裸露的灯泡发出的光线。距离越近，光照越强，反之亦然，如图 3.68 所示。

图 3.68　点光源

- 环境光：没有明确的光源和方向，整个场景均被照亮，类似于阴天时的自然光，但无法产生投影。如图 3.69 所示，在一个以红色为主的场景中，当把灯光的颜色设置成黄色时，可以使整个场景的氛围偏向温暖。

图 3.69　环境光

3）灯光的设置

在 After Effects 中应用灯光，可以在创建灯光图层时对灯光进行设置，也可以在创建灯光图层之后，利用图层的属性设置选项对其进行修改和设置。

选择"图层"→"灯光设置"命令，弹出"灯光设置"对话框，可以在其中设置灯光参数，如图 3.70 所示。

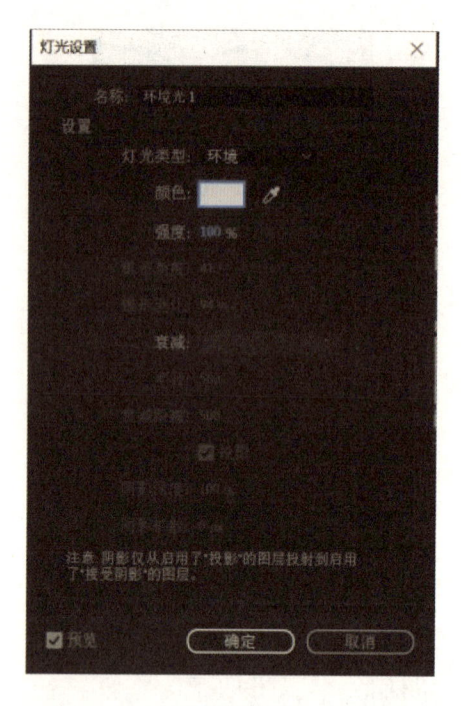

图 3.70 "灯光设置"对话框

> **小贴士**
>
> 打开"灯光设置"对话框的快捷键是 Ctrl+Shift+Y 组合键，必须先选中灯光图层，才可以将此对话框调出。

在时间线面板中，展开灯光的"灯光选项"属性组，同样可以通过调整各种属性来设置灯光，如图 3.71 所示。

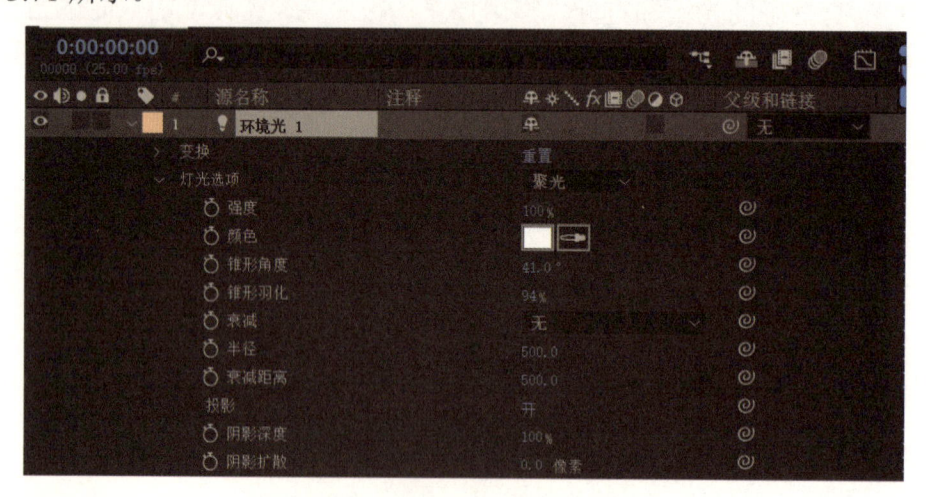

图 3.71 "灯光选项"属性组

其中，各属性的含义如下。

灯光类型：指定灯光的类型，如图 3.72 所示。选择不同的类型，灯光的属性也会随之改变。

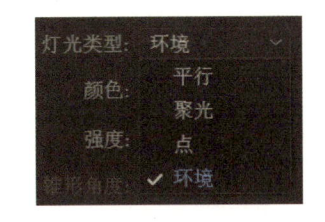

图 3.72 灯光类型

- 颜色：灯光颜色。单击色块可以在颜色框中选择所需颜色。
- 强度：光照强度。数值越高，光照越强，设置为负值可产生吸光效果，当场景里有其他灯光时可通过此功能降低光照强度。
- 锥形角度：圆锥角度设置。当灯光为聚光灯时，此属性被激活，相当于聚光灯的灯罩，可以控制光照范围和方向。
- 锥形羽化：灯罩羽化设置，与上一个参数配合使用，为聚光灯照射区域和不照射区域的边界设置柔和的过渡效果，设置的数值越大，边缘越柔和。
- 衰减：描述光照的强度如何随距离的增加而变小。
- 半径：指定光照衰减的半径。在此距离内，光照是不变的，在此距离外，光照开始衰减。
- 衰减距离：指定光照衰减的距离。
- 投影：指定是否投射阴影。需要注意的是，只有被灯光照射的三维图层的"材质选项"属性组中的"投影"属性为"开"时，才可以产生投影。一般默认此属性为关闭状态。
- 阴影深度：阴影深度设置，可以调节阴影的黑暗程度。
- 阴影扩散：阴影扩散设置，可以设置阴影边缘的羽化程度，数值越高，边缘越柔和。

4）三维图层中的"材质选项"属性组

在时间线面板中展开三维图层的属性，可以发现除了"变换"属性组，还增加了"材质选项"属性组，如图 3.73 所示。

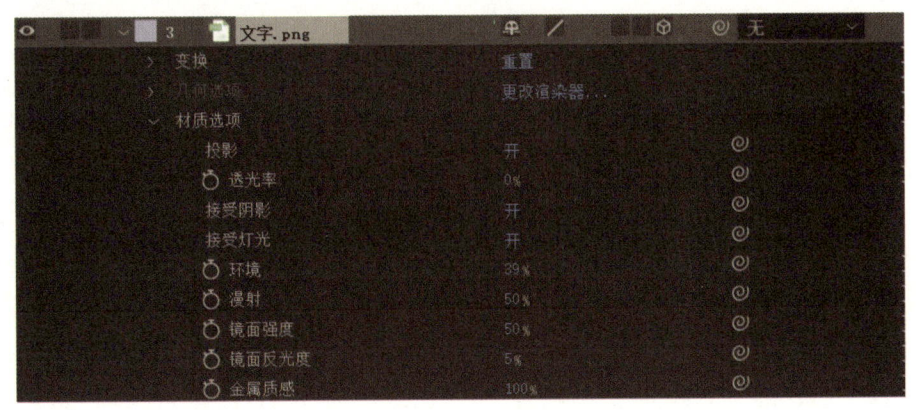

图 3.73 三维图层中的"材质选项"属性组

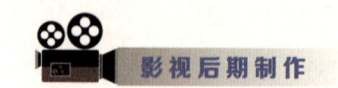

其中，各属性的具体含义如下。

- 投影：设置是否产生阴影。
- 透光率：模拟光线穿透半透明物体的效果，数值越大，光线穿透物体的影响就越大。
- 接受阴影：设置是否接受其他图层产生的阴影。
- 接受灯光：设置是否被光线照射而影响自身的颜色。
- 环境：设置四周环境光的强弱。
- 漫射：设置漫反射的强度。
- 镜面强度：设置图层镜面反射的强度，效果与数值成正比。
- 镜面反光度：设置镜面高光的大小，效果与数值成反比，即数值越大，光泽度越小。
- 金属质感：设置镜面高光的颜色。在"镜面强度"及"镜面反光度"属性设置完成后，此数值为100%时显示图层本身的颜色，为0%时显示光源的颜色。

任务4　运动跟踪效果

任务目标

- 了解跟踪与稳定的原理。
- 掌握几种点跟踪的操作方式与稳定的操作方式。
- 熟练使用跟踪技术，完成特定的需求。

任务描述

本任务使用给定的网页素材图片，取代视频中显示器内显示的内容。

任务分析

在电影、电视的特技制作中，经常要用到跟踪技术，这也是高级合成软件必备的技术模块。After Effects 内置的跟踪功能除了可以对画面中物体的位移进行跟踪，还可以对物体的旋转角度、大小变化及透视边角等进行运动跟踪。本任务就是使用4点跟踪完成的。

操作步骤

（1）启动 After Effects 2022，单击"从素材新建合成"按钮，导入"素材.mov"文件，如图 3.74 所示。以此视频文件为基础新建一个合成，按 Ctrl+S 组合键，将项目保存为"运动跟踪"。

项目 3　影视合成

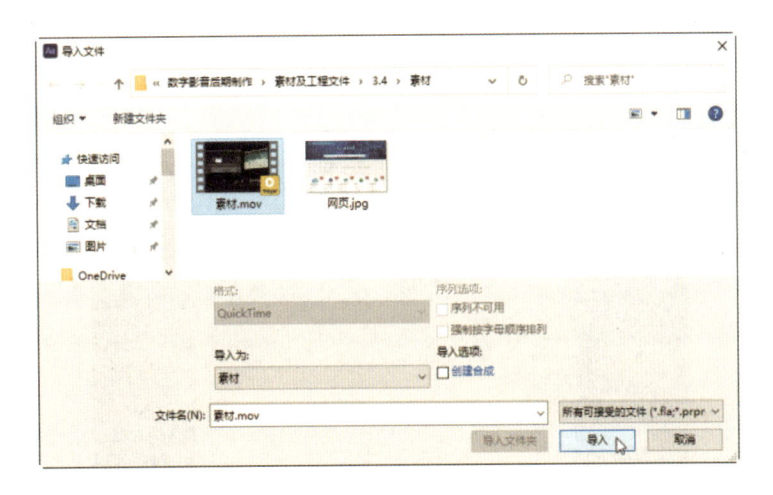

图 3.74　导入文件

（2）在"项目"面板的空白处双击，在弹出的对话框中选中"网页.jpg"文件并导入。

（3）将"网页.jpg"素材拖到时间线面板中，并暂时隐藏该图层，如图 3.75 所示。

图 3.75　时间线面板

（4）选择"窗口"→"跟踪器"命令，打开"跟踪器"面板。

小贴士

如果"跟踪器"面板显示为灰色，则为不可用状态，只需单击要设置跟踪的目标图层，即可激活"跟踪器"面板。

（5）选中"素材.mov"图层，在"跟踪器"面板中单击"跟踪运动"按钮，将"跟踪类型"设置为"透视边角定位"，即通常所说的"4 点跟踪"。具体参数设置如图 3.76 所示。

图 3.76　"跟踪器"面板参数设置

147

（6）在监视器窗口中，调整 4 个跟踪点至合适的位置，如图 3.77 所示。单击"向后分析"按钮▶，检查跟踪的路线是否偏离目标。

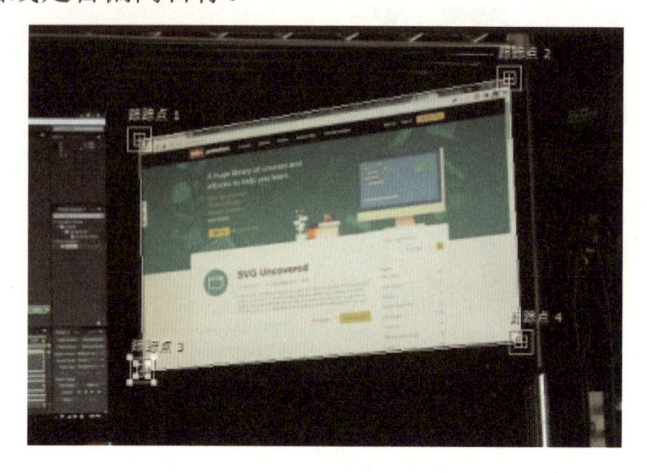

图 3.77　4 个跟踪点的位置

> 小贴士
>
> 跟踪点的放置需要位置准确，因此需要配合鼠标滚轮操作放大查看监视器画面，并且可以按 Space 键拖动查看。同时，跟踪点的顺序不能出错，否则替换的素材会产生扭曲等错误。

（7）在"跟踪器"面板中，单击"编辑目标"按钮，弹出"运动目标"对话框，具体参数设置如图 3.78 所示。

图 3.78　"运动目标"对话框

（8）单击"跟踪器"面板中的"应用"按钮，并显示"网页.jpg"图层，此时 After Effects 2022 会自动分析并生成关键帧，如图 3.79 所示。单击"预览"按钮，即可显示效果。

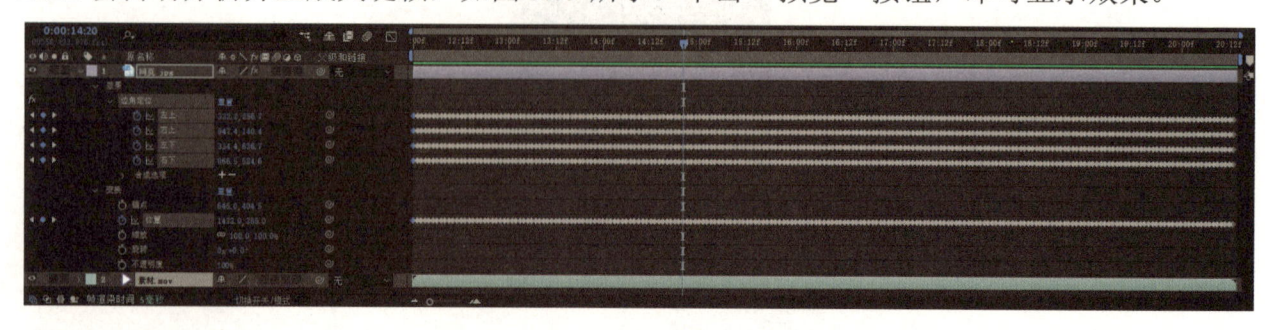

图 3.79　自动生成的跟踪关键帧

至此，跟踪的主要效果已完成，但仍有一些细节需要完善。

（9）选中"网页.jpg"图层，按 Ctrl+Shift+C 组合键为其创建一个预合成，双击进入这个预合成。

（10）双击工具栏中的矩形工具，为"网页.jpg"图层创建遮罩。

（11）按 F 快捷键，修改该蒙版的羽化值，如图 3.80 所示。

图 3.80　蒙版羽化值的设置

（12）在"网页.jpg"图层的下面新建一个固态层，将颜色设置为黑色，其作用是使合成的边缘看起来更加真实、自然。但是，这个黑色固态层必须和"网页.jpg"图层的运动一致。

（13）返回"运动跟踪"合成面板，按数字键盘上的 0 键，即可预览效果。

（14）如果出现问题，可以先把"网页.jpg"图层预合成，双击进入合成，在"网页.jpg"图层下面新建一个黑色固态层；再选中"网页.jpg"图层，进行步骤（10）和步骤（11）的操作，将跟踪数据应用到这个"网页.jpg"合成上。

相关知识

1. 运动跟踪概述

运动跟踪是 After Effects 中强大且特殊的动画功能。使用此功能可以对动态素材中的某个或某几个指定像素点进行跟踪，并将跟踪的结果作为路径依据进行各种特效处理。

合成主要包括抠像、调色和跟踪 3 个方面。将一个元素合成到一个场景中时，如果该场景是运动摄像机拍摄的，则元素与场景会产生错位，因此需要使元素匹配场景的运动，这个操作就是跟踪。

运动跟踪的参数是通过"跟踪器"面板进行设置的。运动跟踪本质上是通过关键帧实现的，并且这些关键帧是可以修改的，如图 3.81 所示。

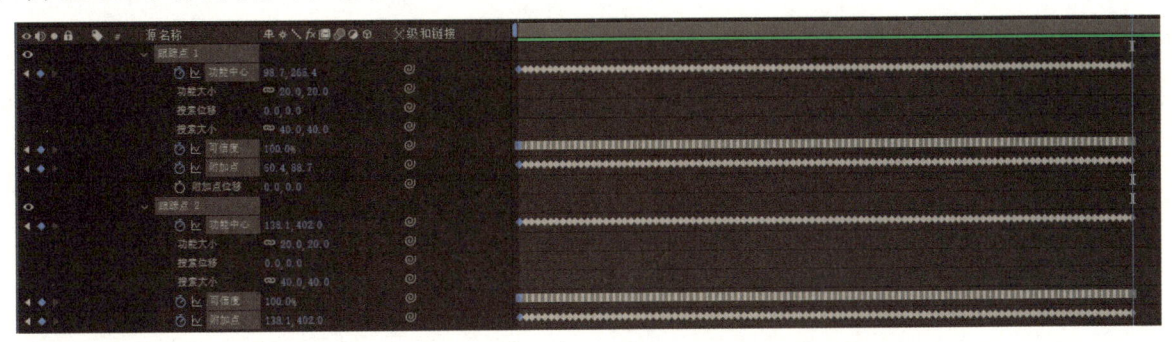

图 3.81　运动跟踪的关键帧

无论选择何种跟踪或稳定类型，在图层预览窗口中都会出现相应的几个跟踪点，且每个跟踪点都包括 3 部分，如图 3.82 所示。

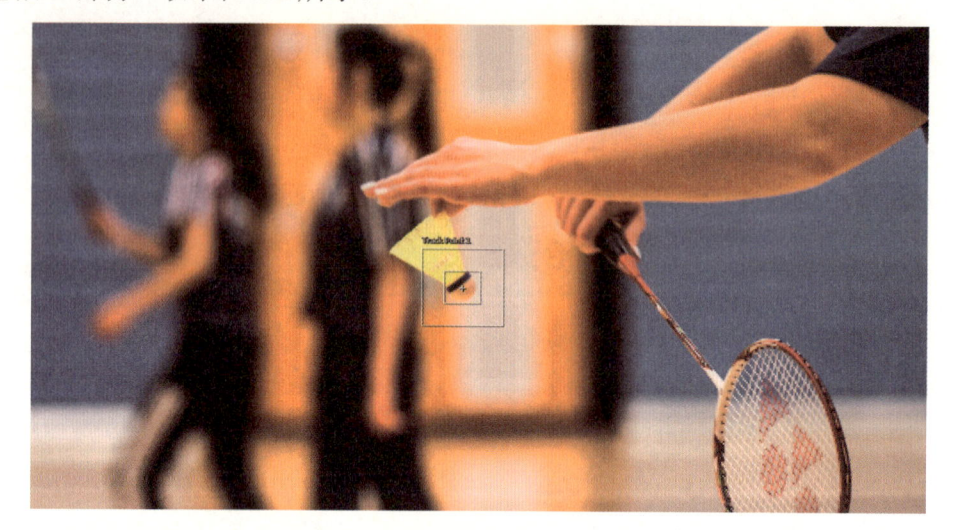

图 3.82　跟踪点

（1）搜索区域：最外面的大框。搜索区域定义了 After Effects 搜索特征区域的范围，该区域不能太大，需要保证在视频的任何一帧，该区域中只能有一个跟踪点；该区域也不能太小，要确保视频中的任意两帧跟踪点无论如何运动，都要在框内，否则可能因找不到跟踪点而失败。

（2）特征区域：中间的框。特征区域定义了图层被跟踪的区域，包含一个明显的视觉元素，使这个区域在整个跟踪阶段都能被清晰辨认。

（3）附加点：中间的十字架，指定跟踪结果的最终附着点。

需要特别说明的是，附加点是可以偏移的。附加点是放置目标图层或效果控制点的位置。默认的附加点位置是特征区域的中心。在跟踪之前，用户可以通过在图层预览窗口中拖动附加点来移动其位置，但此时搜索区域和特征区域保持不动。

如图 3.83 所示，当给画面添加"镜头光晕"效果后，以人物的"眼睛"为特征区域进行跟踪，此时光晕中心会恰好落在眼睛位置。如果将附加点的位置移至面部旁边，则光晕中心也会随之移动，如图 3.84 所示。

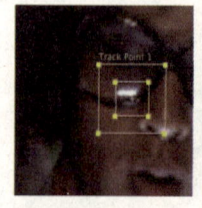

图 3.83　附加点位于特征区域中心 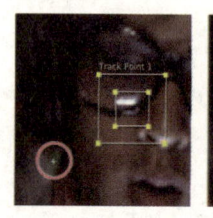　　　　图 3.84　附加点偏离特征区域

2. "跟踪器"面板

跟踪与稳定操作都是使用"跟踪器"面板进行操作的。该面板可以通过在菜单栏中选择"窗口"→"跟踪器"命令打开。

1)"跟踪器"面板介绍

"跟踪器"面板如图 3.85 所示，各项参数说明如下。

（1）跟踪摄像机：单击该按钮可以进行摄像机反求操作。

（2）变形稳定器：单击该按钮可以进行自动的画面稳定操作。在选择晃动素材后，直接单击该按钮可以自动稳定画面。

（3）跟踪运动：单击该按钮可以进行跟踪操作。

（4）稳定运动：单击该按钮可以进行稳定操作。

图 3.85 "跟踪器"面板

> 小贴士
>
> 无论单击的是"跟踪运动"按钮还是"稳定运动"按钮，都会在监视器面板中自动打开所选图层的预览窗口，并显示默认的一个跟踪点，即对该点进行跟踪操作。

（5）运动源：在其下拉列表中可选择用来跟踪的图层。

（6）当前跟踪：当有多个跟踪器时，在其下拉列表中指定当前操作的跟踪器。

（7）跟踪类型：指定跟踪类型。

（8）位置/旋转/缩放：指定对跟踪对象的位置、旋转或缩放属性进行跟踪。

（9）编辑目标：指定计算结果传递的目标对象。

（10）选项：单击该按钮，会弹出"动态跟踪选项"对话框，可以用来设置跟踪器的参数。After Effects 的跟踪功能非常强大，使用其默认设置可以满足一般的工作需要。

（11）分析：用来控制对运动的解析。◀|表示向后分析一帧；◀表示向后分析；▶表示向前分析；|▶表示向前分析一帧。

（12）重置：重置跟踪结果，如果对跟踪结果不满意，可以单击此按钮。

（13）应用：应用跟踪结果，将计算的数据传递给目标图层，从而完成计算操作。

2）跟踪类型

在"跟踪器"面板的"跟踪类型"下拉列表中共有 5 种跟踪类型，如图 3.86 所示。根据不同的情况和要求，可以选择不同的跟踪类型。

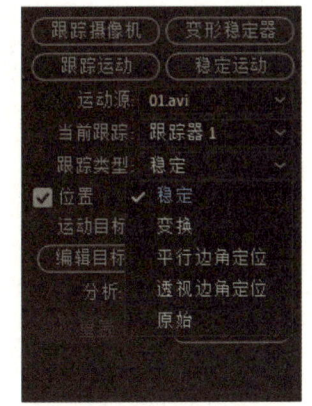

图 3.86 跟踪类型

（1）变换：选择该选项后，下方的位置、旋转、缩放等参数被激活。如果仅勾选"位置"复选框，则进行 1 点跟踪，仅记录位置属性变化，这是默认的跟踪方式。如果在勾选"位置"复选框的同时勾选"旋转"或"缩放"复选框，或者全部勾选，则该图层的预览窗口中将出现两个跟踪点，可进行 2 点跟踪操作。此时，After Effects 在记录位置变化的同时，还记录旋转或缩放变化，如图 3.87 所示。

（2）稳定：选择该选项可对图层进行稳定操作，使用方法与进行变换跟踪相同。

（3）平行边角定位：此类型有时被翻译为"平行角点跟踪"，也被称为 3 点跟踪，主要用来对平面中的倾斜和旋转进行跟踪，但不能对透视的变化进行跟踪，如图 3.88 所示。

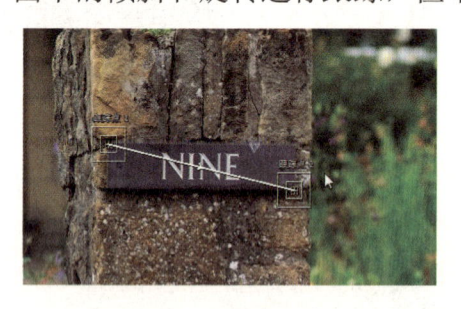

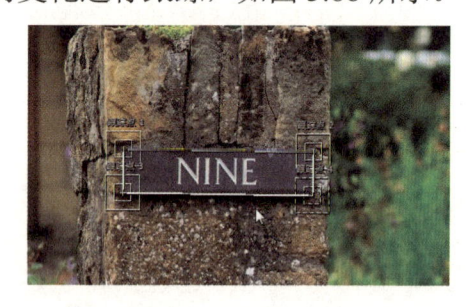

图 3.87　变换跟踪　　　　　　　　　图 3.88　平行边角定位跟踪

（4）透视边角定位：此类型也被称为 4 点跟踪，用来对图像中的透视变化进行跟踪。该跟踪方式主要用于对画面中的某一部分进行贴图操作。该跟踪方式会产生 4 个跟踪点，After Effects 可分别跟踪目标位置的 4 个顶点，跟踪完成后这 4 个跟踪点的位置可被替换为贴图的 4 个顶点的位置，如图 3.89 所示。

图 3.89　透视边角定位跟踪

（5）原始：相当于 1 点跟踪，仅跟踪位置数据，得到的数据无法直接应用于其他图层，一般通过复制和粘贴、表达式连接的方式使用该数据。

3．运动跟踪和运动稳定

运动跟踪和运动稳定处理跟踪数据的原理是一样的，区别在于它们会根据各自的目的将跟踪数据应用到不同的目标上。使用运动跟踪可以将跟踪数据应用于其他图层或滤镜控制点，而使用运动稳定可以将跟踪数据应用于图层自身来抵消运动。

在某些特殊环境中进行拍摄工作时，由于种种原因，可能会导致拍摄的画面存在抖动，从而影响最终效果。而使用 After Effects 的运动稳定跟踪功能可以对抖动的画面进行平稳处理。

运动稳定与运动跟踪使用的是同一个操作面板，其参数也相似。在使用运动稳定功能时，选择操作图层后，单击"跟踪器"面板中的"稳定运动"按钮即可。

任务 5　蒙版动画

任务目标

- 掌握 After Effects 的跟踪摄像机功能。
- 掌握蒙版的绘制及编辑方法。
- 理解蒙版的混合模式。

任务描述

本任务通过应用跟踪和蒙版等技术，实现为运动的笔记本电脑显示器替换素材的效果。

任务分析

After Effects 的跟踪功能可以匹配素材的运动，本任务正是通过跟踪摄像机功能来实现素材跟踪的。本任务素材中有"扫光"的效果，为操作增加了难度。为了避免明显的瑕疵，本任务使用了蒙版技术来解决这个问题。

操作步骤

（1）启动 After Effects 2022，单击"从素材新建合成"按钮，在弹出的对话框中选中"桌面笔记本.mov"文件并导入，此时会直接基于该素材的视频创建合成，将该项目保存，并命名为"跟踪及蒙版"。

（2）将素材文件夹中的"光影.mov"文件导入"项目"面板。

（3）在菜单栏中，选择"窗口"→"跟踪器"命令。

（4）打开"跟踪器"面板，选择"桌面笔记本.mov"图层，单击"跟踪器"面板中的"跟踪摄像机"按钮，如图 3.90 所示。

图 3.90 单击"跟踪摄像机"按钮

（5）此时 After Effects 会对素材进行自动解析，如图 3.91 所示。

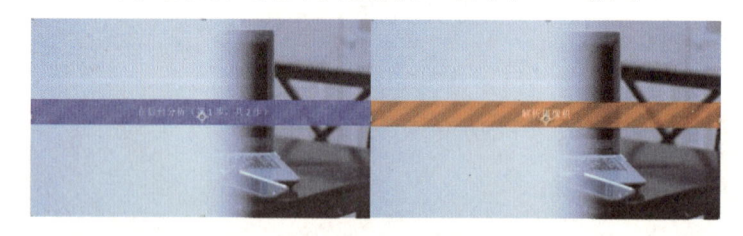

图 3.91 自动解析素材

如果素材文件过大，则解析会需要一段时间。解析完成后，拖动时间指示器，会在监视器窗口中看到很多五颜六色的"点"，这些"点"就是自动解析出来的"跟踪点"，如图 3.92 所示。

（6）拖动时间指示器至 6 秒左右的位置，按住 Ctrl 键的同时，单击解析出来的"点"并拖动，在视频中指定笔记本电脑显示器的大概范围，如图 3.93 所示。

图 3.92 解析出来的"跟踪点"　　　　图 3.93 设置显示器范围

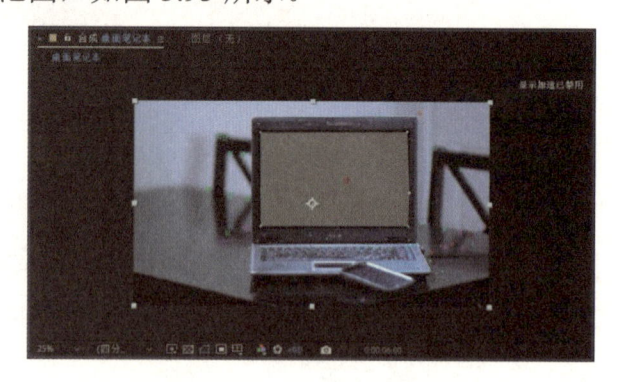

小贴士

如果导入的视频素材没有从 0 帧开始，可以按 Ctrl+K 组合键，将"合成设置"对话框中的"开始时间码"设置为"0:00:00:00"，如图 3.94 所示。

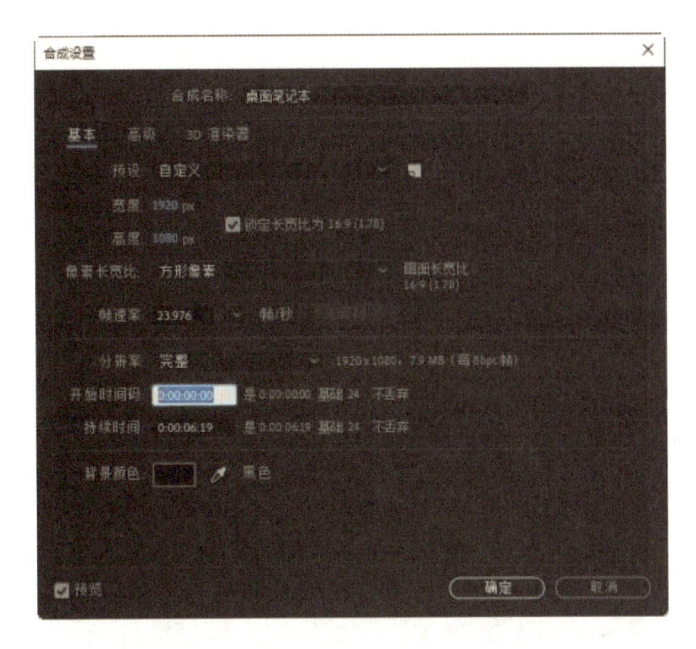

图 3.94　调整视频素材的"开始时间码"

（7）右击设置好的选区，在弹出的快捷菜单中选择"创建实底和摄像机"命令，如图 3.95 所示。

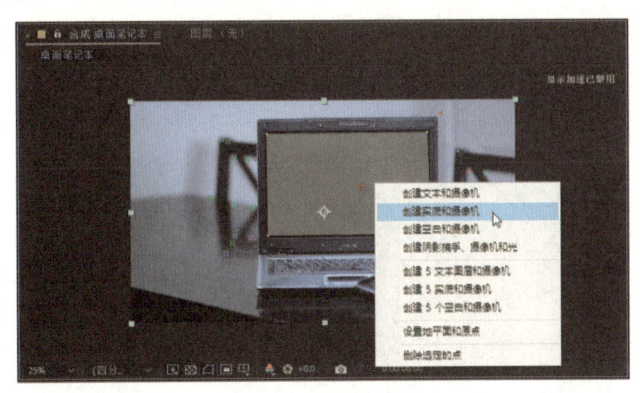

图 3.95　选择"创建实底和摄像机"命令

（8）选中固态层，将"缩放"属性调大，并适当调整"旋转"等属性，目的是使固态层恰好布满视频中的电脑屏幕，如图 3.96 所示。具体参数可以参考图 3.97。此时预览，会发现固态层已经实现了跟踪同步。

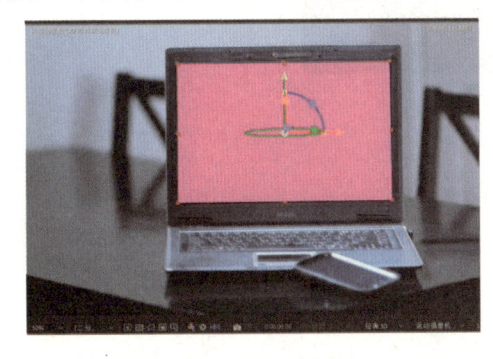

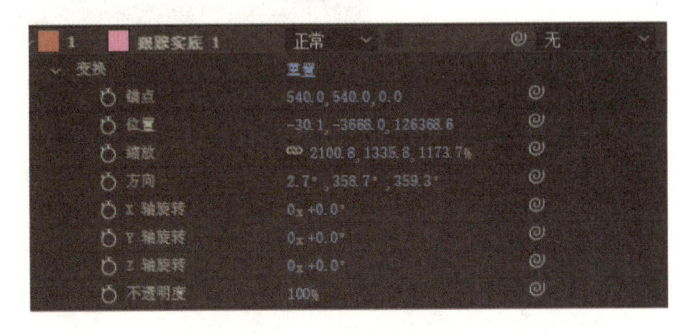

图 3.96　调整固态层　　　　　　　　图 3.97　固态层的具体参数

155

（9）选中"项目"面板中的"光影.mov"素材，按住 Alt 键，将其拖到时间线面板的固态层上，此时固态层会被替换为"光影.mov"图层，调整该图层至合适的大小。此时预览会发现，视频出现了明显的"穿帮"镜头，如图 3.98 所示。我们可以用蒙版来解决这一问题。

图 3.98　"穿帮"镜头

（10）在时间线面板的空白处右击，在弹出的快捷菜单中选择"新建"→"纯色"命令，新建一个固态层，将其颜色设置为比较明显的绿色，如图 3.99 所示。

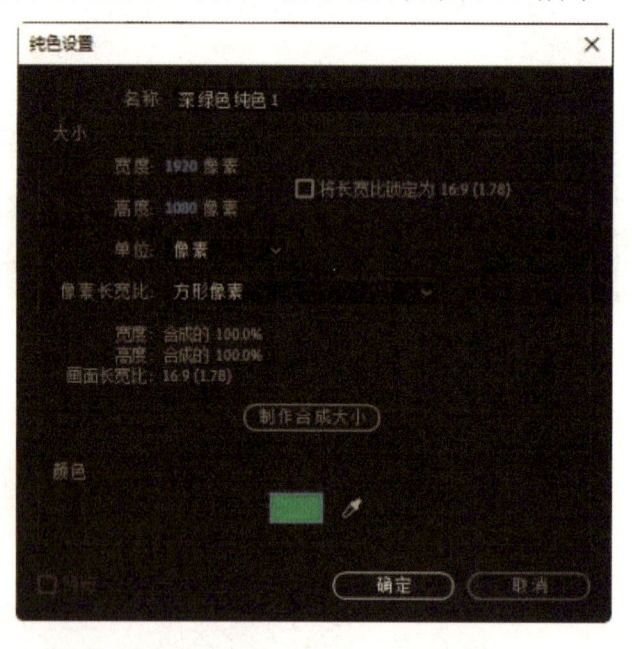

图 3.99　新建固态层

> **小贴士**
>
> 　　新建固态层的快捷键是 Ctrl+Y 组合键。创建完固态层后，按 Ctrl+Shift+Y 组合键，会弹出"纯色设置"对话框，在该对话框中可对固态层参数进行设置。After Effects 会根据固态层的颜色自动修改固态层的默认名称。

（11）隐藏"光影.mov"图层，将时间指示器拖到起始帧的位置，使用工具栏中的矩形工具■，为固态层添加蒙版效果，如图 3.100 所示。

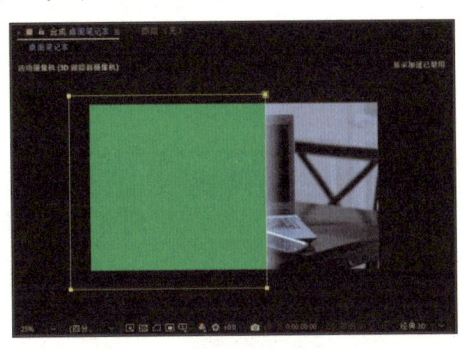

图 3.100　固态层蒙版

（12）选中固态层，按 F 快捷键，设置蒙版的羽化值，其属性设置如图 3.101 所示。

图 3.101　"蒙版羽化"属性设置

> 小贴士
>
> 使用诸如 F 这种单字母快捷键时，必须切换至英文输入法状态。

（13）单击蒙版属性组中"蒙版路径"属性左侧的秒表按钮，为其创建关键帧动画。

（14）分别在 0 秒、1 秒、2 秒、3 秒、4 秒和 5 秒处添加关键帧，根据视频素材的内容，依次向左缩小蒙版的覆盖范围，进而使蒙版与素材中的"扫光"产生同步，如图 3.102 所示。

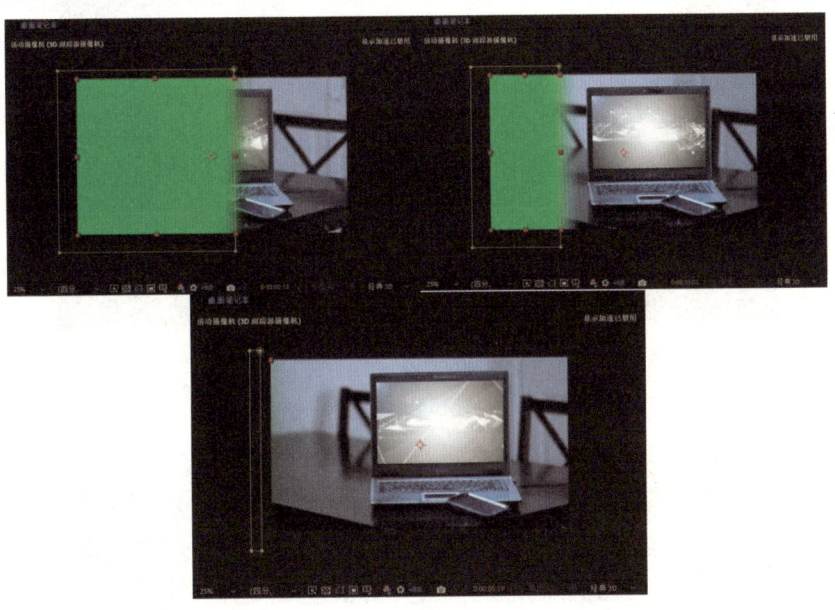

图 3.102　缩小蒙版的覆盖范围

> 小贴士
>
> 使用选择工具双击黄色的蒙版线，即可变为调整蒙版大小的控制框。

（15）按 F4 快捷键，打开层模式面板。将"光影.mov"图层的"轨道遮罩"设置为"Alpha 反转遮罩'深 绿色 纯色 1'"，并隐藏固态层，如图 3.103 所示。

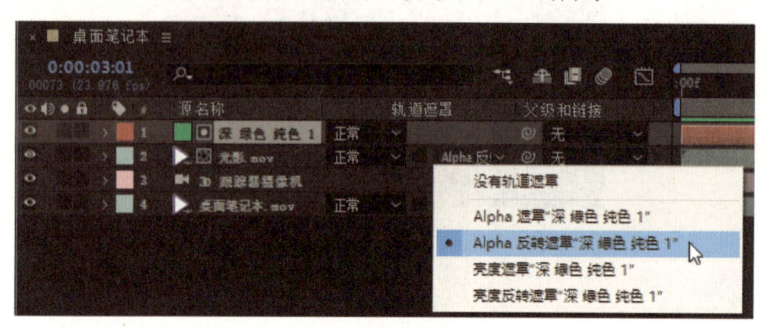

图 3.103 设置"轨道遮罩"

至此，本任务的主体已经制作完成，但视频中有一些瑕疵，需要进行细节上的完善。

（16）选中"光影.mov"图层，按 Ctrl+Shift+C 组合键，为该图层创建一个预合成，双击进入该预合成。

（17）进入预合成后，选中"光影.mov"图层，双击工具栏中的矩形工具▢，为该图层创建蒙版，如图 3.104 所示。

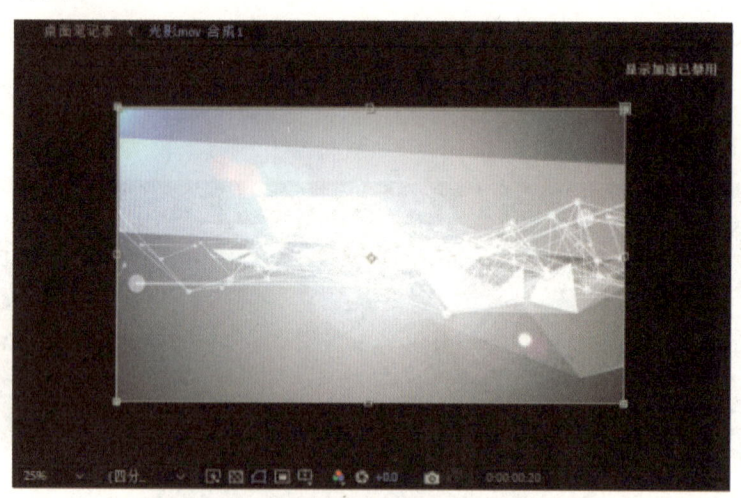

图 3.104 预合成中的蒙版

（18）按 F 快捷键，设置"蒙版羽化"属性，如图 3.105 所示。

图 3.105 设置"蒙版羽化"属性

（19）在"光影.mov"图层下新建一个固态层，并将其颜色设置为黑色。

（20）返回"桌面笔记本"合成，选中刚创建的预合成层，选择"效果"→"颜色校正"→"曲线"命令，在"效果控件"面板中调整曲线，如图 3.106 所示。

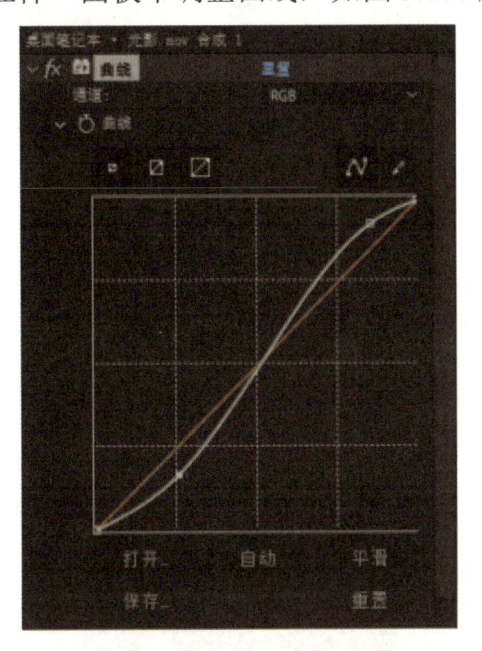

图 3.106　调整曲线

（21）添加噪点。选中预合成层，选择"效果"→"杂色与颗粒"→"杂色"命令，在"效果控件"面板中调整其效果的参数，如图 3.107 所示。

图 3.107　调整"杂色"效果的参数

至此，本任务已制作完成，按数字键盘上的 0 键可以预览视频效果。

相关知识

1. 认识蒙版

蒙版是一个路径或一个轮廓图，当绘制一个封闭的蒙版时，在蒙版内或蒙版外将形成透明区域，这就是添加的 Alpha 通道。在素材没有 Alpha 通道的情况下，可以用蒙版来为图像添加 Alpha 通道。After Effects 中的蒙版是由线段和控制点来构成路径的。线段可以理解为连接两个控制点的直线或曲线。路径可以是开放的，也可以是封闭的。封闭的路径可以形成透明区域，而开放的路径不能形成透明区域，如图 3.108 所示。

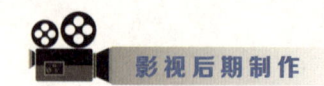

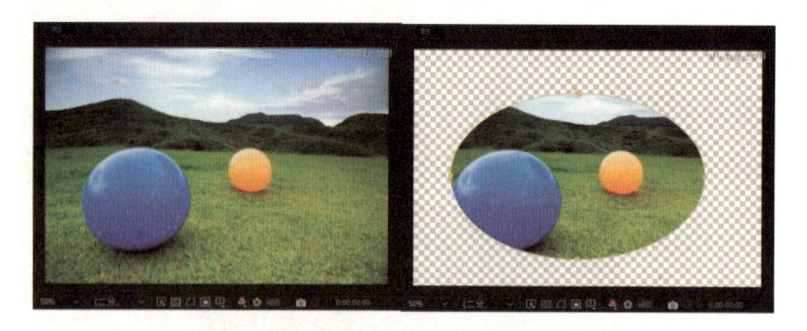

图 3.108　图层蒙版

2．绘制蒙版

蒙版按形状分为矩形蒙版、圆形蒙版和自由形状蒙版 3 大类。下面分别介绍这 3 类蒙版的绘制方法。

1）矩形蒙版的绘制

使用工具栏中的矩形工具，在合成面板中绘制矩形蒙版，如图 3.109 所示。

图 3.109　矩形蒙版

2）圆形蒙版的绘制

单击工具栏中的矩形工具按钮等待片刻，在弹出的工具组中选择椭圆工具，或者连续按两次 Q 快捷键，也可切换为椭圆工具。使用该工具可以在合成面板中绘制椭圆形蒙版，如图 3.110 所示。

图 3.110　椭圆形蒙版

项目 3　影视合成

> **小贴士**
>
> 在按住 Shift 键的同时，按住鼠标左键并拖动鼠标，可以创建正方形、正圆角矩形或正圆形蒙版。在创建多边形和星形蒙版时，按住 Shift 键可固定它们的创建角度。双击如图 3.110 所示的形状蒙版工具，可以沿当前图层的边缘创建一个最大程度的蒙版。

3）自由形状蒙版的绘制

使用钢笔工具组可以绘制自由形状的蒙版，如图 3.111 所示。要改变蒙版的形状需要对控制点进行修改，也可以对蒙版进行增加控制点或删除控制点的操作。After Effects 中钢笔工具的使用和 Photoshop 中的非常类似。

图 3.111　钢笔工具组

3．编辑蒙版

在 After Effects 中，可以通过移动、增加或减少蒙版的控制点来对蒙版的曲率进行调整，也可以对它们进行形状上的改变。

使用工具栏中的选择工具，在合成面板中单击创建好的蒙版，用于显示蒙版上的所有点，此时只需选择要调整的控制点即可。被选择的蒙版控制点用实心表示，未被选择的蒙版控制点则用空心表示。拖动选择的蒙版控制点，可以改变蒙版的形状，如图 3.112 所示。

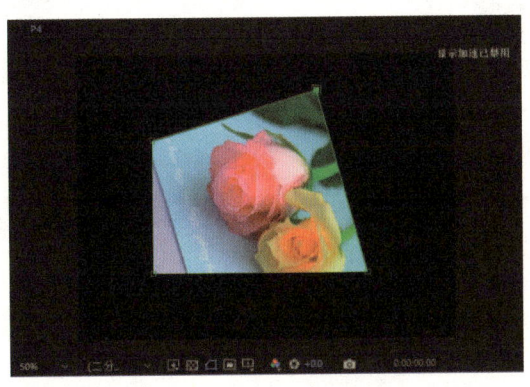

图 3.112　蒙版控制点

1）缩放和旋转蒙版控制点

在蒙版上双击，或者选中蒙版并按 Ctrl+T 组合键，都可以弹出蒙版的约束框，在合成面板中通过调整约束框来达到缩放或旋转蒙版的目的，如图 3.113 所示。拖动蒙版约束的控制点，即可对蒙版进行调节。

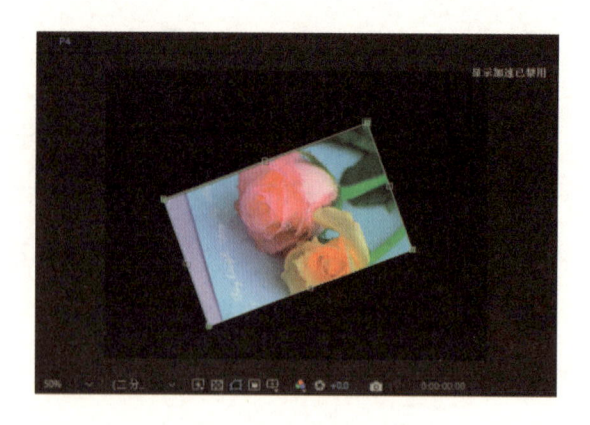

图 3.113 调整蒙版的约束框

将鼠标指针移到蒙版约束框的任意一个角的控制点上，都可以对蒙版进行旋转，只需按 Enter 键，即可应用对约束框的调整。在旋转蒙版时可以通过移动轴心点来得到不同的效果。

2）羽化蒙版

在 After Effects 中，通过对图像中蒙版边缘的像素进行渐变透明的设置，从而达到羽化蒙版的效果，如图 3.114 所示。

图 3.114 羽化蒙版

设置羽化的方法：选择要羽化的蒙版，在菜单栏中选择"图层"→"蒙版"→"蒙版羽化"命令，并在弹出的"蒙版羽化"对话框中设置参数值，如图 3.115 所示。当然，也可以直接在时间线面板中调节其参数。

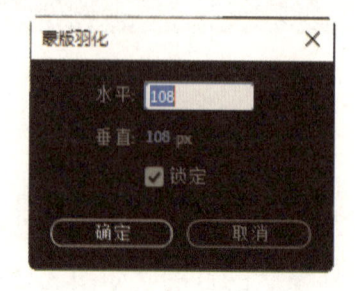

图 3.115 "蒙版羽化"对话框

3）透明度设置

蒙版透明度用于设置蒙版内图像的透明度。在菜单栏中选择"图层"→"蒙版"→"蒙版不透明度"命令，并在弹出的对话框中设置参数值。

4）扩展蒙版

用户通过调整"蒙版扩展"参数，可以对当前蒙版进行扩展和收缩。在菜单栏中选择"图层"→"蒙版"→"蒙版扩展"命令，并在弹出的对话框中设置其参数值。当参数为正数时，蒙版在原来的基础上扩展，如图 3.116 所示；当参数为 0 时，蒙版既不扩展，也不收缩；当参数为负数时，蒙版在原来的基础上收缩，如图 3.117 所示。

图 3.116　扩展蒙版　　　　　　　　　图 3.117　收缩蒙版

5）反转蒙版

在默认情况下，蒙版内显示当前图层的图像，蒙版外为透明区域。在时间线面板中，勾选"反转"复选框，可以设置蒙版的反转。图 3.118（a）所示为反转前的效果，图 3.118（b）所示为反转后的效果。

(a)　　　　　　　　　　　　　　　　(b)

图 3.118　蒙版反转前、后的效果对比

4．蒙版的混合模式

当一个图层上有多个蒙版时，可以在这些蒙版之间添加不同的模式来产生各种效果，其

中"相加""相减""交集"等模式为布尔运算。在时间线面板中，打开图层的"蒙版"参数栏，如图3.119所示。

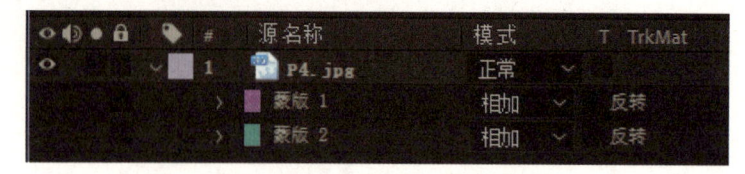

图3.119 "蒙版"参数栏

蒙版的默认模式为"相加"，单击其右侧的下拉按钮，在弹出的下拉列表中可以选择其他模式，如图3.120所示。

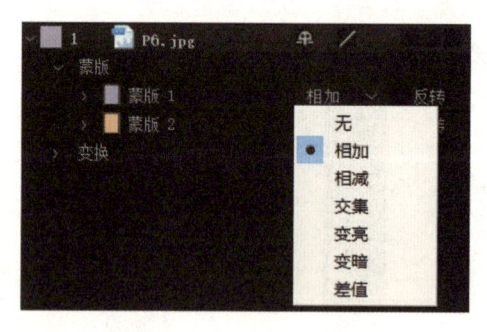

图3.120 蒙版模式

下面为一个图层设置两个交叉的椭圆形蒙版，先将"蒙版1"的模式设置为"相加"，再通过改变"蒙版2"的模式来演示效果。

1）无

使用该模式的蒙版为无效方式，因此图层上不会产生透明的区域。如果只想勾画轮廓而不想使图层透明，则可以采取这种模式，如图3.121所示。

2）相加

该模式在合成图像上显示所有蒙版内容，且蒙版相交部分的透明度相加，如图3.122所示。

3）相减

该模式为上面的蒙版减去下面的蒙版，且被减去区域的内容不在合成图像上显示，如图3.123所示。

图3.121 "无"模式　　　　图3.122 "相加"模式　　　　图3.123 "相减"模式

4）交集

该模式只显示所选蒙版与其他蒙版相交部分的内容，且所有相交部分的透明度相减，如图3.124所示。

5）变亮

该模式与"相加"模式相同，但蒙版相交部分的透明度以当前蒙版的透明度为准。如图3.125所示，"蒙版1"的透明度为80%，"蒙版2"的透明度为60%。

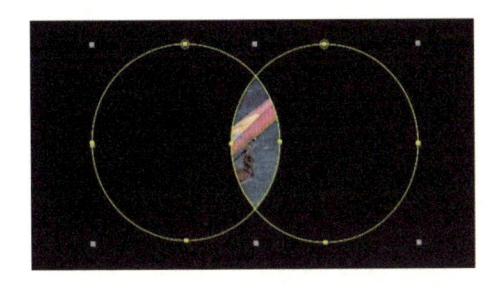

图3.124　"交集"模式　　　　　　　图3.125　"变亮"模式

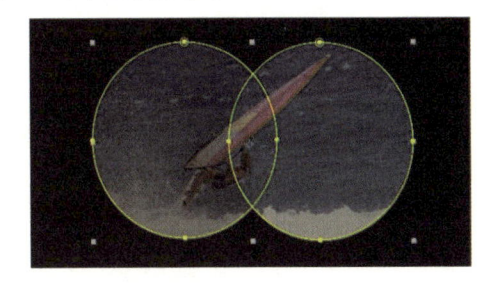

6）变暗

该模式与"交集"模式相同，但蒙版相交部分的透明度以当前蒙版的透明度为准。如图3.126所示，"蒙版1"的透明度为80%，"蒙版2"的透明度为60%。

7）差值

该模式与"交集"模式相反，即所选蒙版的非共同区域，如图3.127所示。

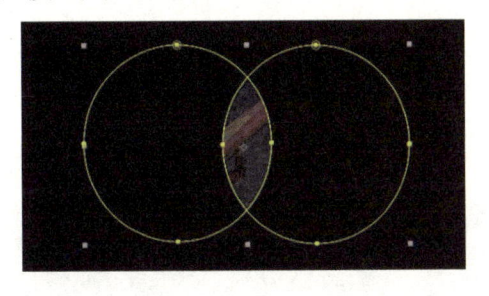

图3.126　"变暗"模式　　　　　　　图3.127　"差值"模式

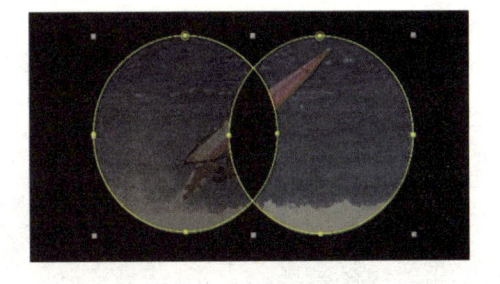

蒙版是合成时最具魅力的工具之一，运用不同的模式，能让画面产生不同的效果。因为蒙版具有强大的功能，所以才使得合成效果更加丰富多彩，画面更加绚丽多变。

任务6　字幕特效

任务目标

- 掌握创建并编辑文字图层的基本方法。

- 掌握格式化字符的基本方法。
- 掌握格式化段落的基本方法。
- 掌握创建文字动画的基本方法，并通过实践进行巩固。

任务描述

本任务要求使用钢笔工具绘制出文字的运动路径，并利用"路径文本"效果创建出关键帧动画。类似的效果可用于电视栏目片头或宣传片头。

任务分析

本任务主要使用"路径文本"效果，先通过其参数调节制作关键帧动画；再通过"镜头光晕"来制作镜头光效，配合文字的运动，使画面更加丰满。

操作步骤

（1）启动 After Effects 2022，单击"新建合成"按钮，创建一个新的合成，并命名为"字幕特效"，如图 3.128 所示。

（2）将"绿水青山.jpg"素材文件导入"项目"面板中，并将其拖到时间线面板中，调整至合适的位置及大小，如图 3.129 所示。需要注意的是，在调整图片大小时，要保证等比缩放。

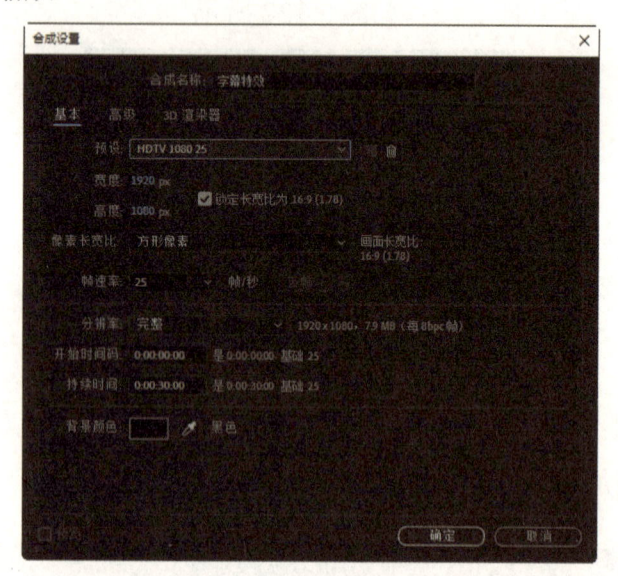

图 3.128　新建合成　　　　　　图 3.129　图片大小及位置的调整

（3）使用文字工具，直接在合成面板中单击，创建文字图层，并输入文字"绿水青山就是金山银山"。选择合适的字体及颜色，并为其添加"描边"效果，如图 3.130 所示。

（4）使用工具栏中的钢笔工具，直接在合成面板中绘制出一个路径，如图 3.131 所示。

图 3.130　文字参数设置　　　　　　　　　图 3.131　绘制路径

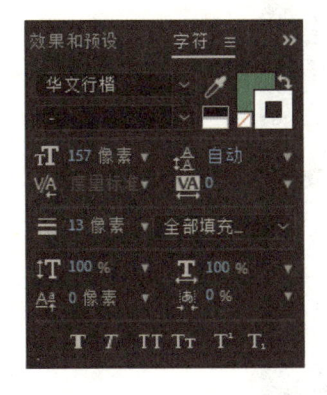

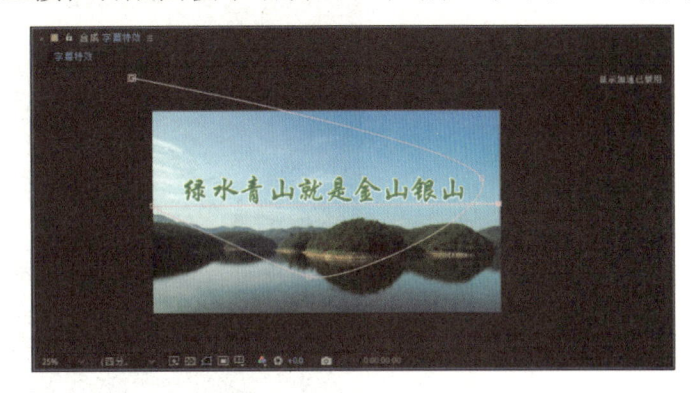

（5）选中文字图层，依次展开"文本"→"路径选项"属性组，将"路径"设置为"蒙版 1"，如图 3.132 所示。

图 3.132　设置"路径"属性

（6）单击"首字边距"属性左侧的秒表按钮，分别在 0 秒和 2 秒处创建关键帧，调整属性值，设置文字的起始位置和结束位置，如图 3.133 所示。

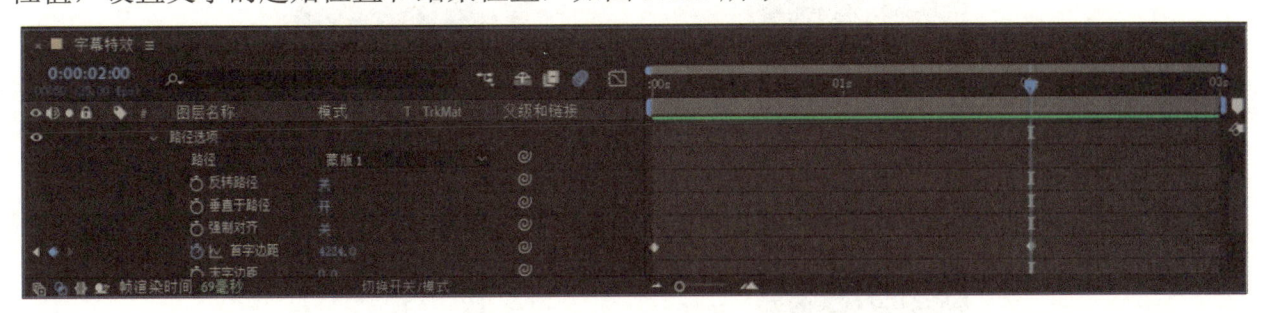

图 3.133　设置"首字边距"关键帧动画

（7）至此，路径文字制作完成。为了防止后续的误操作，可以锁定此图层。

（8）按 Ctrl+Y 组合键，新建一个固态层，并命名为"光效层"，如图 3.134 所示。

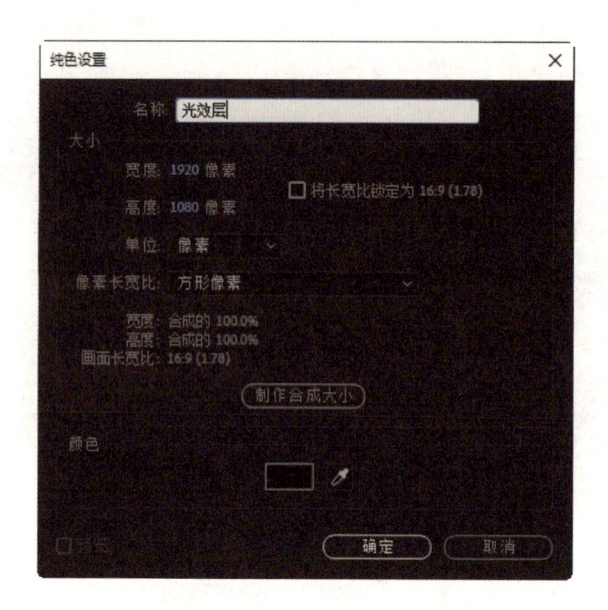

图 3.134　新建固态层

（9）将新建的"光效层"固态层拖到时间线面板的最上方，并将其混合模式设置为"相加"，如图 3.135 所示。

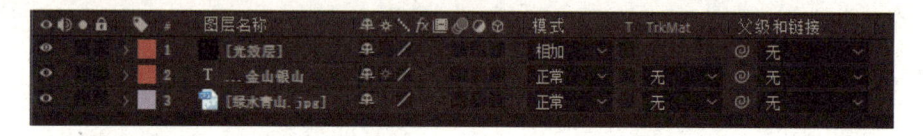

图 3.135　设置混合模式

（10）选中"光效层"图层，选择"效果"→"生成"→"镜头光晕"命令，为其添加"镜头光晕"效果，如图 3.136 所示。

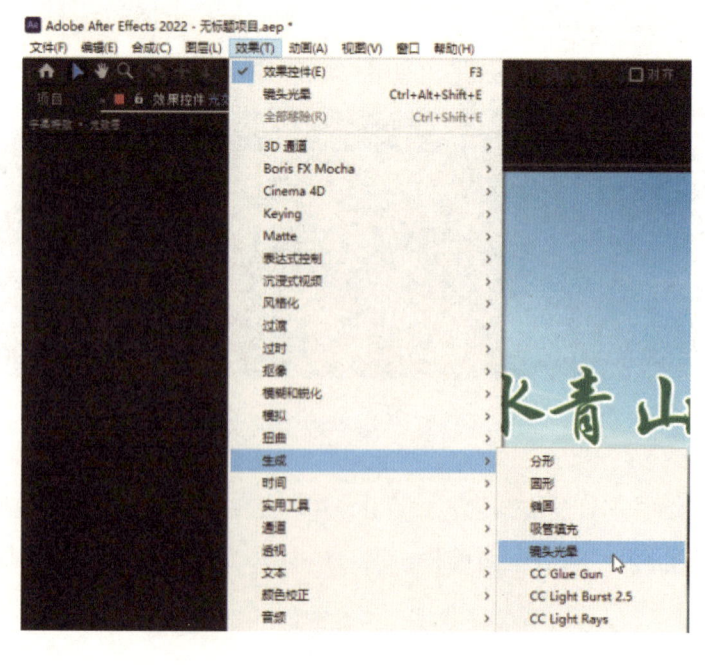

图 3.136　添加"镜头光晕"效果

（11）添加"镜头光晕"效果后，画面会从一开始就有光斑存在，这是不合适的，因此需要调整"光晕亮度"属性值来解决这个问题。将时间指示器拖到"0:00:02:05"位置处，单击"光晕中心"和"光晕亮度"两个属性左侧的秒表按钮，创建关键帧，其属性设置如图3.137所示。

图3.137　"0:00:02:05"位置处关键帧的属性设置

（12）分别在"0:00:02:10"和"0:00:02:22"位置处设置关键帧，其属性设置如图3.138和图3.139所示。

图3.138　"0:00:02:10"位置处关键帧的属性设置

图3.139　"0:00:02:22"位置处关键帧的属性设置

（13）此时预览动画，会发现文字的运动有些生硬、不够自然。单击文字图层的"运动模糊"开关按钮，为其添加"运动模糊"效果，如图3.140所示。

图3.140　添加"运动模糊"效果

（14）至此，本任务已制作完成，按数字键盘上的 0 键可以预览效果，如图 3.141 所示。

图 3.141 最终效果

> 小贴士
>
> 本案例也可以使用"路径文本"效果实现，如图 3.142 所示。

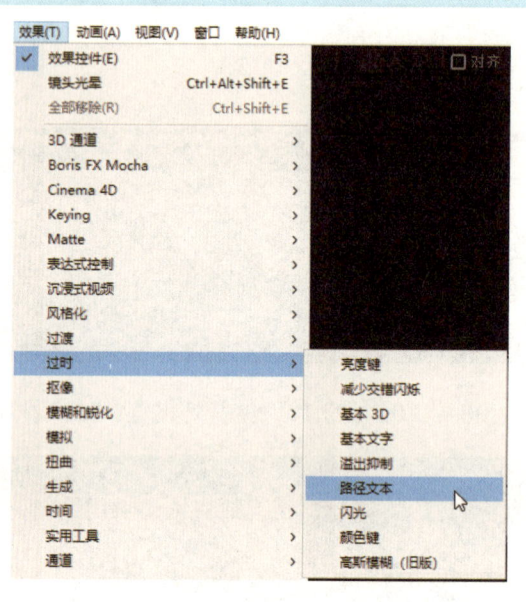

图 3.142 "路径文本"效果所在位置

相关知识

1. 创建并编辑文字图层

利用文字图层，可以在合成中添加文字，也可以对整个文字图层施加动画，还可以对个别字符的属性施加动画，如颜色、尺寸或位置等。下面详细介绍创建并编辑文字图层的相关知识和操作方法。

1）文字图层

文字图层和 After Effects 中的其他图层类似，可以为其添加效果和表达式，也可以将其设置为 3D 层，并在多种视图中编辑 3D 文字。

After Effects 使用点文字和段落文字两种方法创建文字。其中，点文字经常用来输入一个单独的词或一行文字，如图 3.143 所示；段落文字常用来输入和格式化一个或多个段落，文字在遇到边缘部分会自动换行，如图 3.144 所示。

图 3.143　点文字　　　　　　　　　　　　图 3.144　段落文字

用户可以从其他软件（如 Photoshop、Illustrator、InDesign）或任何文字编辑器中复制文字，并粘贴到 After Effects 中。由于 After Effects 支持统一编码的字符，因此可以在 After Effects 和其他支持统一编码字符的软件中直接复制并粘贴这些字符。

2）输入点文字

输入点文字时，每行文字都是独立的。在编辑文字时，行的长度会随之变化，但不会影响下一行。

选择"图层"→"新建"→"文本"命令，创建一个新的文字图层，如图 3.145 所示。此时文字工具的插入光标会出现在合成面板的中央。在合成面板准备输入文字的地方单击，设置一个插入点，如图 3.146 所示。

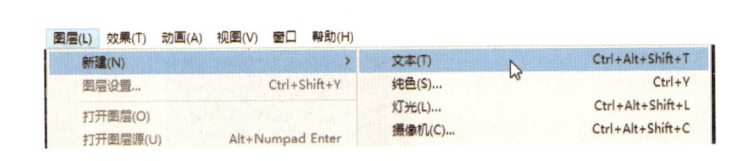

图 3.145　新建文字图层　　　　　　　　　图 3.146　设置插入点

此时，用键盘输入文字，按 Enter 键可以另起一行。输入完成后，按 Ctrl+Enter 组合键，即可完成点文字的输入，如图 3.147 所示。

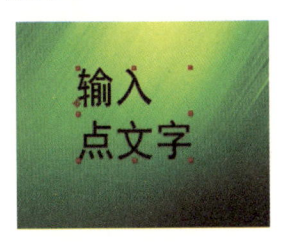

图 3.147　完成点文字的输入

3）输入段落文字

当输入段落文字时，文本会自动换行以适应边框的尺寸，也可以随时调整边框的尺寸，以便调整文本的状态。

其输入方法和点文字类似，只是要按住鼠标左键不放，从一角开始拖动，定义出一个文本框，如图3.148所示。

此时可以使用键盘输入文字，输入完成后，按Ctrl+Enter组合键，即可完成段落文字的输入，如图3.149所示。

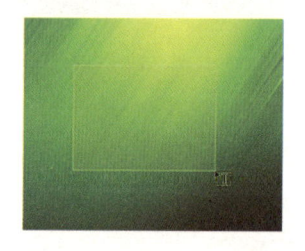

图3.148　段落文字的边框

图3.149　完成段落文字的输入

小贴士

按Enter键可以开始新的段落，而使用Shift+Enter组合键可以创建软回车，即开始新的一行，而非新的段落。

4）文字的横排和竖排

按住工具栏中的文字工具不放，在弹出的文字工具组中包括横排文字工具和直排文字工具，如图3.150所示。这两个工具分别用来创建横排和竖排文字，示例如图3.151所示。

图3.150　文字工具组

图3.151　文字示例

虽然文字在最初输入时就确定了是竖排还是横排，但是输入完成后，也可以转换其排列方式。

使用文字工具 T，在合成面板中选中要调整的文字并右击，在弹出的快捷菜单中选择"水平"或"垂直"命令，即可调整文字排列方式，如图3.152所示。

数字的竖排方式较为特殊，不符合日常习惯，如图3.153所示。

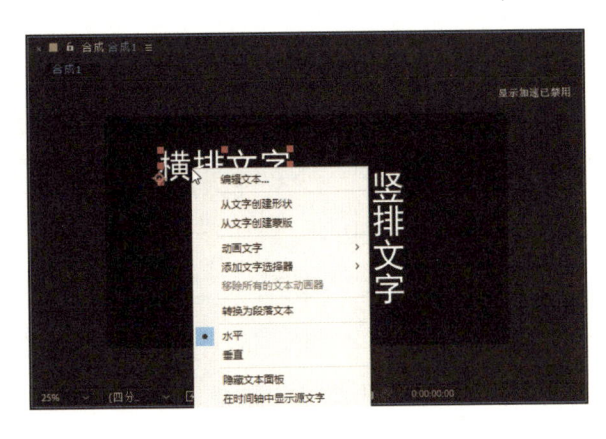

图 3.152　调整排列方式

图 3.153　竖排的数字

要解决这个问题，可以通过文字工具选中要调整的文字，在"字符"面板的右上角单击，在弹出的菜单中选择"标准垂直罗马对齐方式"命令，如图 3.154 所示。文字效果如图 3.155 所示。

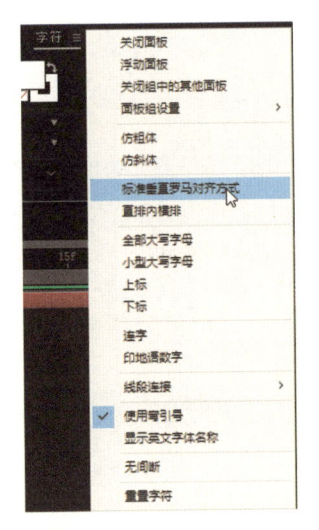

图 3.154　标准垂直罗马对齐方式

图 3.155　文字效果

同样地，在选中数字后，如果在"字符"面板的弹出菜单中选择"直排内横排"命令，则数字将以另一种方式排列，其效果如图 3.156 所示。

图 3.156　直排内横排效果

2. 格式化字符和段落

在 After Effects 中，经常需要对字符和段落进行格式化，以满足文字版式的制作要求。

173

1）使用"字符"面板格式化字符

使用"字符"面板可以格式化字符，如图3.157所示。如果选中了文字，则在"字符"面板中做出的更改仅影响所选文字；如果没有选中文字，则在"字符"面板中做出的更改会影响所选文字图层；如果既没有选中文字，也没有选中文字图层，则在"字符"面板中做出的更改会作为新输入文字的默认设置。

在"字符"面板中可以设置字体、文字尺寸、间距、颜色、描边、比例、基线和各种虚拟设置等。选择面板中的"重置字符"命令，可以重置面板中设置的默认值，如图3.158所示。

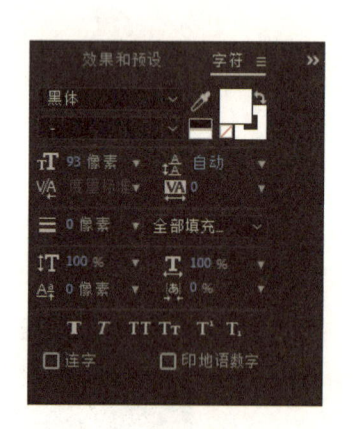

图3.157 "字符"面板　　　　图3.158 "重置字符"命令

2）使用"段落"面板格式化段落

段落就是一个以回车结尾的文字段。如图3.159所示，通过"段落"面板可以为整个段落设置相关选项，如对齐、缩进和行间距等。如果是点文字，则每行都是一个独立的段落；如果是段落文字，则每个段落都可以拥有多行，这取决于文字框的尺寸。

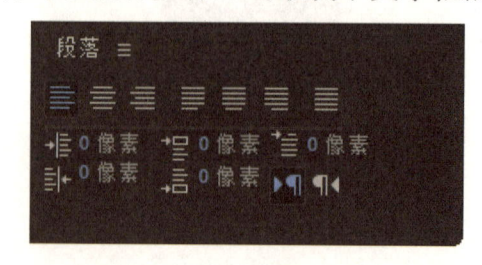

图3.159 "段落"面板

3. 创建文本动画

1）文本动画

动画文本图层有许多作用，包括动画标题、下三分之一的字幕、参与人员名单和动态排版等。

与 After Effects 中的其他图层一样，用户可以为整个文本图层设置动画。但是，文本图层提供的附加动画功能可用于为图层内的文本设置动画。通过以下任一方法，为文本图层设置动画。

（1）为"变换"属性组设置动画（就像为任何其他图层设置动画一样），以便更改整个图层，而非其文本内容。

（2）应用文本动画预设。

（3）使用文本动画器和选择器对一个或一些字符的许多属性进行动画制作。

> **小贴士**
>
> 要使动画文本的边缘和运动平滑，应为文本图层启用"运动模糊"效果。

2）文本动画预设

浏览并应用文本动画预设，在"效果和预设"面板中就像应用任何其他动画预设一样，如图 3.160 所示。用户可以使用"效果和预设"面板，或者在 Adobe Bridge 中浏览和应用动画预设。要在 Adobe Bridge 中打开"预设"文件夹，需要在"效果和预设"面板或"动画"菜单中选择"浏览预设"命令。

文本动画预设在 NTSC DV 720 像素×480 像素合成中创建，每个文本图层均使用 72 磅 Myriad Pro。一些预设动画将文本移到合成上、合成外或穿过合成。动画预设位置值可能不适合、远大于或远小于 720 像素×480 像素的合成。例如，本应在帧外部开始的动画可能在帧内部开始。如果文本没有放置在预期位置或者文本意外消失，则可以在时间线面板或合成面板中，调整文本动画制作器的位置值。

图 3.160 "效果和预置"面板

> **小贴士**
>
> 对于 After Effects 自带的文字动画，用户可以通过 Adobe Bridge 软件进行预览。此功能

是其他软件不具备的，如图 3.161 所示。

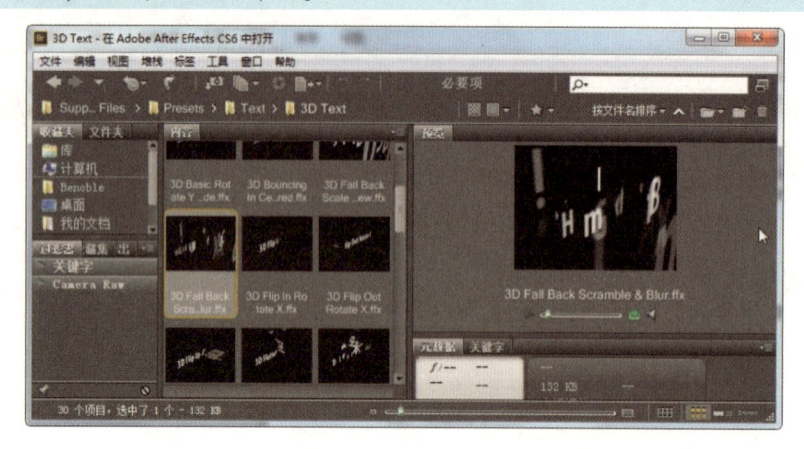

图 3.161　通过 Adobe Bridge 预览文字动画

3）使用文本动画制作器为文本设置动画

使用动画制作器为文本设置动画包括以下 3 个基本步骤。

（1）添加动画制作器用于指定为哪些属性设置动画。

（2）使用选择器来指定每个字符受动画制作器影响的程度。

（3）调整动画制作器的属性。

小贴士

在通常情况下，不需要为动画制作器属性设置关键帧或表达式。仅设置选择器的关键帧或表达式，以及仅指定动画制作器属性的结束值是较常见的做法。

在时间线面板中选择文本图层，或者在合成面板中选择想要设置动画的字符，单击"动画"按钮，从菜单中选择相应的动画属性，如图 3.162 所示。

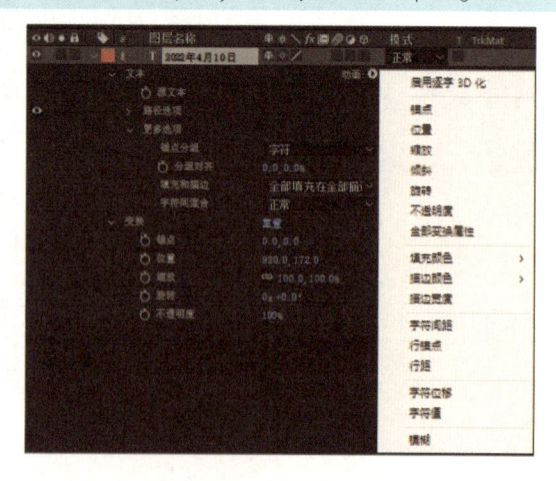

图 3.162　动画属性

在时间线面板中调整动画制作器的属性值，通常只需设置动画的属性。

4）动画属性的含义

（1）锚点：字符的锚点，即执行变换（如缩放和旋转）的点。

（2）位置：字符的位置。用户可以在时间线面板中指定此属性的值，也可以在时间线面板中选择此属性，使用选择工具在合成面板中通过拖动图层（当选择工具位于文本字符上时，该工具将变为移动工具）来修改此属性，使用移动工具拖动不影响位置的 Z 分量（深度）。

（3）缩放：字符的比例。因为缩放是相对锚点而言的，因此更改缩放的 Z 分量不会产生明显结果，除非文本也具有包含非零 Z 值的锚点动画制作器。

（4）倾斜：字符的倾斜度。"倾斜轴"表示指定字符沿其倾斜的轴。

（5）旋转、X 轴旋转、Y 轴旋转、Z 轴旋转：如果启用逐字 3D 化属性，则可以单独设置每个轴的旋转；否则，只有"旋转"属性可用（它与"Z 轴旋转"属性相同）。

（6）全部变换属性：将所有的"变换"属性组中的属性一次性添加到动画制作器组中。

（7）行锚点：每行文本的字符间距对齐方式。其中，0%表示指定左对齐，50%表示指定居中对齐，100%表示指定右对齐。

（8）行距：多行文本图层中文本行之间的间距。

（9）字符位移：将选定字符偏移的 Unicode 值。例如，值 5 表示按字母顺序将单词中的字符前进 5 步，因此单词 offset 将变为 tkkxjy。

（10）字符值：选定字符的新 Unicode 值，将每个字符替换为由新值表示的一个字符。例如，值 65 会将单词中的所有字符替换为第 65 个 Unicode 字符（A），因此单词 value 将变为 AAAAA。

（11）字符范围：指定对字符的限制。每次向图层中添加"字符位移"或"字符值"属性时，都会出现此属性。选择"保留大小写及数位"选项可将字符保留在各自的组中。组包括大写罗马字、小写罗马字、数字、符号、日语片假名等。选择"完整的 Unicode"选项可以允许无限制的字符更改。

（12）模糊：要添加到字符中的高斯模糊量，可以分别指定水平和垂直模糊量。

5）路径文字动画

当文本图层上有蒙版时，可以使文本跟随蒙版作为路径，也可以为该路径上的文本设置动画，或者为路径本身设置动画。本任务就是使用此方法制作路径文字动画的。

用户可以使用开放型或闭合型蒙版来创建文本路径。在创建路径之后，可以随时修改。

要创建路径文字动画，首先要创建文本图层并输入文本；其次在选定文本图层后，使用钢笔工具或蒙版工具在合成面板中绘制蒙版；再次在时间线面板中展开文本图层的"路径选项"属性组，并在"路径"下拉菜单中选择蒙版，如图 3.163 所示；最后创建关键帧，设置相关属性即可。

图 3.163　选择蒙版

任务 7　色彩调整

任务目标

- 了解调色效果组的操作方法。
- 掌握调色效果组中常用特效的使用方法。
- 掌握在实际操作中，选择使用不同特效的技巧。

任务描述

通过综合使用多个颜色校正特效为给定的视频素材调色。

任务分析

在后期的调色过程中，要把画面调到一个满意的效果，单靠某一个特效是很难做到的。对同一画面有时需要用到多个特效来调节，甚至有时会用到第三方的外挂调色效果。本任务就是综合使用多个调色效果完成的。使用色阶来调节画面的中间色调及明暗部对比度；使用曲线来调节和改变画面的色调；使用颜色平衡来分别调节暗部、中间及高亮区域的 R、G、B 颜色通道。

操作步骤

（1）启动 After Effects 2022，在"项目"面板的空白处双击，在弹出的对话框中选中"风景.avi"文件并导入。

（2）将该视频素材拖到时间线面板中，直接基于该素材的视频创建合成。选中"风景"图层，按 Ctrl+D 组合键复制该图层，并将复制的图层重命名为"风景调色前"，以方便调色后对比效果，如图 3.164 所示。

项目3 影视合成

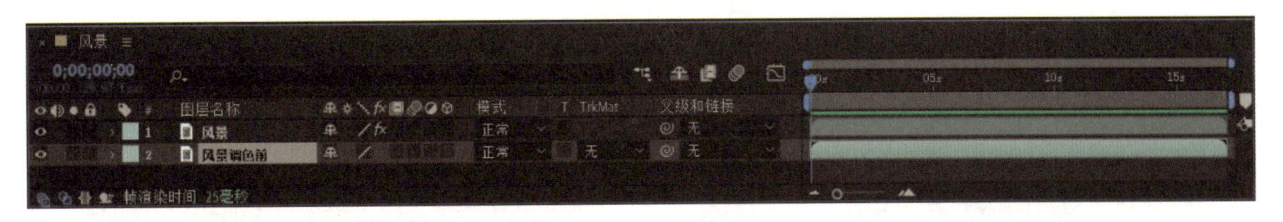

图3.164 时间线面板

> **小贴士**
>
> 选中图层后，直接按Enter键，即可重命名。

（3）选中"风景"图层，选择"效果"→"颜色校正"→"色阶"命令，为图层添加"色阶"效果，如图3.165所示。

（4）拖动时间指示器，观察"效果控件"面板中的直方图会发现，右边亮部离白点还差一点距离，说明可以再提亮一些，暗部亦可以稍微调整一些。延伸色阶的长度可以获得更多的层次。调整RGB直方图中最亮和最暗的区域，加强图像的对比度，中间的"灰度系数"（即通常所说的"伽马值"）亦稍微调小一些。"色阶"效果的参数设置如图3.166所示。

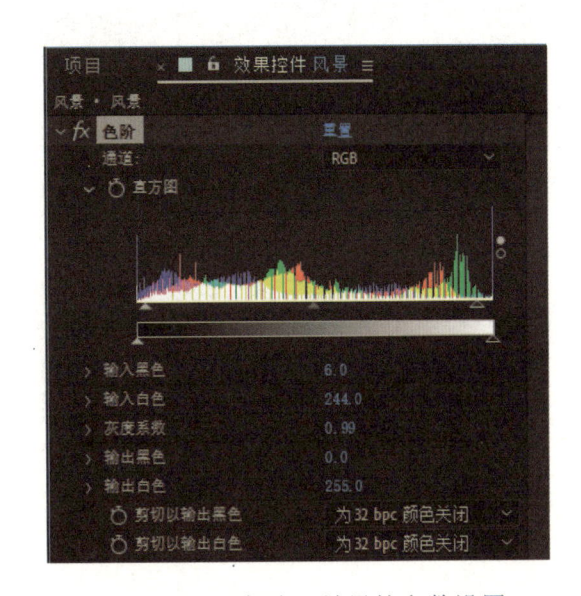

图3.165 选择"色阶"命令　　　　图3.166 "色阶"效果的参数设置

（5）为了进一步优化画面效果，下面进行分通道色阶调整。在"通道"下拉列表中选择"红色"通道，如图3.167所示。拖动时间指示器可以发现，画面中的中间色调有点偏红，此时可以将"红色灰度系数"参数值降低一些，并且压缩一下首尾两端，从而减少红色的作用，如图3.168所示。

179

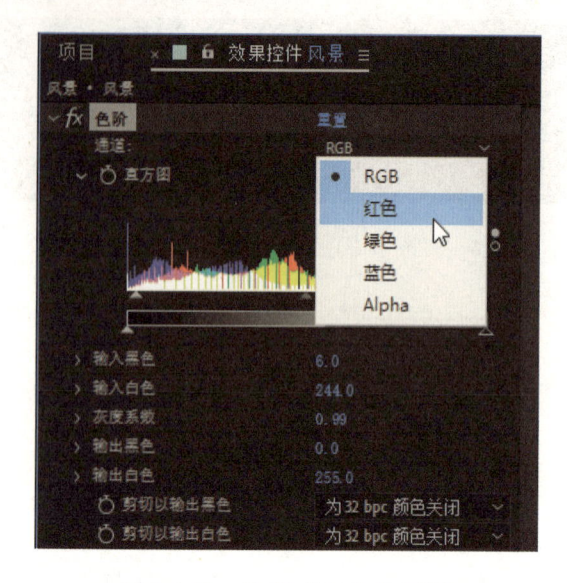

图 3.167　选择"红色"通道 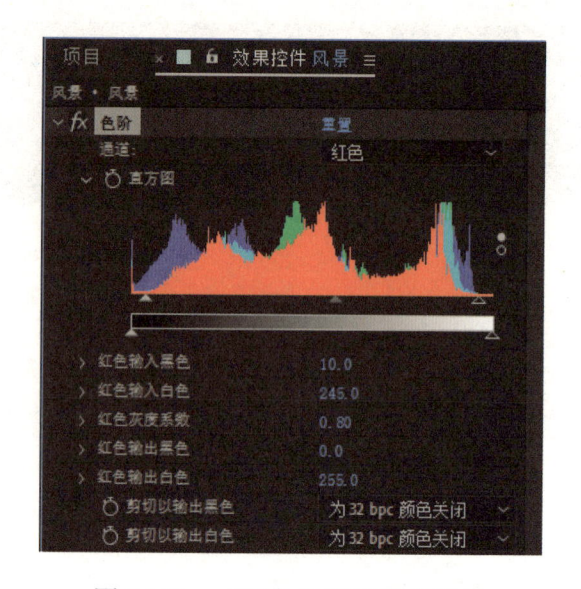　　　　　　　图 3.168　"红色"通道的参数值

（6）切换到"绿色"通道，拖动时间指示器会发现绿色偏重，画面有些偏暗，调整其参数，如图 3.169 所示。

（7）为了使天空和湖面部分偏向蓝色一些，切换到"蓝色"通道，将"蓝色"通道的亮部提升一些，使蓝色的中间色调降下来，从而保证画面中树木、草地为绿色调，如图 3.170 所示。

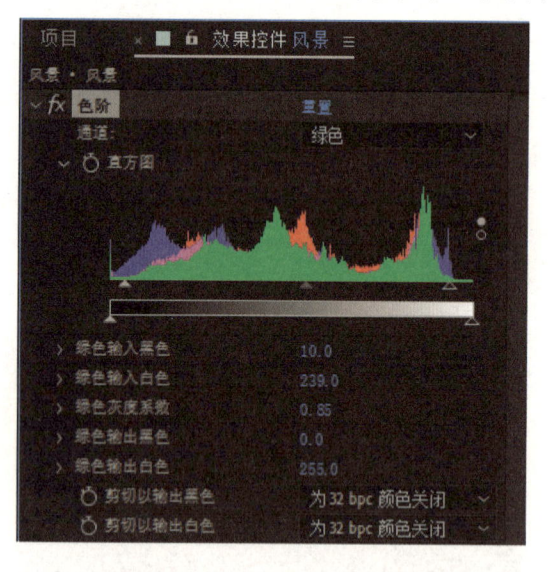

图 3.169　"绿色"通道的参数值 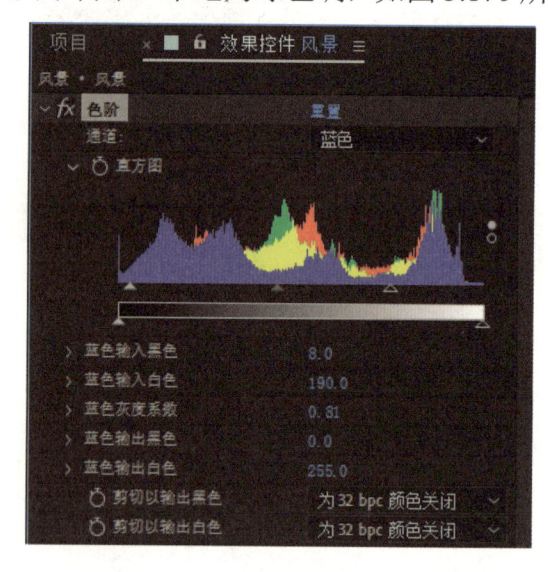　　　　　　图 3.170　"蓝色"通道的参数值

（8）继续给图层添加特效。选择"效果"→"颜色校正"→"曲线"命令，为图层添加"曲线"效果，如图 3.171 所示。

（9）通过添加几个锚点来调整 RGB 颜色通道的曲线，以便适当提升画面中间色调的亮度，突出风景的秀丽，如图 3.172 所示。

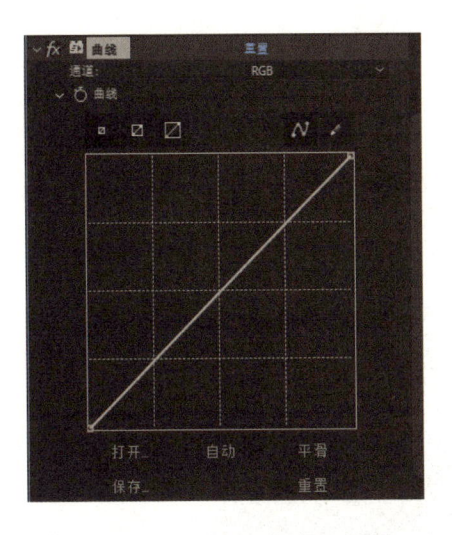

图 3.171　添加"曲线"效果 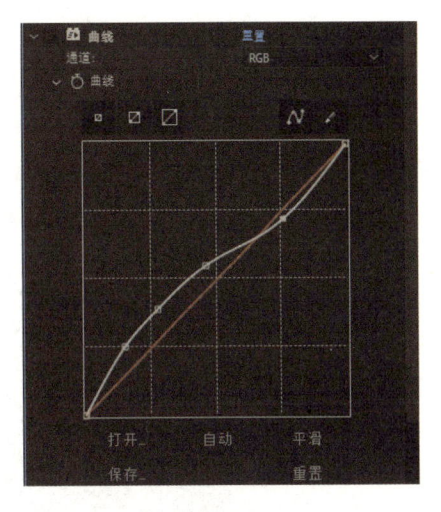　　　　　　　图 3.172　曲线调整

（10）为了进一步加深效果，选择"效果"→"颜色校正"→"色相/饱和度"命令，适当增加主饱和度，使湖面更加通透，树木更加葱郁，如图 3.173 所示。

（11）选择"效果"→"颜色校正"→"颜色平衡"命令，在画面的阴影区域适当降低"红色"通道的参数值，在画面的阴影及中间调区域适当降低"绿色"通道的参数值，在画面的高光区域适当增加"蓝色"通道的参数值，同时勾选"保持发光度"复选框，以便保持图像的平均亮度，如图 3.174 所示。

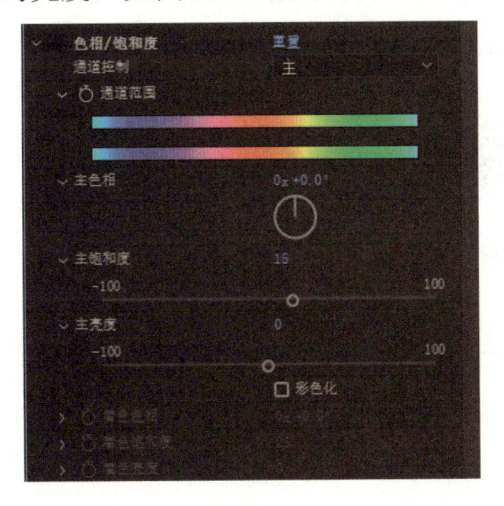

图 3.173　"色相/饱和度"效果的调整 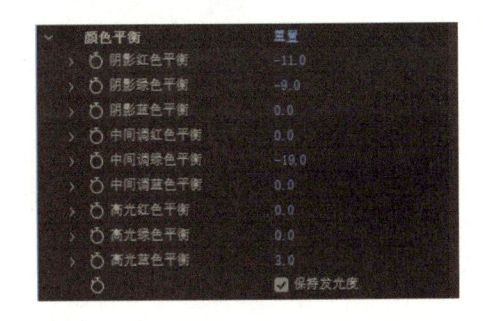　　　　图 3.174　"颜色平衡"效果的调整

（12）继续为图层添加特效，选择"效果"→"颜色校正"→"亮度与对比度"命令，适当加强画面的对比度，使画面更清晰通透，如图 3.175 所示。

图 3.175　"亮度与对比度"效果的调整

（13）画面的调色至此已基本完成，下面来调整画面的尺寸。按 Ctrl+K 组合键，在弹出的"合成设置"对话框中进行设置，如图 3.176 所示。

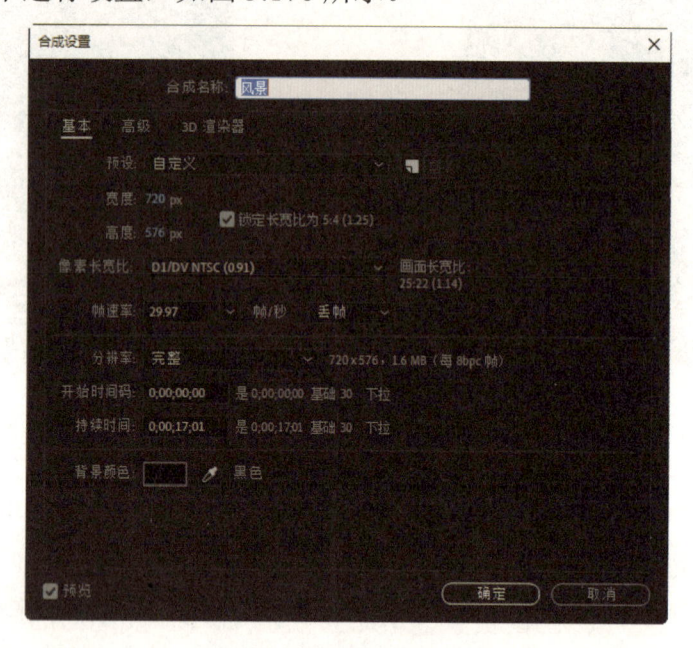

图 3.176 调整画面的尺寸

至此，本任务已制作完成，按数字键盘上的 0 键可以预览效果。调整前、后的画面对比如图 3.177 所示。

(a)　　　　　　　　　　(b)

图 3.177 调整前、后的画面对比

相关知识

作为一款优秀的合成软件，After Effects 具有非常强大的调色功能，其调色的思路和原理与 Photoshop 是一致的。After Effects 的调色工具主要集中在"颜色校正"效果组中。

1. 基本操作

1）添加调色效果

选中需要添加调色效果的图层，选择"颜色校正"效果组中任何一种效果并双击，或者将效果拖到需要添加的图层上即可，如图 3.178 所示。

图 3.178　添加效果

2）修改效果参数

添加效果后，After Effects 会自动激活"效果控件"面板，从而可以对效果参数进行调整，如图 3.179 所示。选择添加了效果的图层，按 E 快捷键可以展开该图层添加的所有效果。

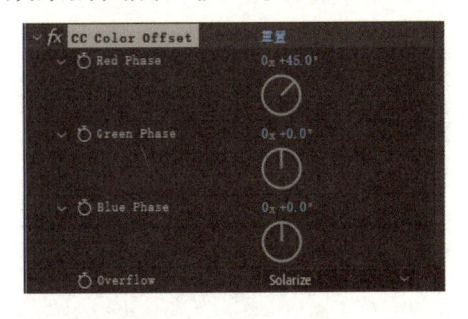

图 3.179　"效果控件"面板

> **小贴士**
>
> 如果"效果控件"面板被用户关闭或者没有激活，则可以选择"窗口"→"效果控件"命令找回。当然，任何被关闭的面板都可以通过这种方法找回。

3）隐藏或删除效果

单击效果名称左侧的 fx 按钮可以隐藏该效果，再次单击该按钮可以开启该效果，如图 3.180 所示。

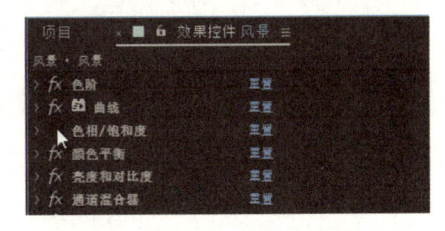

图 3.180　隐藏效果

单击时间线面板中图层名称右侧的 fx 按钮可以隐藏该图层的所有效果，再次单击该按钮可以开启所有效果，如图 3.181 所示。

图 3.181　隐藏图层的所有效果

如果要删除添加的效果，则选中该效果后，按 Delete 键即可。

2．主要调色效果

1）色阶

该效果用直方图来描述整个画面的明暗信息。它将亮度、对比度和灰度系数等功能结合在一起，对图像进行明度、阴暗层次和中间调的调整。该效果与"曲线"效果类似，但由于该效果提供了直方图预览，因此在图像调整中更加直观，如图 3.182 所示。

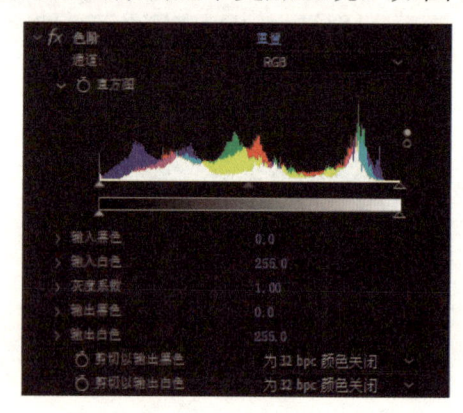

图 3.182　"色阶"效果

（1）通道：选择需要修改的通道。

（2）直方图：即柱状图，显示图像在某个亮度上的像素分布，从左到右代表图像从纯黑到纯白的亮度过渡，以 0～255 级亮度表示。在某个亮度上的"山峰"越高，代表该亮度像素越多。

（3）输入黑色：对输入图像（源图像）纯黑部分进行调整。该参数定义了低于指定数值的像素都为纯黑。例如，若该参数值为 20，则源图像像素低于 20 的亮度都为纯黑。由于该参数对应直方图左上角的三角滑块，因此也可以用该滑块直接调整。

（4）输入白色：对输入图像纯白部分进行调整，该参数定义了高于指定数值的像素都为纯白。例如，若该参数值为 200，则源图像像素高于 200 的亮度都为纯白。该参数对应直方图右上角的三角滑块。

（5）灰度系数：即伽马值，对图像亮度进行整体调整，偏亮或偏暗。该参数对应直方图中间的三角滑块。

（6）输出黑色：对图像输出通道的纯黑部分进行调整。该参数定义输入图像纯黑部分输出为多少，若该数值为 20，则图像纯黑的位置也有 20 的亮度。该参数对应直方图左下角的三角滑块。

（7）输出白色：对图像输出通道的纯白部分进行调整。该参数定义输入图像纯白部分输出为多少，若该数值为 200，则图像纯白的位置只有 200 的亮度。该参数对应直方图右下角的三角滑块。

若输出黑色为 20，输出白色为 200，则定义的输入通道图像亮度不再是 0～255，而是 20～200，即失去了画面亮度层次。在调整诸如夜色等低对比图像时，可以使用这两个参数。

2）曲线

该效果可以对图像的所有 RGB 进行调整，且该调整既包括亮度又包括色彩。在 After Effects 中可以调整亮度和色彩的效果很多，如"色阶"效果。但是，"色阶"效果只提供 3 个滑块来控制图像的暗调、中间调和亮调，而"曲线"效果可以提供更加精确的控制。

（1）X 轴为水平轴，代表输入的亮度，即原始画面的亮度。这个亮度从左到右代表了从纯黑到纯白的亮度范围，即越往右，代表原始画面中越亮的区域，如图 3.183 所示。

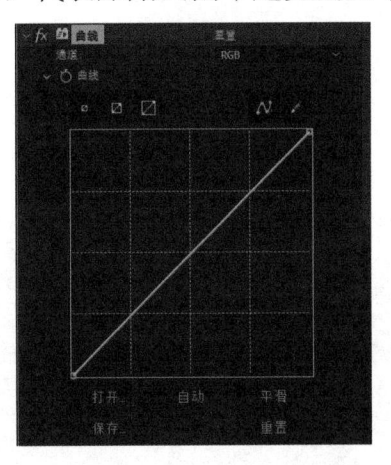

图 3.183 "曲线"效果

（2）Y 轴为垂直轴，代表输出的亮度，即调整之后画面的亮度。这个亮度从下到上代表了从纯黑到纯白的亮度范围，即越往上，代表调整之后画面中越亮的区域。

曲线可以直接对当前选择通道的某个特定亮度进行明暗的调整。如果调整 RGB 通道，则会修改图像的亮度；如果分别调整 R、G、B 通道，则会修改图像的"红色""绿色""蓝色"通道的亮度，色彩通道亮度改变即修改了色彩。如果调整 Alpha 通道的亮度，则修改图像的透明度。

单击曲线可以添加控制点。曲线可以通过添加多个控制点来精确控制图像，如图 3.184 所示。

只需将控制点拖到曲线外部，即可删除控制点。

若上提控制点，则该控制点位置的图像亮度会变亮，下压则变暗。曲线可以设置图像某特定亮度的像素变亮或变暗，从而达到精确控制图像亮度的目的。若将其调节成 S 形，则可以提高对比度，如图 3.185 所示。

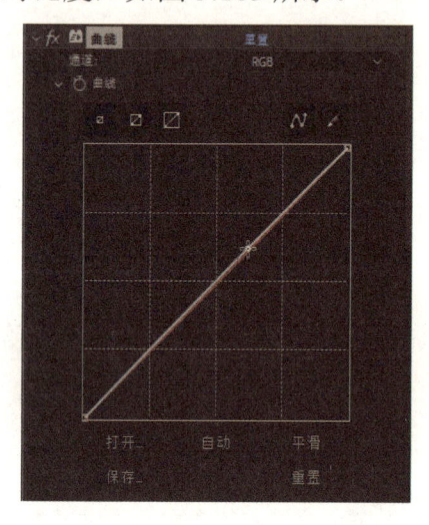

图 3.184　添加控制点

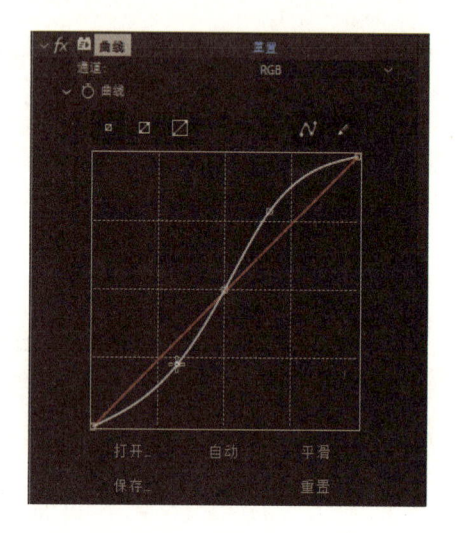

图 3.185　提高对比度

3）色相/饱和度

该效果可以调整图像的色相、饱和度和亮度。该调色效果可以针对某一种色相，也可以对整个图像进行调色处理，这是因为该效果的调色是基于色相环偏移的，如图 3.186 所示。

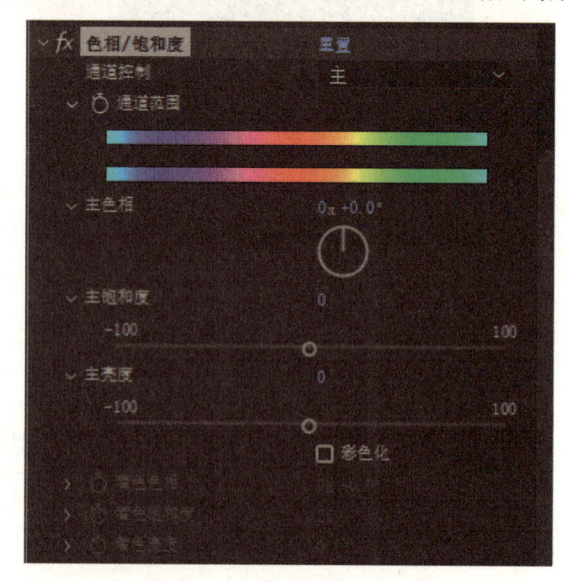

图 3.186　"色相/饱和度"效果

（1）通道控制：用于选择所应用的颜色通道。其中，选择"主"选项，则表示对所有颜色应用；选择"红色""黄色""绿色""青色""洋红"选项，则表示对单通道应用。

（2）通道范围：显示颜色映射的谱线，用于控制通道范围。上面的谱线表示调节前的颜色；下面的谱线表示在全饱和度下调整后的颜色。

（3）主色相：用于调整主色调，取值范围为-180°～＋180°。

（4）主饱和度：用于调整主饱和度。

（5）主亮度：用于调整主亮度。

（6）彩色化：即"着色"。勾选该复选框可以对图像去色并重新着色，色彩着色效果为单色着色。

（7）着色色相：用于调整双色图色相。

（8）着色饱和度：用于调整双色图饱和度。

（9）着色亮度：用于调整双色图亮度。

小贴士

在调色效果组中还有一个"颜色平衡（HLS）"效果，如图 3.187 所示。该效果类似于"色相/饱和度"效果，主要为了兼容早期在 After Effects 中创建的、包含该特效的项目文件，现在一般用"色相/饱和度"效果来代替。

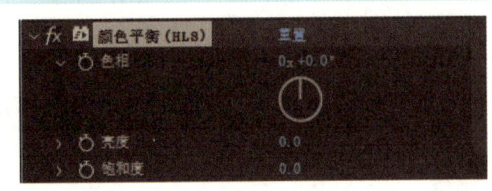

图 3.187 "颜色平衡（HLS）"效果

4）颜色平衡

该效果用于调整色彩平衡。用户可以通过调整图层中包含的红色、绿色、蓝色的颜色值来控制各颜色的比值，如图 3.188 所示。

图 3.188 "颜色平衡"效果

（1）阴影红色/绿色/蓝色平衡：用于调整 RGB 彩色的阴影范围平衡。

（2）中间调红色/绿色/蓝色平衡：用于调整 RGB 彩色的中间调亮度范围平衡。

（3）高光红色/绿色/蓝色平衡：用于调整 RGB 彩色的高光范围平衡。

（4）保持发光度：用于保持图像的平均亮度，以便保持图像的整体平衡。

3．调色的风格

通常说的调色，其实多半是对失真颜色的一种校正，即把不正常的颜色变为正常的、可以接受的颜色。而作为真正的影片的后期调色，更多的是导演的一种主观意志，根据故事的发展或情景的需要而做的一种个性化的色彩调整，甚至把本来正常的色彩调整为某种特定的、在常人看来不正常的色彩。

由于调色是个性化的东西，因此通过不同的手法可以制作成不同的风格。图 3.189 所示为正常拍摄的画面，而图 3.190 所示为调整成不同风格的画面。

图 3.189　正常拍摄的画面

(a)　　　　　　　　　　(b)　　　　　　　　　　(c)

图 3.190　调整成不同风格的画面

任务 8　键控抠像

任务目标

- 理解键控抠像的原理。
- 掌握常见的几种键控抠像特效。
- 掌握键控抠像的基本流程。

项目 3　影视合成

任务描述

将序列图像素材中的人物主体抠出，并放置到给定的视频素材上进行合成。

任务分析

在实际的影视项目拍摄制作的过程中，拍摄的用于合成的绿底或蓝底视频素材，经常会存在背景色有明暗不同的情况，甚至会有其他杂物的图像。因此，在进行抠像合成时，除了可以选择合适的键控效果并设置相关参数来完成背景图像的抠除，还可以配合蒙版功能去掉不需要的其他图像部分。通过绘制蒙版去掉杂物图像后，一般还要对蒙版的边缘部分进行羽化设置，使抠像后的前景图像与背景图像融合得更加自然。

操作步骤

（1）启动 After Effects 2022，在"项目"面板的空白处双击，弹出"导入文件"对话框，选择本任务素材目录下的"舞者"文件夹中的第一个图像文件，勾选"PNG 序列"复选框，并单击"导入"按钮，将该文件夹中的序列动态素材导入"项目"面板，如图 3.191 所示。

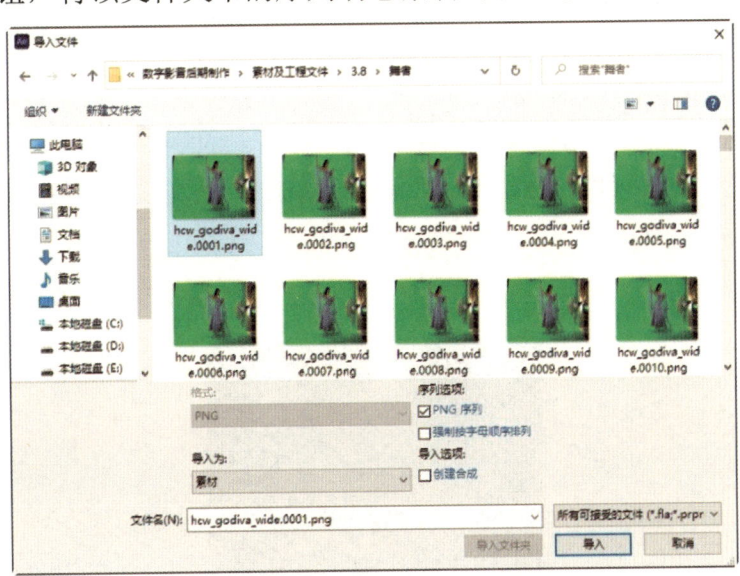

图 3.191　导入素材

> **小贴士**
>
> 在使用三维动画软件输出动画作品时，经常将其渲染成一系列的序列图像文件。After Effects 可以将序列图像文件以动态视频的方式导入，而且序列图像文件能与视频文件设置相似的属性。TGA 格式是常见的序列图像格式。此任务在导入序列图像素材时，切记勾选"PNG 序列"复选框；否则，导入的将是单个被选中的图片文件。

189

(2)同样地，导入本任务素材目录下的"岸边.mov"视频素材和"背景音乐.mp3"音频素材。

(3)将"项目"面板中的"岸边.mov"视频素材拖到时间线面板中，此时 After Effects 会直接基于该素材的视频创建合成，如图 3.192 所示。

图 3.192　创建合成

(4)将序列图像素材和音频素材拖到时间线面板中，并编排素材，如图 3.193 所示。

图 3.193　编排素材

(5)在"效果和预设"面板中展开"Keying"选项，并选择"Keylight（1.2）"效果，如图 3.194 所示；将该效果拖到时间线面板的"hcw_godiva_wide.0001.png"序列图像图层上，为其添加该键控效果，如图 3.195 所示。需要说明的是，在不同的版本中此特效所在的位置有所不同。

图 3.194　选择"Keylight（1.2）"效果

图 3.195　为序列图像图层添加键控效果

（6）将时间指示器拖到起始帧的位置，在"效果控件"面板中单击"Keylight（1.2）"效果组中"Screen Colour（屏幕颜色）"参数右侧的吸管按钮，并在合成面板中的绿色背景上单击，吸取要清除的颜色，如图 3.196 所示。

（7）将"Keylight（1.2）"效果组中的"Screen Gain（屏幕增益）"参数值设置为"115.0"，对抠像后的背景中残余的灰白像素进行抑制，如图 3.197 所示。

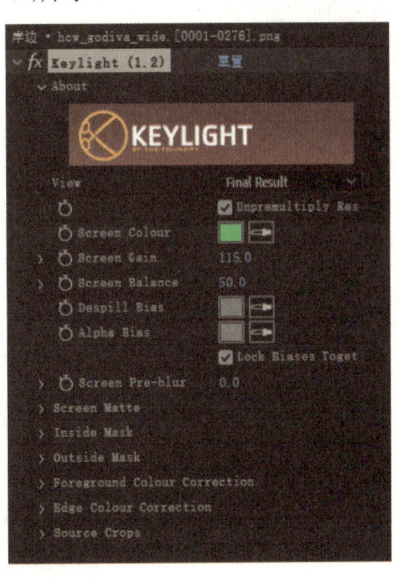

图 3.196　设置键控颜色　　　　　　图 3.197　设置"Screen Gain"参数

（8）选中序列图像图层，使用工具栏中的钢笔工具，在合成面板中沿人物的周围绘制一个封闭的蒙版，将场景中其他不需要的图像清除，如图 3.198 所示。使用钢笔工具抠图后，需要拖动时间指示器，观察整个视频，以防出现"穿帮"镜头。

图 3.198　绘制蒙版

（9）此时还有部分残余图像，需要进一步精细调整。切换至"Screen Matte（屏幕蒙版）"模式，如图3.199所示，合成面板将以"黑白"图像进行显示，其中黑色表示被抠掉的部分，白色表示保留的部分，灰色会以半透明方式显示，如图3.200所示。

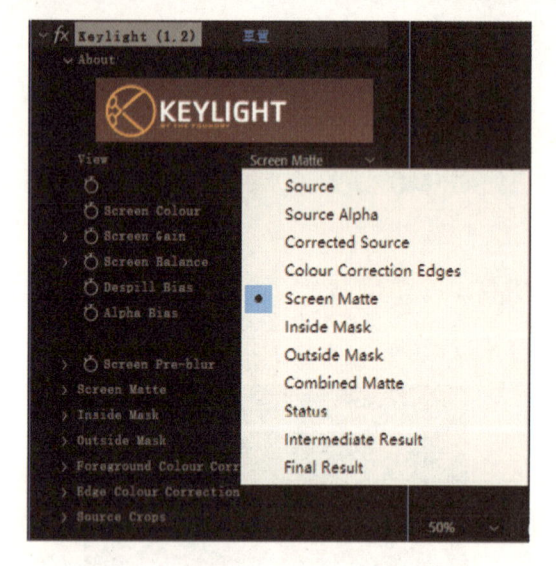

图3.199　切换至"Screen Matte"模式 　　　　图3.200　屏幕蒙版模式的显示效果

（10）展开"Screen Matte"选项，对"黑色"和"白色"进行修剪，如图3.201所示。切换至"Final Result（最终结果）"模式，观察最后抠图效果。

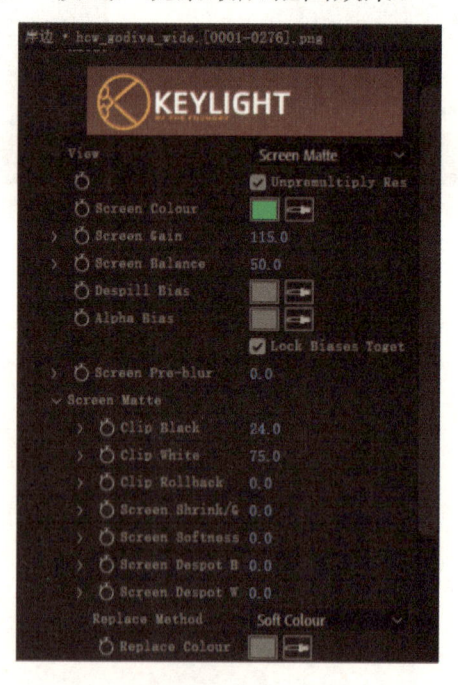

图3.201　黑色和白色的修剪参数

（11）按F快捷键，打开蒙版图层的"蒙版羽化"属性，并将其设置为"35.0"，使蒙版的边缘在一定的距离内变得柔和，与背景图像融合得更加自然，如图3.202所示。

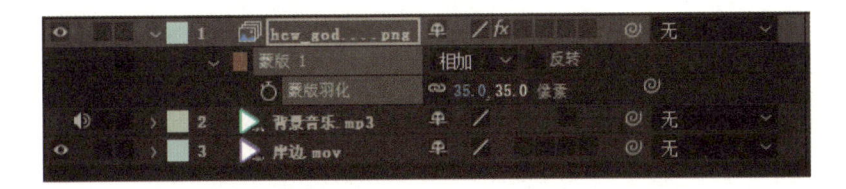

图 3.202 设置"蒙版羽化"属性

（12）按 P 快捷键，打开序列图像图层的"位置"属性，将人物调整至合适的位置，如图 3.203 所示。

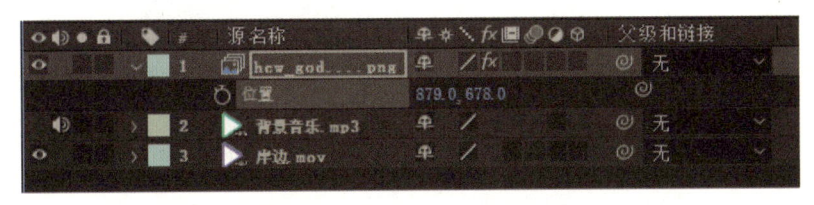

图 3.203 调整"位置"属性

（13）将"背景音乐.mp3"音频素材导入"项目"面板，并拖到时间线面板中，为该项目添加背景音乐。

（14）由于背景视频素材过长，因此拖动时间指示器至序列图像图层的结束位置，拖动"工作区域结束点"至当前位置并右击，在弹出的快捷菜单中选择"将合成修剪至工作区域"命令，如图 3.204 所示。

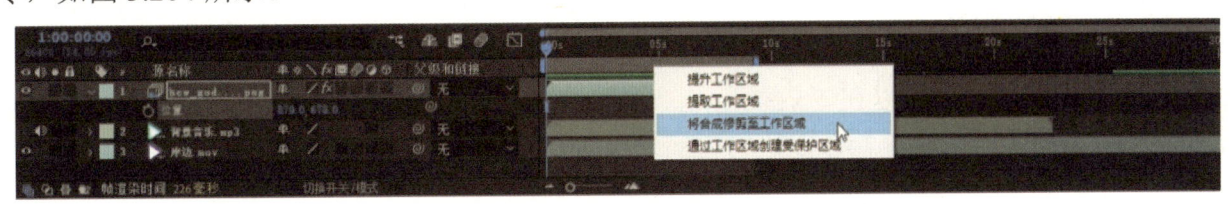

图 3.204 设置工作区域长度

至此，本任务已制作完成，按数字键盘上的 0 键可以预览效果，如图 3.205 所示。

图 3.205 最终效果

相关知识

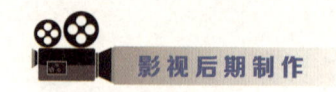

1. 键控抠像

抠像即键控技术，是影视制作领域中广泛采用的技术手段。当观众看到演员在绿色或蓝色构成的背景前表演时，这些背景在最终的影片中是无法见到的，这就运用了键控技术，使其他背景画面替换了蓝色或绿色，即"抠像"，如图3.206所示。

图3.206 绿屏抠像

当然，抠像并不是只能用蓝色或绿色的背景，只要是单一的、比较纯的颜色都可以，但是与演员的服装、皮肤的颜色反差越大越好，这样键控比较容易实现。After Effects 中内置了很多抠像特效，它们都可以在"效果"→"抠像"子菜单或"Keying"→"KeyLight（1.2）"子菜单中找到，如图3.207所示。

图3.207 "抠像"子菜单

2. 常用键控效果

1）线性颜色键

线性颜色键是一个标准的线性键，可以包含半透明的区域。线性颜色键根据 RGB 彩色信息或色相及饱和度信息，与指定的键控色进行比较，产生透明区域。"线性颜色键"效果可以指定一个色彩范围作为键控色，适用于大多数对象，但不适用于半透明对象，如图 3.208 所示。

图 3.208　"线性颜色键"效果

（1）预览：左侧为素材视图，用于显示素材画面的略图；右侧为预览视图，用于显示键控的效果。

（2）键控吸管：用于在素材视图中选择键控色。其中，加吸管 用于为键控色增加颜色范围，可以从素材视图或预览视图中选择颜色；减吸管 用于为键控色减去颜色范围，可以从素材视图或预览视图中选择颜色。

（3）视图：用于切换预览窗口和合成面板的视图。其中，"最终输出"选项用来显示最终结果，"仅限源"选项用来显示源素材，"仅限遮罩"选项用来显示遮罩视图。

（4）主色：设置基本键控色。用户可以通过颜色方块来选择，也可以使用吸管工具在合成窗中进行选择。

（5）匹配颜色：用于选择匹配颜色空间，一般选择"使用 RGB"。

（6）匹配容差：用于控制颜色容差范围。数值越小，颜色范围越小。

（7）匹配柔和度：用于调整匹配的柔和程度。

（8）主要操作：选择默认的"主色"选项，可以查看最终的抠像效果。

2）颜色差异键

"颜色差异键"效果将指定的颜色划分为 A、B 两个部分，并实施抠像操作。其中，在 A 图像中需要用吸管来指定将要变为透明的区域的颜色，而在 B 图像中也需要指定抠像区域的颜色，但这个颜色要与 A 图像中的颜色不同。通过这样的设置会产生两个遮罩，最后将这两个黑白图像相加，就会得到最终抠像后的透明区域，如图 3.209 所示。

图3.209 "颜色差异键"效果

（1）预览：用于显示调整的遮罩情况，单击下面的"A""B""α"按钮分别查看"遮罩A""遮罩B""Alpha遮罩"。

（2）键控吸管：用于从素材视图中选择键控色。

（3）黑吸管：用于在遮罩视图中选择透明区域。

（4）白吸管：用于在遮罩视图中选择不透明区域。

（5）视图：用于切换合成面板中的显示。该参数可以选择多种视图。

（6）主色：用于选择键控色。该参数可以使用调色板，或者用吸管在合成面板或"预览"选项下的缩略图中进行选择。

（7）颜色匹配精确度：用于设置颜色匹配的精度。

（8）与A部分相关的参数：对遮罩A的参数进行精确调整。

（9）与B部分相关的参数：对遮罩B的参数进行精确调整。

（10）与遮罩部分相关的参数：用于对Alpha遮罩的参数进行精确调整。

小贴士

要键控出蓝色背景，应选择默认的蓝色，因为键控色和实际颜色的差别不会影响透明。使用白吸管在Alpha遮罩视图的白色（不透明）区域最暗的部位单击，以便设置不透明区域。使用黑吸管在Alpha遮罩视图的黑色（透明）区域最亮的部位单击，以便设置透明区域。

另外，键控技术与遮罩结合使用，效果会更加完美。

3）Keylight（1.2）

该效果可以通过指定的颜色来对图像进行抠除，如图 3.210 所示。

图 3.210　"Keylight（1.2）"效果

（1）View（视图）：设置不同的图像视图。

（2）Screen Colour（屏幕颜色）：用来选择要抠除的颜色。

（3）Screen Gain（屏幕增益）：调整屏幕颜色的饱和度。

（4）Screen Balance（屏幕均衡）：设置屏幕的色彩平衡。

Despill Bias（）：消除溢色偏移。Alpha Bias（）：Alpha 偏移。在自动去除溢色效果不明显的情况下，可以与 Despill Bias 配合使用，一起用于对图像边缘进行反溢出调整。

（5）Screen Matte（屏幕蒙版）：调节图像黑白所占的比例，以及图像的柔和程度等。

（6）Inside Mask（内侧遮罩）：对内部遮罩进行调节。

（7）Outside Mask（外侧遮罩）：对外部遮罩进行调节。

（8）Foreground Colour Correction（前景色校正）：校正特效层的前景色。

（9）Edge Colour Correction（边缘色校正）：校正特效层的边缘色。

（10）Source Crops（源裁剪）：设置图像的范围。

3．经典键控流程

一个成功的键控需要注意很多细节，这些细节的处理需要不同的效果来实现。以下步骤为经典键控流程。

1）选色键

键控首先需要确定键出色彩，因此需要选择一个键控工具来拾取色键。After Effects 的抠像特效组中有很多色键键控效果，如"颜色差值键""线性颜色键""Keylight（1.2）"等效果。这里选用"颜色差值键"效果。

选择"效果"→"抠像"→"颜色差值键"命令，该效果在默认情况下会自动选择键出色，默认为蓝色。由于默认拾取色与背景蓝色不一定完全匹配，因此"冰淇淋"图片部分半透明，蓝色背景没有完全键出，如图 3.211 所示。

图 3.211　蓝色背景仍有残留

选择键控吸管工具，在原素材画面的蓝色背景处单击，重新拾取键出色，如图 3.212 所示。

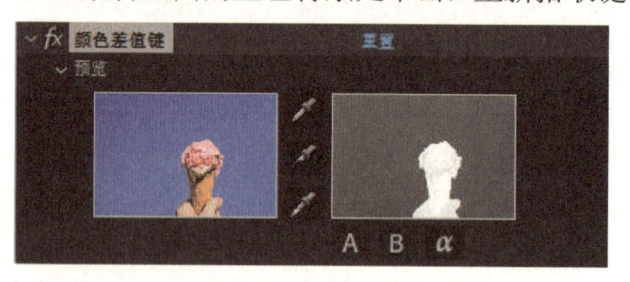

图 3.212　重新拾取键出色

2）调整蒙版

抠像的原理可以理解为在原始图层的基础上创建出一个黑白动态图像，其中白色代表该图层的显示区域，黑色代表该图层的透明区域，灰色代表该图层的半透明区域。

键控操作的主要工作内容就是处理这个黑白图像，只要被保留的对象为纯白，背景为纯黑，就可以达到键控目的，从而得到更精确的抠像效果。

使用黑吸管工具，观察遮罩图像，在半透明的蓝色背景区域拖动，可以将拖动处的灰色区域调整为纯黑色，从而使得背景透明，如图 3.213 所示。

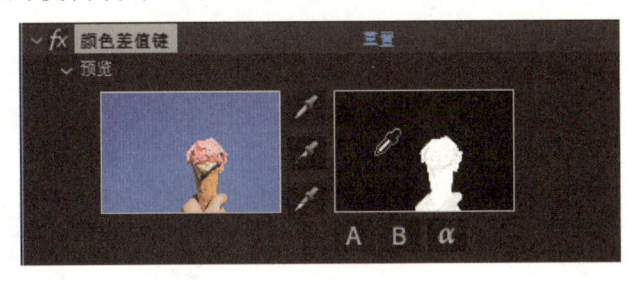

图 3.213　拖动黑吸管

使用白吸管工具，在半透明的"冰淇淋"区域拖动，可以将拖动处的灰色区域调整为纯白色，从而使前景得到更多的保留，如图 3.214 所示。

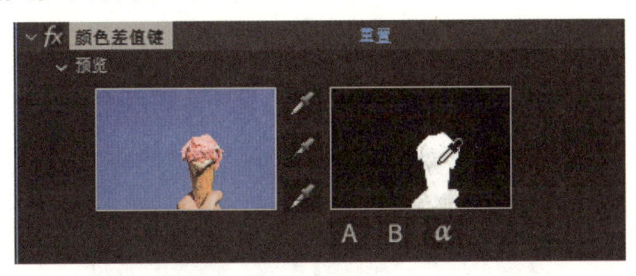

图 3.214　拖动白吸管

反复使用这两个工具对蒙版进行调整，直到前景纯白、背景纯黑为止。

使用吸管工具比较直观，但精确度不是很高，因此我们也可以使用"颜色差异键"效果的功能参数微调遮罩。

在"视图"下拉列表中，选择"已校正遮罩"选项，如图 3.215 所示。此时即可在合成面板中显示遮罩，如图 3.216 所示。

图 3.215　选择"已校正遮罩"选项

图 3.216　显示遮罩

调整"黑色遮罩""白色遮罩""遮罩灰度系数"参数的值，可以得到对比和细节都很好的遮罩，此时主体和背景黑白分明，具体参数可参考图 3.217。

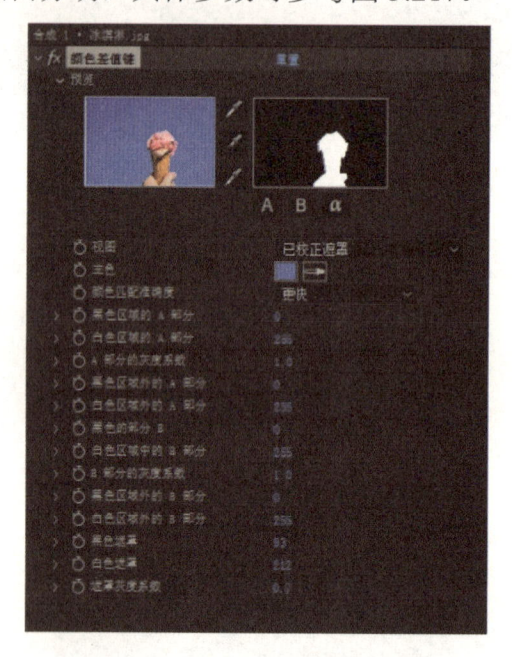

图 3.217　调整后的参数设置

至此，冰淇淋主体基本从背景中抠取出来了。

3）边缘控制

由于光线传播的一些特性，物体的边缘部分会与周围环境有一定的融合，这样会造成冰淇淋边缘带有一些蓝背光。同时，为了得到宽容度更高的选区，画面中有些噪点并没有完全去除，这些都需要通过边缘控制来处理。After Effects 提供了一组特效专门处理半透明边缘区域，包含收缩、扩展、平滑和柔化等。

选择"效果"→"遮罩"→"遮罩阻塞工具"命令，可以添加"遮罩阻塞工具"效果，如图 3.218 所示。

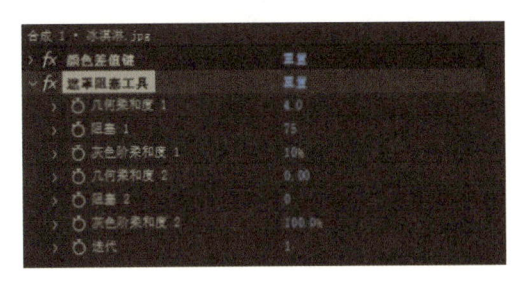

图 3.218　添加"遮罩阻塞工具"效果

（1）几何柔和度：产生边缘平滑效果。

（2）阻塞：产生收边或扩边效果。

（3）灰色阶柔和度：产生边缘羽化效果。

每个参数都可以设置两次，其效果可叠加。

在对边缘进行收缩与柔化处理后，冰淇淋边缘真实自然许多，边缘的一些小瑕疵也由于平滑与收缩的原因自动消失。为了进一步加强艺术效果，可以使街道背景适当模糊一下，如图 3.219 所示。

图 3.219　最终合成效果

4）匹配环境色

有时需要对主体进行调色，以便匹配新的场景，甚至给主体与背景赋予一种环境色或调色影调，以便使场景更加真实。如果背景有运动，则需要进行运动跟踪处理。

项目小结

本项目通过 8 个任务学习了影视后期合成所需要的常规技能及一些实战技巧。基于图层的动画设计方法，蒙版的创建和控制，如何利用运动跟踪功能来跟踪和稳定画面，如何设置及运用文字图层来增强画面效果，各种特效及其综合运用，三维合成及摄像机运动，抠像技术等，这些内容涵盖了 After Effects 2022 视频编辑所需的常用技能。这也为后续项目的学习提供了基础，为创作出富有创意和灵感的视频作品做好了铺垫。

对初学者来说，本项目的学习方法以模仿为主，但要边做边想，思考为什么要这样做，在做的同时要记住关键的概念和步骤。同时，要多学习和积累相关的专业知识，在色彩、构图、镜头把握上要多注意，以提高自己的综合能力。

项目思考

1. 如何添加和删除关键帧？
2. 在 After Effects 中灯光有几种类型，分别有什么特点？
3. 如何创建蒙版？蒙版的作用是什么？
4. 运动跟踪的原理是什么？
5. 点文字和段落文字的区别是什么？
6. 常用的色彩调整方法有哪些？
7. 键控抠图的原理是什么？有哪些常用方法？

项目实训

1. 打开配套的素材文件夹，为给定的 6 张素材图片制作翻书效果。
2. 打开配套的素材文件夹，为给定的图片素材制作画面朦胧效果。
3. 打开配套的素材文件夹，制作三维文字投影效果。
4. 打开配套的素材文件夹，运用跟踪技术，将室外空白的广告牌换为家具广告。
5. 打开配套的素材文件夹，综合运用调色效果，为风景图片调色。
6. 打开配套的素材文件夹，将狮子图片的蓝色背景替换为蓝天。

项目 4　音频处理

项目目标

- 熟悉 Audition 的工作环境和特点。
- 掌握音频处理的原理和基本方法。

项目描述

虽然 Premiere 和 After Effects 中都包含了音频编辑、混音和录制工具，但它们并没有提供用于复杂音频编辑的工具。当需要编辑相对复杂的音频文件时，可以借助专业的音频制作软件——Audition。

Audition 是一款完善的工具集，其中包含用于创建、混合、编辑和复原音频内容的多轨、波形和光谱显示功能。使用 Audition 不仅能加快视频制作的工作流程和音频修整的速度，还能实现带有纯净声音的精美混音效果。

任务 1　波形编辑器

任务目标

- 熟悉波形编辑器界面的组成。
- 掌握单轨音频特效的添加方法。

任务描述

Audition 2022 包括两种音频编辑器状态，即波形编辑状态与多轨合成编辑状态；还包括两种音乐频谱显示方式，即频谱频率显示和频谱音高显示。本任务主要介绍在 Audition2022 的波形编辑器界面中如何为音频素材添加各种效果。

任务分析

在 Audition 2022 中，波形编辑器主要是针对单轨音乐进行编辑的场所，只能编辑单个音频文件，不能进行音乐的混音处理。

以下两种情况都需要应用单轨编辑模式。

（1）当只需要处理单轨音乐时，就可以在波形编辑器中进行音效处理。

（2）在进行混音处理的过程中，如果需要对其中某一段音乐进行剪辑，则可以在波形编辑器中处理多轨音乐中的某一段音频文件。

下面介绍在波形编辑器中编辑单轨音乐的操作方法。

操作步骤

1. 静音

（1）在文件调板的空白处双击，或者按 Ctrl+O 组合键，打开"音乐 1.mp3"音频文件，如图 4.1 所示。

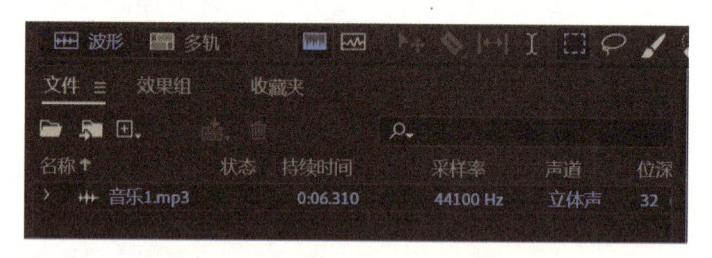

图 4.1　打开"音乐 1.mp3"音频文件

（2）在工具栏中单击"波形"按钮 ，即可进入波形编辑器状态，用于查看音频文件的音波效果，如图 4.2 所示。

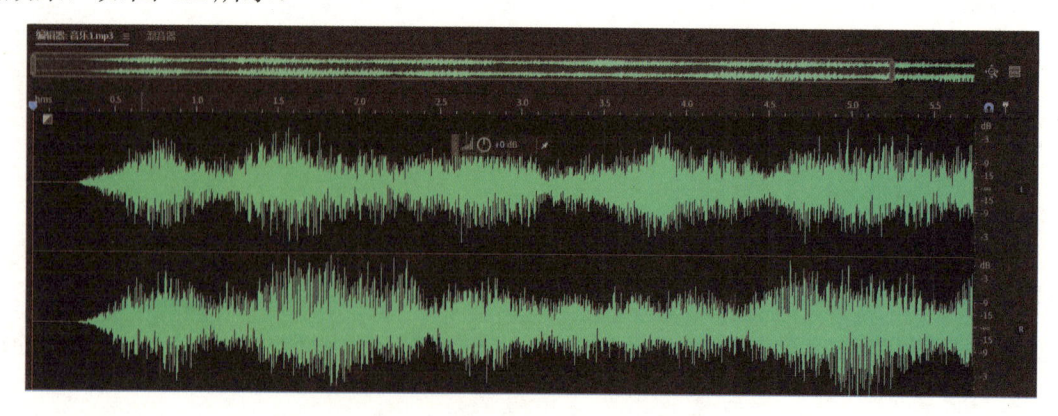

图 4.2　查看音频文件的音波效果

（3）在波形编辑器界面中，选中后段音频素材并右击，在弹出的快捷菜单中选择"静音"命令，如图 4.3 所示。

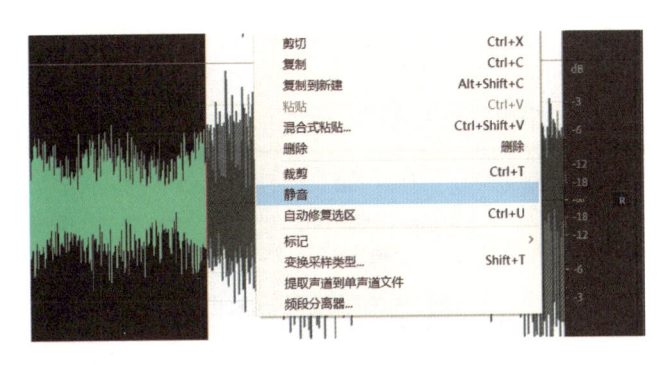

图 4.3 选择"静音"命令

（4）此时，后半段音频素材被调为静音，并且看不到任何音波效果，如图 4.4 所示。

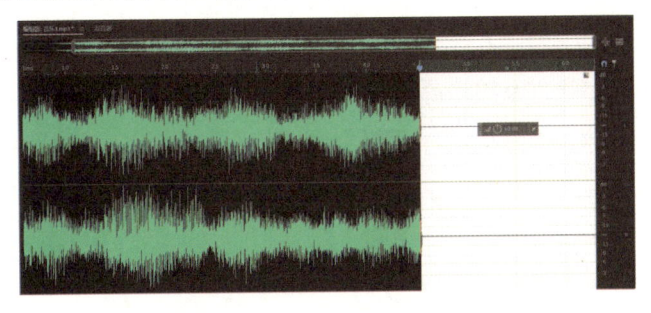

图 4.4 将后半段音频调为静音

2．音频降噪

（1）自己录制一段朗诵的语音，在一般情况下，录制的声音中都会或多或少地夹杂着一些噪声，如图 4.5 所示。

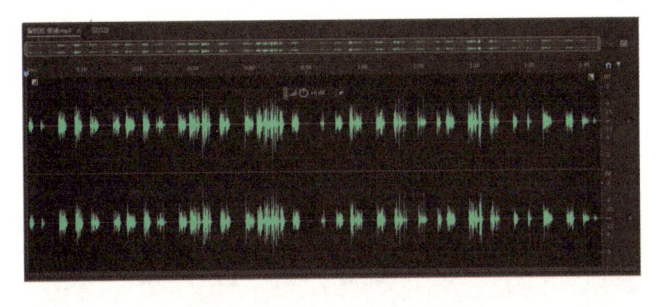

图 4.5 自己录制的声音

（2）放大显示波形，找到一段停顿的噪声区域，创建选区，如图 4.6 所示。

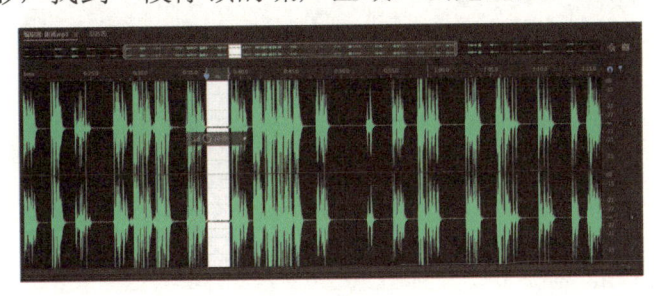

图 4.6 创建选区

（3）单击"播放"按钮，监听声音内容，确定是否为一段噪声。如果选区有错误，把正常朗读的声音也选了进来，则重新创建选区，直到选区内只包含噪声为止。

（4）选择"效果"→"降噪/恢复"→"捕捉噪声样本"命令，如图 4.7 所示。

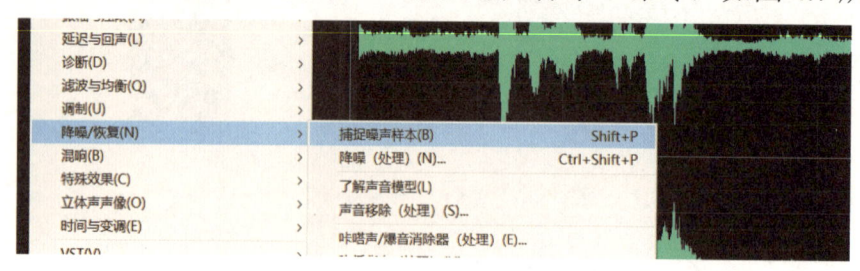

图 4.7　选择"捕捉噪声样本"命令

（5）选中全部波形，选择"效果"→"降噪/恢复"→"降噪（处理）"命令，如图 4.8 所示。

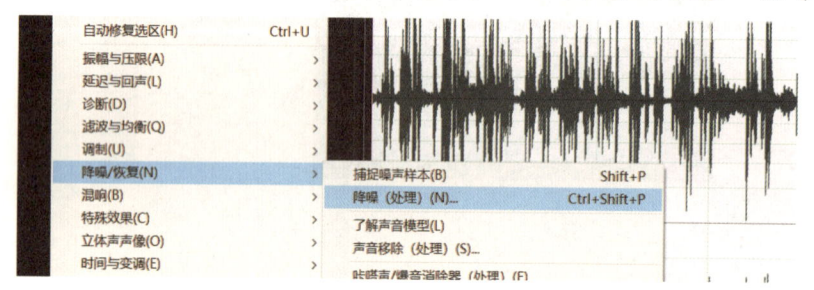

图 4.8　选择"降噪（处理）"命令

（6）弹出"效果-降噪"对话框，其中显示已采集的噪声样本数据，单击"应用"按钮，如图 4.9 所示。

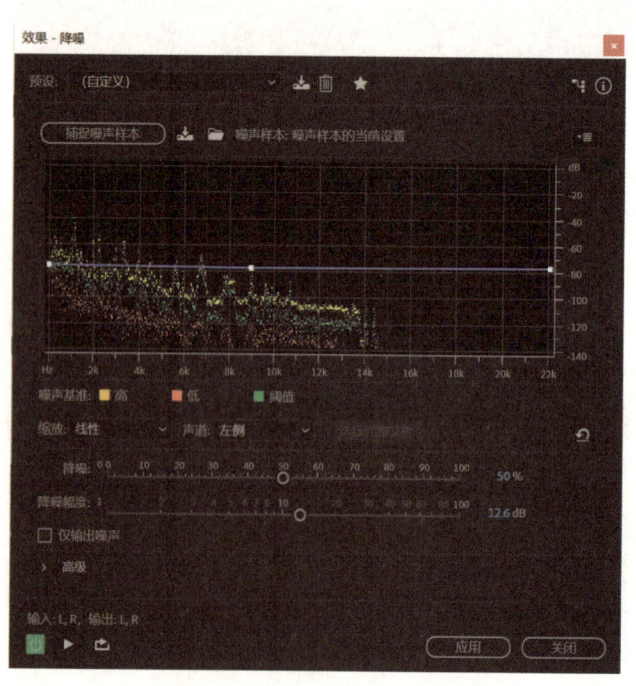

图 4.9　"效果-降噪"对话框

（7）在降噪处理后的声音波形中，有语音停顿的那些波形基本都变成一条很细的直线，这说明降噪成功，如图 4.10 所示。

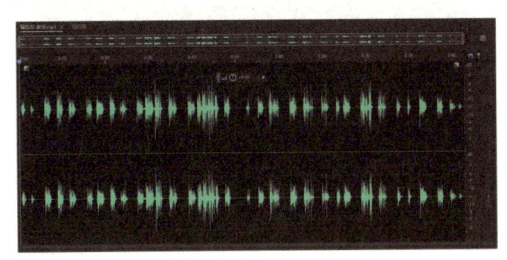

图 4.10　降噪处理后的声音波形

（8）最后，保存文件即可。

3．整体调整声音的振幅

（1）录制一段朗诵的声音，其波形如图 4.11 所示。

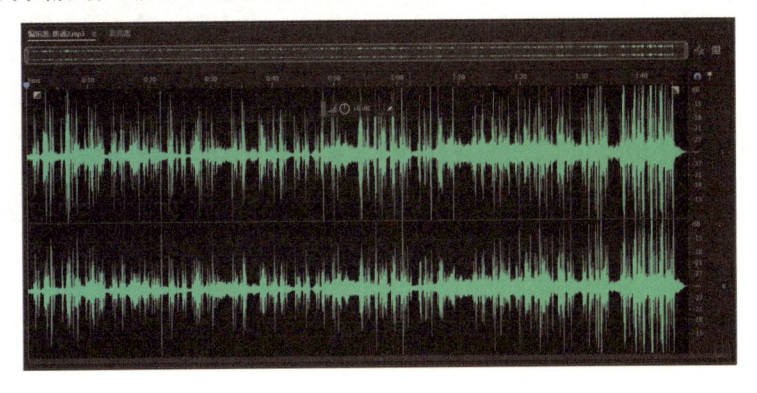

图 4.11　录制的朗诵声音的波形

（2）按下全选的 Ctrl+A 组合键，或者不创建任何选区，选择"效果"→"振幅与压限"→"标准化（处理）"命令，如图 4.12 所示。

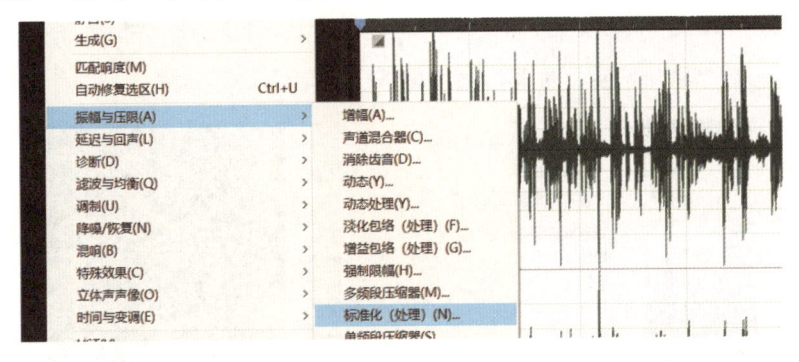

图 4.12　选择"标准化（处理）"命令

（3）在弹出的"标准化"对话框中，勾选"标准化为"复选框，并将其设置为"100.0%"，同时勾选"平均标准化全部声道"复选框，单击"应用"按钮，如图 4.13 所示。

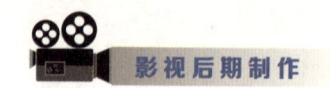

图4.13 "标准化"对话框

（4）处理后的波形振幅明显增大，如图4.14所示。观察振幅是否理想，如果不理想，则需要重新设置标准化的参数；如果比较理想，则只需整体调整一段声音的振幅即可。

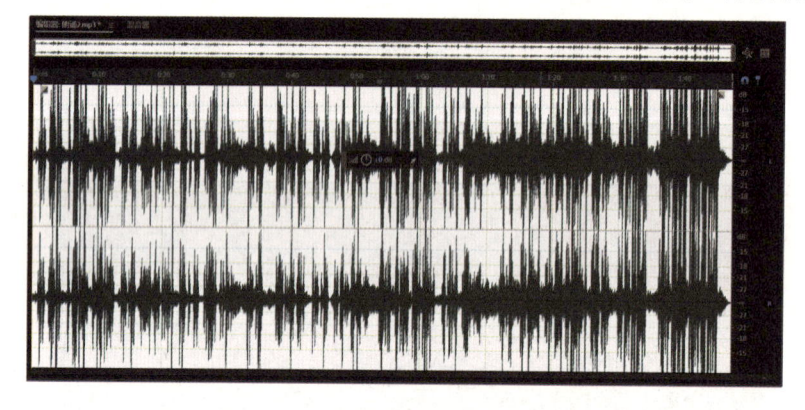

图4.14 增加振幅后的波形

（5）保存文件。

4．为声音文件添加淡入、淡出效果

（1）启动 Audition 2022 软件，打开"音乐3.mp3"和"音乐4.mp3"音频文件，切换到波形编辑器界面。

（2）打开"音乐3.mp3"音频文件，监听其内容，选择其中一部分并右击，在弹出的快捷菜单中选择"复制到新建"命令，如图4.15所示。

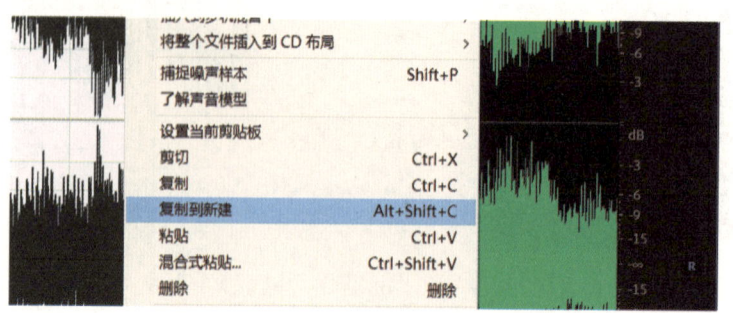

图4.15 选择"复制到新建"命令

（3）打开新文件，在新文件中选择结尾处的一段波形，如图4.16所示。

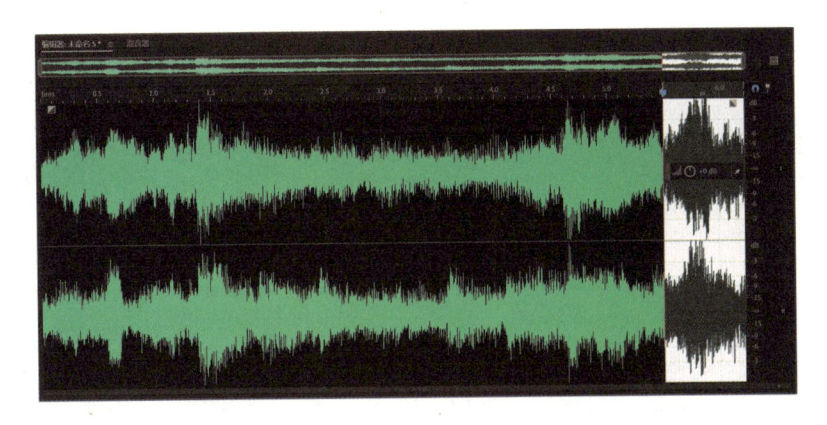

图 4.16　选择结尾处的一段波形

（4）选择"效果"→"振幅与压限"→"淡化包络（处理）"命令，如图 4.17 所示。

图 4.17　选择"淡化包络（处理）"命令（1）

（5）在"效果-淡化包络"对话框中，将"预设"设置为"线性淡出"，单击"应用"按钮，如图 4.18 所示。

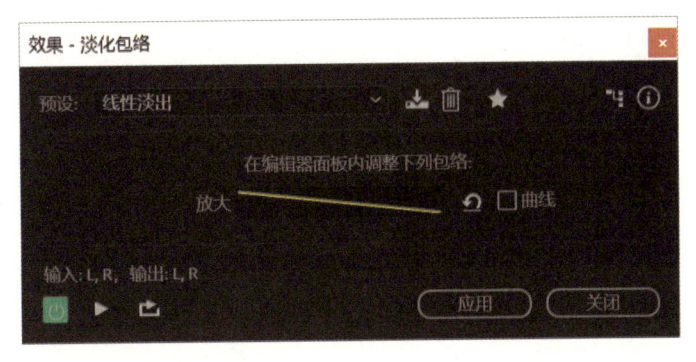

图 4.18　"效果-淡化包络"对话框（2）

（6）应用淡出效果后的波形振幅是逐渐变小的，如图 4.19 所示。选择"文件"→"另存为"命令，在弹出的对话框中将文件保存为"淡出 1.mp3"。

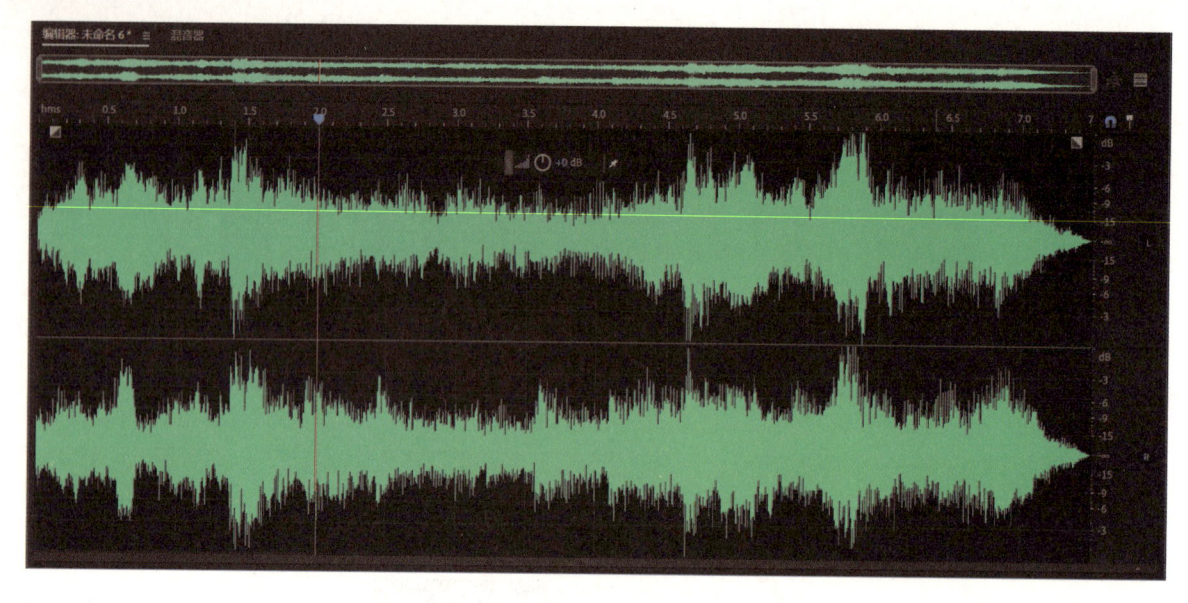

图 4.19　淡出效果

（7）打开"音乐 4.mp3"音频文件，选择开头一段波形，选择"效果"→"振幅与压限"→"淡化包络（处理）"命令，如图 4.20 所示。

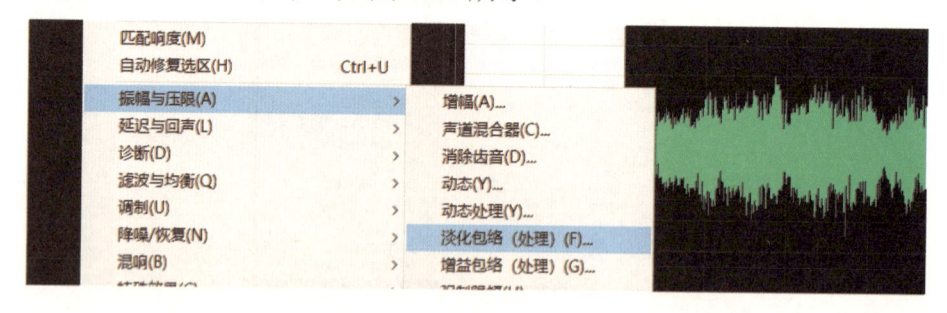

图 4.20　选择"淡化包络（处理）"命令（2）

（8）在"效果-淡化包络"对话框中，将"预设"设置为"线性淡入"，单击"应用"按钮，如图 4.21 所示。

图 4.21　"效果-淡化包络"对话框（2）

（9）应用淡入效果后的波形振幅是由小逐渐变大的，如图 4.22 所示。选择"文件"→"另存为"命令，在弹出的对话框中将文件保存为"淡入 1.mp3"。

项目 4　音频处理

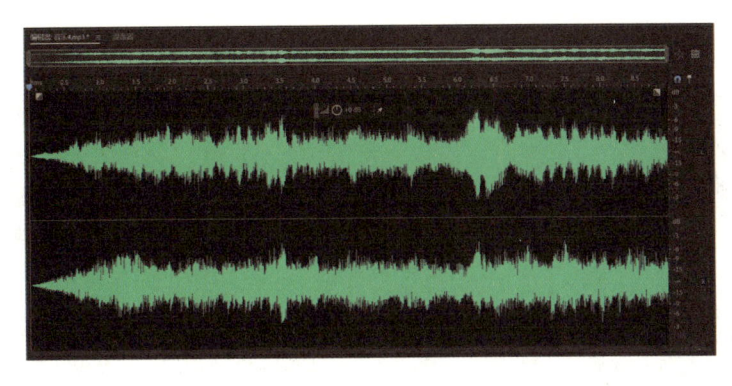

图 4.22　淡入效果

（10）打开"淡出 1.mp3"音频文件，选择"文件"→"打开并附加"→"到当前文件"命令，如图 4.23 所示。在弹出的"打开并附加到当前文件"对话框中，选择"淡入 1.mp3"文件，如图 4.24 所示。

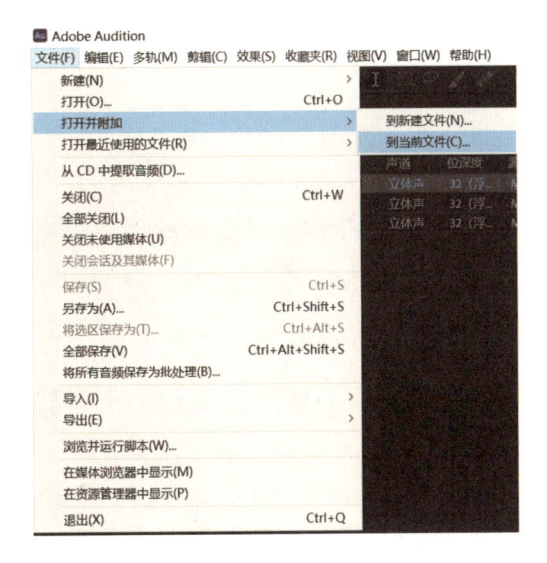

图 4.23　选择"到当前文件"命令

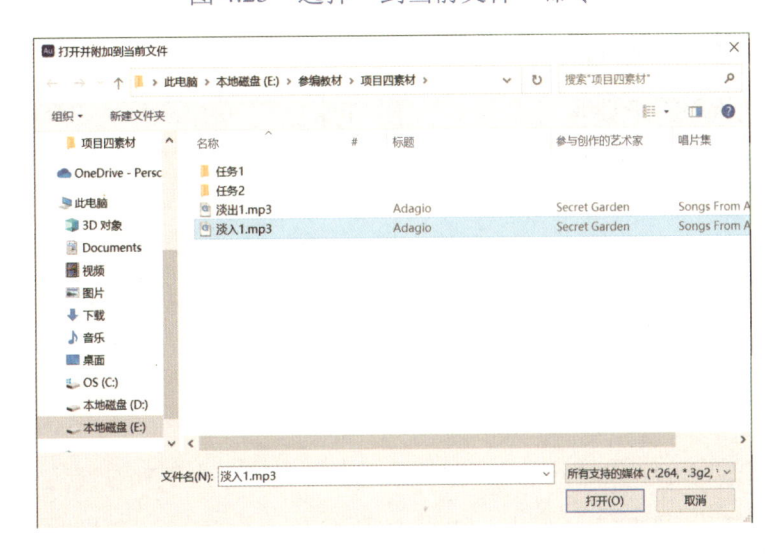

图 4.24　"打开并附加到当前文件"对话框

211

（11）从波形编辑器界面的波形中可以看出，两个文件已经连接在一起了，如图 4.25 所示。

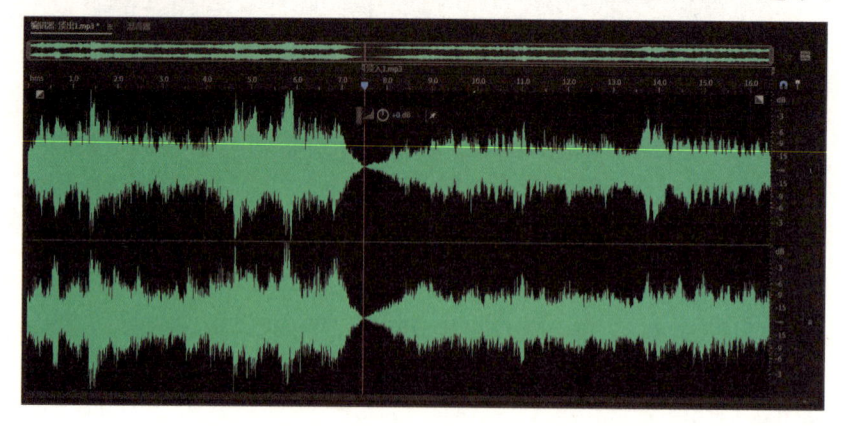

图 4.25　连接在一起的两个文件

（12）单击"传输"面板中的"播放"按钮▶，监听两首音乐过渡是否自然。如果效果比较理想，就将文件保存为"淡化效果的串烧音乐.mp3"。如果效果不理想，就需要重新调整。

相关知识

音频是个专业术语，人类能够听到的所有声音都被称为音频，因此它可能包括噪声等。声音被录制下来后，无论是说话声、歌声还是乐器声，都可以通过数字音乐软件进行处理，或者将其制作成 CD，这时所有的声音没有改变。这是因为 CD 本来就是音频文件的一种类型，而音频只是储存在计算机中的声音。下面主要介绍关于音频的基础知识。

1．音频信号

音频信号（Audio）是一种带有语音、音乐和音效且有规律的声波频率和幅度变化的信息载体。根据声波的特征，音频信息可以分为规则音频和不规则声音。其中，规则音频又可以分为语音、音乐和音效。规则音频是一种连续变化的模拟信号，可以用一条连续的曲线来表示，也被称为声波。声音的三要素是音调、音强和音色。声波或正弦波有频率、幅度和相位 3 个重要参数，决定了音频信号的特征。

1）频率与音调

频率是指信号每秒钟变化的次数。人对声音频率的感觉表现为音调的高低，在音乐中被称为音高。音调正是由声音频率决定的。

2）音强

人耳对声音细节的分辨，只有在强度适中时，才最灵敏。人的听觉响应与强度成对数关系。一般的人只能察觉出 3 分贝的音强变化，再细分则没有太大意义。我们常用音量来描述音强，以分贝（dB＝20log）为单位。在处理音频信号时，绝对强度可以放大，但其相对强度更有意义，一般用动态范围定义，即动态范围=20xlog（信号的最大强度/信号的最小强度）。

3）采集方式

电台等因为其自办频道的广告、新闻、广播剧、歌曲和转播节目等音频信号的电平大小不一，导致节目播出时，音频信号忽大忽小，严重影响收听效果。在转播时，因为传输距离等因素，也会导致信号的输出端存在信号大小不一的现象。

过去，对大音频信号采用限幅方式，即对大信号进行限幅输出，对小信号不予处理。这样一来，仍然存在音频信号过小时可自行调节音量，但也会影响收听效果。随着电子技术、计算机技术和通信技术的迅猛发展，数字信号处理技术已广泛深入人们生活的各个领域。

2．对音频信息进行标准压缩

因为音频信号数字化以后需要很大的存储容量来存放，所以很早就有人开始研究音频信号的压缩问题。音频信号的压缩不同于计算机中二进制信号的压缩。在计算机中，二进制信号的压缩必须是无损的，即信号经过压缩和解压缩以后，必须和原来的信号完全一样，不能有一个比特的错误，这种压缩被称为无损压缩。但是音频信号的压缩可以是有损的，只要压缩以后的声音和原来的声音听上去一样就可以了。因为人的耳朵对某些失真并不灵敏，所以压缩时的潜力就比较大，也就是压缩的比例可以很大。音频信号在采用各种标准的无损压缩时，其压缩比顶多可以达到1.4倍，但在采用有损压缩时，其压缩比就可以很高。

3．了解数字音频的硬件设备

数字音频技术中的硬件设备属于物理装置，硬件技术是数字音频技术中有形的部分，数字化技术的诞生都是从硬件的开发与发展开始的。下面主要向读者介绍多种数字音频硬件设备的相关基础知识。

1）认识拾音设备

拾音设备主要是指用来收集声音的设备，这些声音包括说话声、清唱声、合唱声及演奏乐器声等。拾音设备是指麦克风（话筒）设备，主要是将声音的振动信号转换为电信号。

2）认识信号转换设备

模拟/数字音频信号转换设备主要是指声卡。声卡的主要功能是实现模拟信号与数字信号的互换，一方面它可以把来自传声器、磁带和合成器等外部模拟音频信号转换为数字信号传输到计算机中；另一方面它也可以将存储在计算机硬盘上的音频数据转换为模拟信号输出到耳机、扬声器和磁带等外部模拟设备中。

声卡的模拟/数字音频转换设备的质量直接决定了数字音频的质量，因此拥有一块品质优良的声卡对数字音频的编辑制作来说十分重要。专业声卡可分为板卡式和外置式两种。

3）认识调音台

调音台也被称为调音控制台，可以将多路输入信号进行放大、混合、分配、音质修饰和音响效果加工，是现代电台广播、舞台扩音、音响节目制作等系统中进行播送和录制节目的重要设备。调音台按信号出来方式可分为模拟调音台和数字调音台。

现代的数字调音台除了具备模拟调音台的一切功能，还具备频率处理、动态处理和时间处理等外部音频处理硬件的功能，有的甚至可以录制存储音频的数据信号，使其变成了一种专用音频工作站。

数字调音台从设计思想上就是一种基于硬件的封闭系统，所以软件升级困难，更新换代缓慢，且价格十分昂贵。面对日新月异的计算机技术，它逐渐变得落伍了。现在的数字声卡和数字音频工作站大都已经具备调音台的全部功能，并且可以存储海量数据，使操作更为方便。虽然小型的数字音频制作系统完全可以不配备调音台，但是在某些大型的制作中，调音台还是系统的主要设备之一。常见的数字调音台如图 4.26 所示。

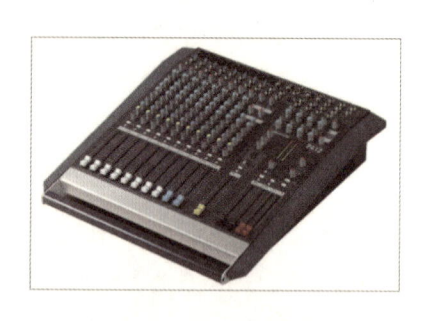

图 4.26　数字调音台

Audition 音乐编辑软件也提供了调音台功能，在软件的调音台中可以对音频进行简单的调音编辑操作。图 4.27 所示为 Audition 2022 软件提供的调音台——"混音器"面板。

图 4.27　"混音器"面板

4. 认识数字音频的常见格式

数字音频是用来表示声音强弱的数据序列,由模拟声音经抽样、量化和编码后得到。简单地说,数字音频的编码方式就是数字音频格式,不同的数字音频设备对应着不同的音频文件格式。常见的音频格式有 MP3、MIDI、WAV、WMA 及 CDA 等,下面主要针对这些音频格式进行简单的介绍。

1)MP3 格式:降低数字音频的数字量

MP3 是一种音频压缩技术,其全称是动态影像专家压缩标准音频层面 3(Moving Picture Experts Group Audio Layer Ⅲ),被设计用来大幅度地降低音频数据量。MP3 利用 MPEG Audio Layer Ⅲ的技术,将音乐以 1∶10 甚至 1∶12 的压缩率,压缩成容量较小的文件,而对大多数用户来说,重放的音质与最初的不压缩音频相比没有明显的下降。它是在 1991 年由位于德国埃尔朗根的 Fraunhofer-Gesellschaft 研究组织的一组工程师发明和标准化的。用 MP3 形式存储的音乐被称为 MP3 音乐,能播放 MP3 音乐的机器被称为 MP3 播放器。

目前,MP3 成为非常流行的一种音乐文件,原因是 MP3 可以根据不同的需求采用不同的采样率进行编码。其中,128 kbit/s 音频码率的音质接近于 CD 音质,而其大小仅为 CD 音乐的 10%。

2)MIDI 格式:用声卡将声音进行合成

MIDI 也被称为乐器数字接口,是数字音乐电子合成乐器的统一国际标准。它定义了计算机音乐程序、数字合成器及其他电子设备交换音乐信号的方式,规定了不同厂家的电子乐器与计算机连接的电缆和硬件及设备间数据传输的协议,以便模拟多种乐器的声音。

MIDI 文件就是 MIDI 格式的文件,在 MIDI 文件中存储的是一些指令,把这些指令发送给声卡,声卡就可以按照指令将声音合成出来。

3)WAV 格式:采用压缩算法的波形文件

WAV 格式是微软公司开发的一种声音文件格式,也被称为波形声音文件,是最早的数字音频格式,受 Windows 平台及其应用程序的支持。WAV 格式支持许多压缩算法,支持多种音频位数、采样频率和声道,采用 44.1kHz 的采样频率,16 位的量化位数,因此 WAV 的音质与 CD 的相差无几,但 WAV 格式对存储空间的需求太大,不便于交流和传播。

4)WMA 格式:通过减少流量来保持音质

WMA 是微软公司在因特网音频、视频领域的力作。WMA 格式可以通过减少数据流量但保持音质的方法来达到实现更高压缩率的目的。其压缩率一般可以达到 1∶18。另外,WMA 格式可以通过 DRM(Digital Rights Management)方案防止被复制,也可以通过限制播放时间、播放次数和播放机器，从而有力地防止盗版。

5）CDA 格式：提供用户享受的原始声音

在大多数播放软件的"打开文件类型"中，都可以看到*.cda 格式，这就是 CD 音轨。标准 CD 格式也就是 44.1 kHz 的采样频率，速率 88 kbit/s，16 位的量化位数。因为 CD 音轨可以说是近似无损的，所以它的声音基本上是忠于原声的。如果用户是一个音响爱好者的话，则 CD 是首选，因为它会让用户感受到天籁之音。

CD 光盘可以在 CD 唱机中播放，也可以在计算机的各种播放软件中播放。一个 CD 音频文件是一个*.cda 文件，因为这只是一个索引信息，并不是真正包含声音的信息，所以无论 CD 音乐是长还是短，在计算机中看到的*.cda 文件都是 44 字节长。

6）其他格式

除了上述介绍的 5 种音频格式，Audition 软件还支持 MP4、AAC、AVI 及 MPEG 等音频与视频格式，下面对这些格式进行简单的介绍。

（1）MP4。

MP4 采用的是美国电话电报公司（AT&T）研发的以"知觉编码"为关键技术的 A2B 音乐压缩技术，由美国网络技术公司（GMO）及 RIAA 联合公布的一种新型音乐格式。MP4 在文件中采用了保护版权的编码技术，只有特定的用户才可以播放，有效地保护了音频版权的合法性。

（2）AAC。

AAC（Advanced Audio Coding，高级音频编码）出现于 1997 年，基于 MPEG-2 的音频编码技术。由诺基亚和苹果等公司共同开发，目的是取代 MP3 格式。AAC 是一种专为声音数据设计的文件压缩格式，与 MP3 不同，它采用了全新的算法进行编码，更加高效，具有更高的"性价比"。利用 AAC 格式，可使人感觉声音质量在没有明显降低的前提下，更加小巧。相对于 MP3，AAC 格式的音质更佳、文件更小。但是，AAC 属于有损压缩的格式，与时下流行的 APE、FLAC 等无损格式相比，音质存在"本质上"的差距。

（3）AVI。

AVI（Audio Video Interleaved，音频视频交错格式）是将语音和影像同步组合在一起的文件格式。它对视频文件采用了一种有损压缩方式，且压缩比较高，因此尽管画面质量不是太好，但其应用范围仍然非常广泛。AVI 支持 256 色和 RLE 压缩。AVI 信息主要应用在多媒体光盘上，用来保存电视、电影等各种影像信息。它的好处是兼容性好、图像质量高、调用方便，但尺寸有点偏大。

(4) MPEG。

MPEG（Motion Picture Experts Group）类型的视频文件是由 MPEG 编码技术压缩而成的，被广泛应用于 VCD/DVD 及 HDTV 的视频编辑与处理中。MPEG 标准的视频压缩编码技术主要利用了具有运动补偿的帧间压缩编码技术来减小时间冗余度，还利用了 DCT 技术来减小图像的空间冗余度，利用了熵编码来减小信息表示方面的统计冗余度。这几种技术的综合运用，大大增强了压缩性能。

(5) QuickTime。

QuickTime 是苹果公司提供的系统及代码的压缩包，拥有 C 和 Pascal 的编程界面，更高级的软件可以用它来控制时基信号。应用程序可以用 QuickTime 来生成、显示、编辑、复制、压缩影片和影片数据。除了处理视频数据，诸如 QuickTime 3.0 还能处理静止图像、动画图像、矢量图、多音轨及 MIDI 音乐等对象。到目前为止，QuickTime 共有 4 个版本，其中以 4.0 版本的压缩率最好，是一种优秀的视频格式。

(6) ASF。

ASF（Advanced Streaming Format）是 Microsoft 为了和现在的 Real Player 竞争而发展起来的一种可以直接在网上观看视频节目的文件压缩格式。由于 ASF 使用了 MPEG-4 的压缩算法，因此压缩率和图像的质量都很不错。ASF 是以一个可以在网上即时观赏的视频流格式存在的，因此它的图像质量比 VCD 差一些，但比同为视频流格式的 RMA 格式要好。

任务 2　多轨混音的制作

任务目标

- 了解多轨编辑器界面的组成。
- 掌握多轨混音的制作方法。

任务描述

在 Audition 2022 中编辑多轨音频素材之前，首先需要创建多轨声道，包括单声道、立体声、5.1 音轨、视频轨等。

任务分析

在 Audition2022 中，除了波形编辑器界面，还有另一个重要的界面——多轨合成界面，多轨合成界面不仅支持多条轨道，还能将各个轨道中的声音素材按照参数设置合成并输出音频。

操作步骤

（1）启动 Audition 2022 软件，切换至多轨编辑器界面，新建多轨项目文件"配乐朗诵混音"，如图 4.28 所示。

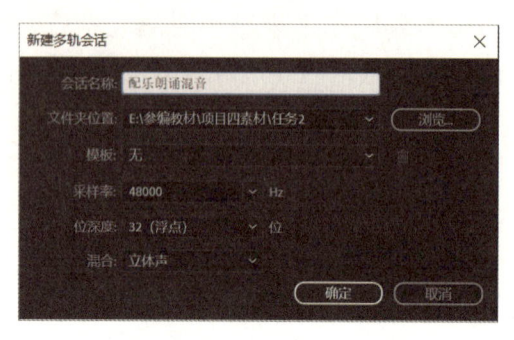

图 4.28　新建多轨项目文件

（2）将"诗歌朗诵.mp3""配乐.mp3""环境音.mp3"素材导入。

（3）将 3 个素材分别拖到"轨道 1""轨道 2""轨道 3"中，如图 4.29 所示。

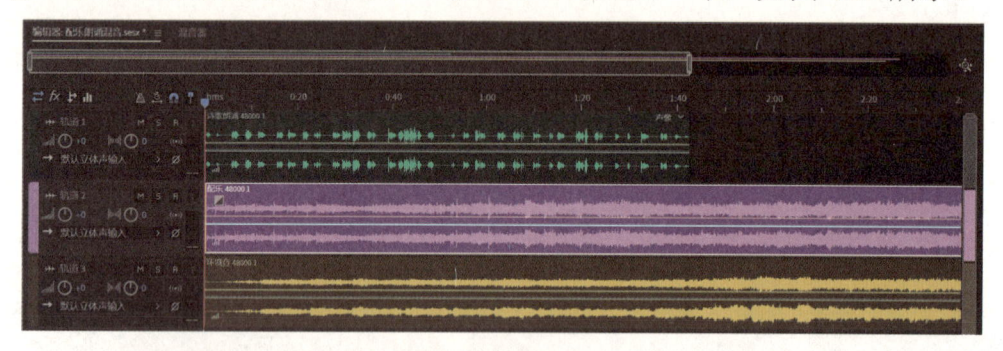

图 4.29　将素材拖到声轨中

（4）使用移动工具调整各个音频块的位置和时长。将诗歌朗诵向后移动一些，从而制造一点前奏的感觉。

（5）使用切断所选剪辑工具，将环境音裁剪得与前奏时长一致，如图 4.30 所示。

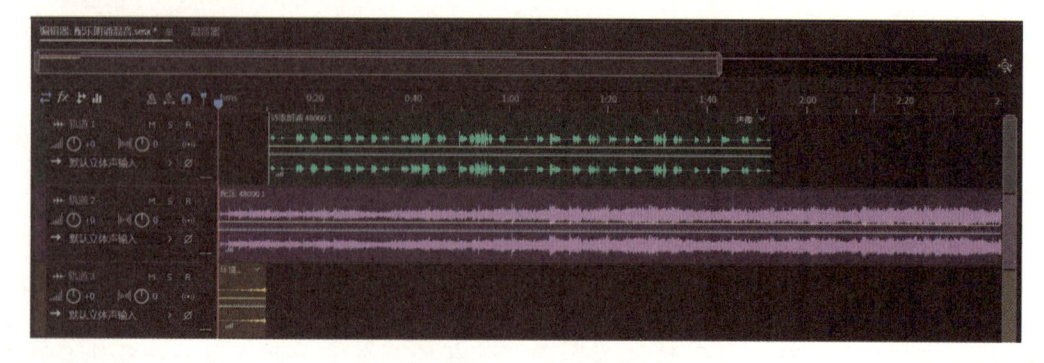

图 4.30　调整各个音频的位置和时长

（6）此时，朗读音量偏小，配乐音量偏大，环境音的出现和消失都较为突然，因此将"轨道 2"中配乐的输出音量降低 20 分贝,如图 4.31 所示。为"轨道 3"中的环境音设置淡入、淡出效果,如图 4.32 所示。

图 4.31　降低"轨道 2"中配乐的输出音量

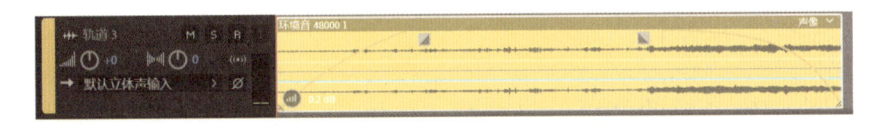

图 4.32　为"轨道 3"中的环境音设置淡入、淡出效果

(7)选中"轨道 3"对其进行复制,将时间指示器定位在"轨道 1"的结尾处进行粘贴。将"轨道 2"中配乐结尾处多余的波形删除,并设置淡出效果。最终,3 个轨道的设置效果,如图 4.33 所示。

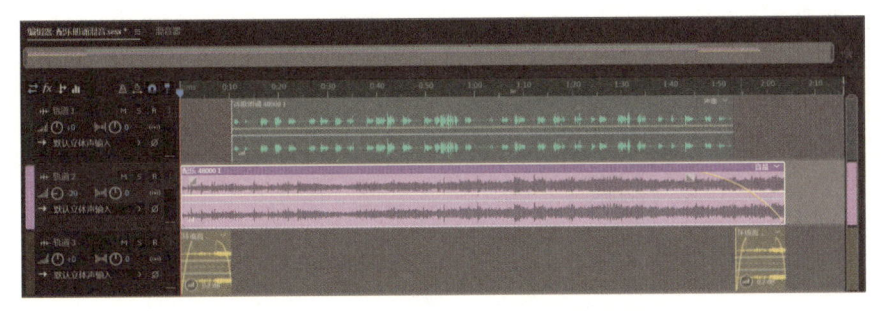

图 4.33　3 个轨道的设置效果

(8)导出成品。选择"文件"→"导出"→"多轨混音"→"整个会话"命令,在弹出的"导出多轨混音"对话框中将整个项目混音成 MP3 格式的文件,如图 4.34 所示。这样一首诗歌朗诵配乐就完成了。

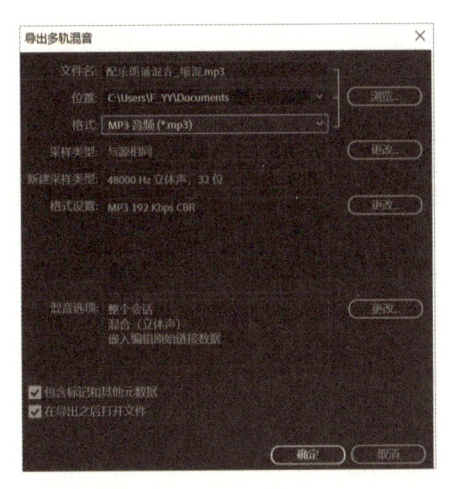

图 4.34　"导出多轨混音"对话框

相关知识

在 Audition 2022 中处理音频文件时，用户可以根据工作的需要，新建、删除及重置工作区，使工作区在操作上符合自己的操作习惯，这样可以提高编辑音频的效率。另外，用户还可以对界面中的相应面板执行显示与隐藏操作、设置编辑器的显示方式，以及对音频编辑器进行缩放操作。

1. 工作区

工作区是指用来编辑音频的区域，只有在工作区中，才能完成音乐的制作和编辑操作。

在 Audition 2022 中，在对当前工作区进行了调整，改变了最初始的工作区布局后，如果需要回到最初始的工作区布局状态，则可以使用软件提供的"重置为已保存的布局"命令，对工作区进行重置初始化操作。

重置工作区的方法很简单，只需在菜单栏中选择"窗口"→"工作区"→"默认"命令，即可对工作区进行重置操作，从而还原至工作区初始状态，如图 4.35 所示。

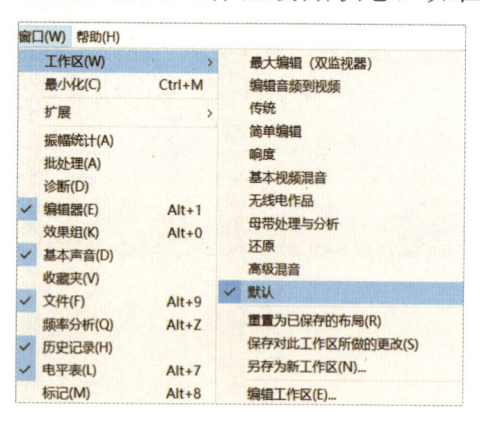

图 4.35　还原默认工作区

2. 了解编辑工具的使用方法

Audition 2020 工作界面提供了移动工具、切割工具、滑动工具及时间选区工具来编辑音频文件。下面主要介绍音频编辑工具的使用和操作方法。

（1）移动工具：在 Audition 2022 工作界面中，使用移动工具可以对音频文件进行移动操作。

> 小贴士
>
> 除了在工具栏中选取移动工具，还可以按 V 快捷键，直接切换至移动工具状态。

（2）切割工具：在 Audition 2022 工作界面中，使用切割工具可以将一段音频文件切割为好几部分，分别对各部分的音频进行编辑操作。

（3）滑动工具■：在 Audition 2022 工作界面中，使用滑动工具可以移动音频文件中的内容，该操作不会移动音频文件的整体位置。

> **小贴士**
>
> 在 Audition 2022 工作界面中，滑动工具只能移动切割过的音频文件，对没有切割过的音频文件无效。

（4）时间选择工具■：在 Audition 2022 工作界面中，使用时间选择工具可以选择音频文件中的部分音频。

项目小结

Audition 是一个专业的音频编辑和混合环境。本项目用两个任务来介绍一些关于这个软件的简单操作，使读者通过学习 Audition 这个具有代表性的音频加工工具，掌握音频信息的基本加工、简单合成，并能举一反三，触类旁通。

项目思考

1. 在波形编辑器界面中，对单个音频文件进行编辑与存储的基本流程是什么？

2. 在多轨编辑器界面中，将多个音频文件分层叠加，以创建立体声或环绕声混合的基本流程是什么？

项目实训

1. 打开配套的素材文件夹，为朗诵素材进行降噪处理。
2. 打开配套的素材文件夹，选择 2~3 段的音频素材，制作一段串烧音乐。
3. 打开配套的素材文件夹，为诗歌朗诵进行配乐。

项目 5　项目实践

项目目标

- 了解栏目包装的相关知识。
- 熟练掌握特效处理和合成的方法。
- 理解短片的制作要素，掌握短片的制作技巧。
- 具备管理复杂素材的能力及驾驭项目的能力。

项目描述

通过对 After Effects 2022 中各种具体技巧的学习和训练，读者对各种操作方法都有了一定的了解。为了训练读者对软件的综合使用能力，并且在熟练的基础上达到培养和训练创作能力的目的，本项目设置了两个具体的任务，使读者从临摹逐渐达到自己创作的目的。

本项目的任务 1 以制作校园电视台栏目片头为例，学习有关片头制作及栏目包装的知识与技能。

任务 1　栏目包装——《校园摄影》片头

任务目标

- 掌握栏目包装的要素及创作思路。
- 熟练掌握文字预设动画的使用。
- 理解栏目的特点，并表现出与其对应的风格和氛围。

任务描述

为电视的固定栏目制作片头，是栏目包装的基本形式之一。本任务就是为《校园摄影》这一栏目制作一个片头。

任务分析

为《校园摄影》栏目制作片头，首先要了解该栏目的定位及基本信息，其主旨在片头中以文字的形式指出，让观众一目了然；然后要了解栏目的性质和风格，确定片头的整体基调。本任务使用了浅橙色的背景，显得明亮活泼；文字使用了蓝色，辨识度高，且富有冲击力。最后要为文字添加合适的动画，使画面不过于呆板。

在实际的工作中，并不一定需要大量的特效来制作复杂的变化效果。有时，过于频繁、凌乱的特效堆积，反而会使画面混乱，甚至影响表现主题的基本目的。面对工作中的项目，更多的是需要根据实际情况分析项目的内容和特点、风格类型和受众心理等因素来设计动态效果。本任务是为一个经济类电视栏目设计并制作片头动画，通过利用预设文字动画特效，配合背景视频的动态表现和背景音乐的动感气氛，恰如其分地展现栏目的风格和特点。

基于以上的分析，有以下几点需要注意。

（1）通过对编辑好的文字图层进行复制、修改，从而编辑出需要的文字条目，这样可以节省时间、节约成本。

（2）在为一个文字图层应用多个预设动画特效时，需要先定位好时间指示器的位置，再展开图层的属性选项。单击时间线面板的任意空白处，取消对前一预设动画的"时间变化秒表"的选中状态，只需添加新的预设动画，即可在时间指示器的当前位置开始新的动画效果。

（3）根据画面的节奏，可以对预设文字动画效果进行关键帧时间位置的调整，从而得到更加协调流畅的文字动画。

（4）在完成影片项目的编辑操作时，应先进行内存预览播放，在发现需要调整的地方及时修改完善，最后执行渲染输出操作。最终效果如图5.1所示。

图 5.1　最终效果

操作步骤

（1）启动 After Effects 2022，在"项目"面板的空白处双击，在弹出的对话框中选中"音乐 1.wav"文件并导入。

（2）按 Ctrl+S 组合键，在弹出的"另存为"对话框中，将该项目文件命名为"校园摄影"，并保存到硬盘的指定位置。

（3）按 Ctrl+N 组合键，新建一个合成并命名为"LOGO"。格式为 HDTV 720 29.97 制，时长为 5 秒。

（4）打开"LOGO"合成，激活形状工具组，选择椭圆形工具，将"填充色"设置为"浅蓝"，"描边"设置为"无"。在按住 Shift 键的同时，按住鼠标左键并拖动鼠标，在屏幕中央绘制一个正圆，将图层命名为"圆"，如图 5.2 所示。

（5）使用文字工具，在正圆中央输入 LOGO 文字"影"，将文字填充颜色设置为白色，如图 5.3 所示。

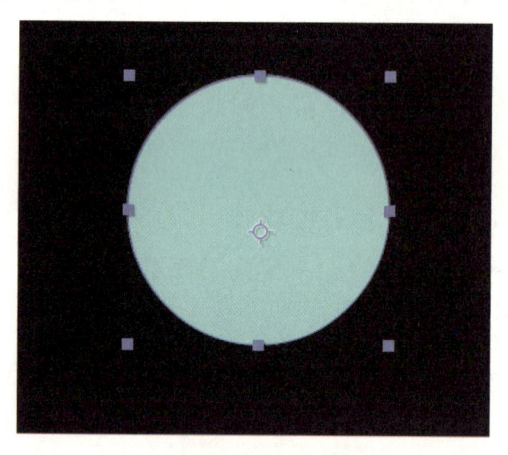

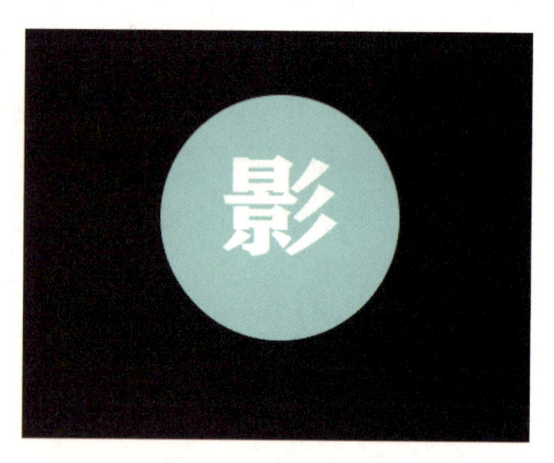

图 5.2　绘制正圆　　　　　　　　　　　图 5.3　添加文字图层

（6）选中文字图层并右击，在弹出的快捷菜单中选择"创建"→"从文字创建形状"命令，如图 5.4 所示。

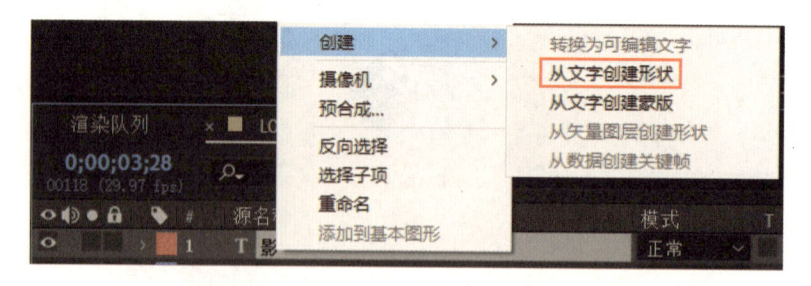

图 5.4　选择"从文字创建形状"命令

（7）选择"'影'轮廓"图层，将轮廓形状填充色设置为黑色。

（8）展开"'影'轮廓"图层的"内容"属性组，单击"添加"按钮，在弹出的菜单中选择"中继器"命令，为轮廓形状添加中继器动画，如图 5.5 所示。

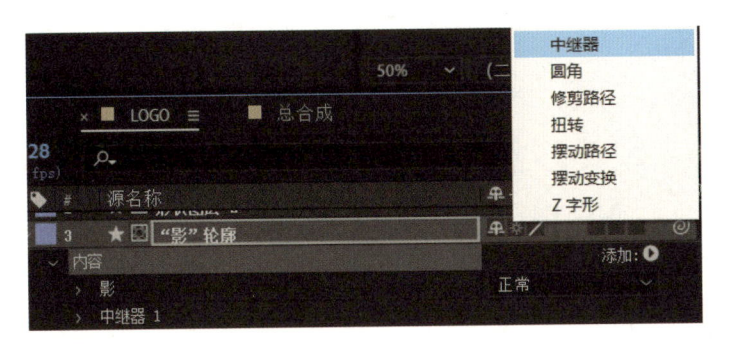

图 5.5　添加中继器动画

（9）在"中继器 1"属性组中，将"副本"设置为"200.0"，将"变换：中继器 1"属性组中的"位置"设置为"1.0,1.0"，如图 5.6 所示。其效果如图 5.7 所示。

图 5.6　设置中继器动画

图 5.7　中继器动画的效果

（10）选择形状图层"圆"，按 Ctrl+D 组合键制作其副本，并将该副本重命名为"蒙版层"。将"蒙版层"图层放在轮廓层上方，在"轨道遮罩"下拉列表中选择"Alpha 遮罩'蒙版层'"选项，如图 5.8 所示。遮罩效果如图 5.9 所示。

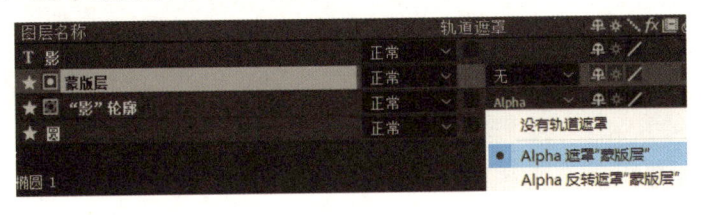

图 5.8　设置遮罩

225

图5.9 遮罩效果

（11）按Ctrl+N组合键，新建一个合成，并将其命名为"总合成"。其格式为HDTV 720 29.97制，时长为5秒。

（12）按Ctrl+Y组合键，新建一个图层，将颜色设置为淡橙色，并命名为"背景"。

（13）使用钢笔工具，在屏幕下方绘制一条直线，将描边设置为白色，像素为5。展开"线条"图层的"变换"属性组，将时间线指示器拖至0秒处，将"缩放"设置为"0.0,100.0%"，单击"缩放"属性左侧的秒表，将时间线指示器拖至1秒处，将"缩放"设置为"100.0,100.0%"，形成线条展开动画，如图5.10所示。其效果如图5.11所示。

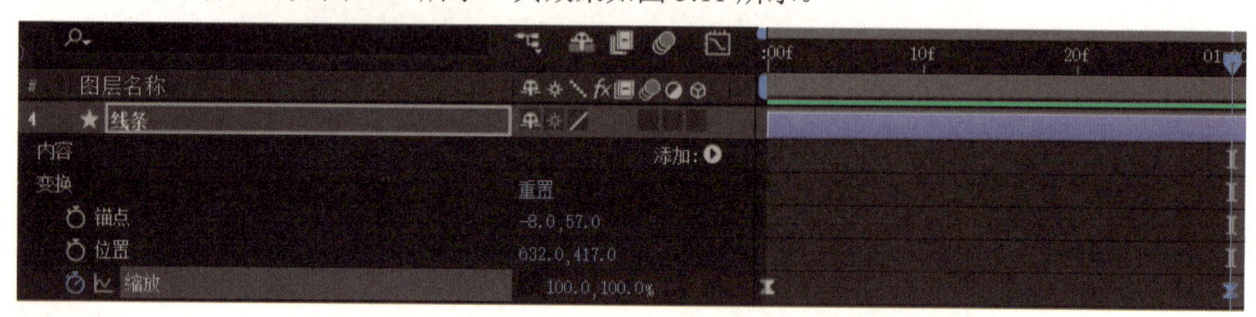

图5.10 线条展开动画

图5.11 线条展开动画的效果

（14）将"LOGO"合成拖入"总合成"，为"LOGO"合成设置位置动画。将时间线指示器拖到 1 秒处，将"LOGO"图层的"位置"设置为"636.0,637.0"，单击"位置"属性左侧的秒表按钮，将时间线指示器拖到 2 秒处，将"位置"设置为"636.0,243.0"，完成 LOGO 的移动动画，如图 5.12 所示。其效果如图 5.13 所示。

图 5.12　制作 LOGO 的移动动画

图 5.13　LOGO 移动动画的效果

（15）使用形状工具绘制黑色矩形，并将其命名为"蒙版"。将"蒙版"图层放于"LOGO"图层的上方，且上沿与线条平齐，如图 5.14 所示。

图 5.14　绘制蒙版

（16）选择"LOGO"图层，在"轨道遮罩"下拉列表中选择"Alpha 反转遮罩'蒙版'"选项，如图 5.15 所示。其效果如图 5.16 所示。

227

图 5.15　设置轨道遮罩

图 5.16　轨道遮罩的效果

（17）使用文字工具，在屏幕线条下方输入文本"校园摄影"。将字体大小设置为 80，字间距设置为 750，填充色设置为白色。

（18）为文本添加"不透明度"动画，如图 5.17 所示。

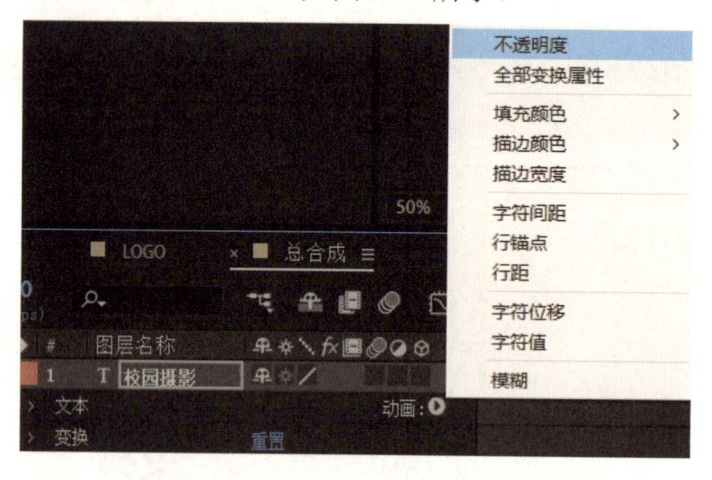

图 5.17　添加"不透明度"动画

（19）展开文本下方的范围选择器，将"不透明度"设置为"0%"，将时间线指示器拖到 2 秒处，将范围选择器中的"起始"设置为"0%"，单击"起始"属性左侧的秒表按钮，将时间线指示器拖到 3 秒处，将"结束"设置为"100%"，形成文字逐字显示的动画，如图 5.18 所示。

图 5.18 制作文字逐字显示的动画

（20）展开范围选择器下方的"高级"属性组，将"随机排序"设置为"开"，完成文字随机显示的动画，如图 5.19 所示。

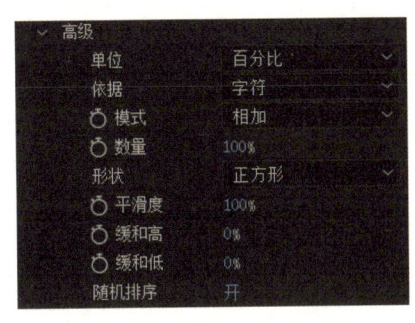

图 5.19 制作文字随机显示的动画

（21）按 Ctrl+S 组合键，保存项目；按 Ctrl+M 组合键，打开"渲染队列"面板，设置合适的渲染输出参数，单击"渲染"按钮，即可输出成品文件。最终效果如图 5.20 所示。

图 5.20 最终效果

相关知识

1. 栏目包装的概念

包装是一个很常见的词，似乎人们都知道它的意思，但对电视包装的定义、内涵和外延，以及作用，却很少有人做过更深入的研究和探讨。一般意义上的包装是指对产品进行包装。

之所以把包装用到电视上，是因为产品的包装和电视的包装有共同之处。它的定义是对电视节目、栏目、频道，甚至是电视台的整体形象进行一种外在形式要素的规范和强化。这些外在的形式要素包括声音（如语言、音响、音乐、音效等）、图像（如固定画面、活动画面、动画等）、颜色等。

包装是电视媒体自身发展的需要，是电视节目、栏目、频道成熟稳定的一个标志。如今电视观众每天要面对几百甚至上千个电视台和电视频道，几十种类型的节目和栏目，各台、各频道、各栏目之间存在着非常激烈的竞争。观众既有主动的选择权，又有非常大的盲目性。在这种情况下，包装所起的作用是不言而喻的。

2．包装的要素

（1）形象标志。节目、栏目和频道都有一个形象设计，即最基本的形象标志，这是构成包装的要素。在不同的情况下，形象标志有各种变化，但"包装"构成的要素一般是比较稳定的。频道的形象标志，一般展现在角标和节目结尾落幅上。例如，中央电视台最早的形象标志是电子图形的变动轨迹。好的形象标志设计能使人过目不忘，深入人心，也能使观众快速判断出自己观看的是什么节目、什么频道、什么电视台，便于观众快速捕捉到想要观看的节目，所以形象标志的设计对电视包装来说是非常重要的。

（2）颜色。根据频道、栏目、节目的定位，确定包装的主色调。主色调可能是单色，也可能是复合色。例如，中央一是以新闻为主的综合频道，所以其色调以蓝色为主，凸显一种冷静、客观的形象；CNN 也是蓝色基调的；而文艺性的频道和栏目在一般情况下是暖色调的，色彩相对艳丽一些。所以，颜色设计是电视包装的基本要素之一，其基本要求是颜色协调、鲜明、抢眼，但不刺眼，既能与整个节目、栏目或频道的基调相吻合，又能与节目、栏目、频道的风格保持一致或给予有效的补充。

（3）声音。声音在电视包装中起着非常突出的作用。在好的电视包装中，将音乐应和形象设计、色彩搭配有机地组成一个整体，观众无须看到画面就能判断出是什么频道和什么栏目。好的电视栏目、频道的音乐形象，还应注意突出地域、民族、人文特色，注意汲取多年流行的音乐精华，尤其要注意使声音的节奏与自己的节目、频道风格和节奏相统一。旋律要尽可能简洁，力争过耳不忘、常听常新。

具体来说，电视栏目包装一般包括以下几个方面。

① 片头：栏目内容风格的展现。

② 人名字幕条：包括主持人、嘉宾、被访者等，介绍人物的身份和姓名。

③ 信息字幕条：栏目标题提示，或者其他重要信息。

④ 转场：在主持现场和视频之间的切换。

⑤ 下方滚动信息：通用信息的随时告知。

⑥ 角标：一般用栏目定版，在节目播出期间，提示节目名称。

⑦ 背景底：也被称为循环底、满屏，为栏目做一些信息变动，提供背景搜索等。

3. 包装流程

（1）确定将要服务的目标。

（2）确定包装的整体风格、色彩、节奏等。

（3）设计分镜头脚本，绘制故事版。

（4）对音乐的设计制作与视频的设计制作进行沟通，找出解决方案。

（5）将制作方案与客户沟通，确定最终的制作方案。

（6）执行设计好的制作方案，包括涉及的 3D 制作、实际拍摄、音乐制作等。

（7）合成为成片，并输出播放。

4. 包装形式

电视节目、栏目、频道的包装有多少种形式并没有统一的说法，但总体来说应包括以下几种形式。

（1）以形象标志为主的频道标志的位置设置和出现方式设计。

（2）电视台或电视频道的形象宣传片。

这些形象宣传片又可以分为以下几类。

① 抽象的频道宣传片。例如，中央电视台播出的"传承文明，开拓创新""有形世界，无限风光"等，这种看似没有具体台名的宣传，确定了电视台的传播理念和电视台的无形形象。

② 具体的形象宣传片。例如，合肥电视台为《快乐装修吧》这一栏目制作的宣传片。

③ 频道的形象宣传。即电视台主要标志在频道中相对统一又各有特色，放在节目之后的落幅。

（3）总片头。总片头是作为一个频道开播时和一个频道的重要时段起始时所用的片头，是最应该集中体现出一个台、一个频道的定位、理念、内容，甚至是频道的风格。

（4）节目导视片。这种导视片也被称为收视指南，是包装形式之一。由于收视指南播出频率高，因此能起到引导观众观看的作用，也能通过收视指南中反复出现的频道宣传片来强化频道和电视台形象的宣传。

5. 包装原则

（1）统一的原则。电视节目、栏目、频道的包装一定要遵循统一的原则。统一应包括 3 个方面：与全台整体形象 CI 设计的统一；频道中各个节目、栏目的包装要素从声音、形象、色彩上应该相对统一；全台各频道的统一，一个台可能有多个频道，虽然各频道的内容有不同的定位，但是代表全台形象的标志、声音等应该统一。在这个基础上，各频道可以根据自己的特点和定位来突出各自的特色。电视台的形象永远大于频道形象，而频道形象大于栏目形象。如果有些频道、栏目包装单看效果不错，但与全台的形象设计发生矛盾，则应无条件地服从统一的原则。

（2）规范的原则。该原则可以分为3个方面：要有相对科学、规范的设计，各方面都要有具体、细致的规范性要求；要强制推行设计规范，全台要有必须执行规范的强制性手段和明确要求；要有制定和推行包装规范的机构和强制实施的部门，这个部门一般设在总编室。

（3）特色原则。各台有各台的定位和特色，只有突出自己的特色，打好特色牌，才能在众多的电视台中脱颖而出。中央电视台作为国家台，代表了党和国家的形象，因此必须突出庄严、大气、恢宏的特色。国旗、国徽、国歌、长城、天安门必然成为突出国家形象的首选图形。而各省市台，可以根据不同的地理位置、不同的文化背景和民族民风来包装。西北的大漠孤烟，江南的小桥流水，黄山、泰山等都可以成为一个省市台区别其他台的包装特色。总之，突出特色、突出个性、区别于其他台是包装不可忽略的一个重要原则。

项目实训

1．熟悉动画预设，会使用动画预设制作文字动画。
2．学会设置文字格式，会对文字进行基本排版。
3．利用文字动画预设制作栏目片头——《新闻纵横》。

任务2 遮罩动画——《水墨江山》

任务目标

- 掌握遮罩动画的原理。
- 熟练掌握遮罩动画的操作步骤。
- 了解色彩调整的命令，以及特效参数的使用方法。

任务描述

本任务利用调色效果及蒙版，将素材进行加工，从而呈现出水墨风格的效果。

任务分析

本案例为水墨效果制作，而水墨风格片头是文旅题材栏目包装常见的动画制作手法。在通常情况下，利用墨滴绽开作为转场或遮罩进行使用。同时，素材的处理需要借助调色效果对现有图片进行处理，以便达到水墨动画通透柔和的效果。案例最终效果如图5.21所示。

图 5.21　案例最终效果

操作步骤

（1）启动After Effects 2022，按Ctrl+N组合键，新建一个合成，并命名为"山水动画"。其格式为HDTV 720 29.97制，时长为5秒。在"项目"面板中双击，导入"山水.mov""卷轴.png""墨水.mov"素材文件，将"山水.mov"素材拖入时间线面板。

（2）选中"山水.mov"图层，选择"效果"→"颜色校正"→"色相/饱和度"命令，为其添加调色滤镜。在"效果控件"面板中，将主饱和度调至"-100"，将素材转换为灰度模式，如图5.22所示。

（3）选中"山水.mov"图层，选择"效果"→"杂波与颗粒"→"中值"命令，为其添加特效。在"效果控件"面板中，将半径调至"10"，模糊素材细节轮廓，如图5.23所示。

图 5.22　调整饱和度　　　　　　　图 5.23　调整中值

（4）选中"山水.mov"图层，选择"效果"→"颜色校正"→"曲线"命令，在"效果

233

控件"面板中出现曲线编辑器。在曲线编辑器中,将曲线中部提高,调整画面整体亮度,如图 5.24 所示。

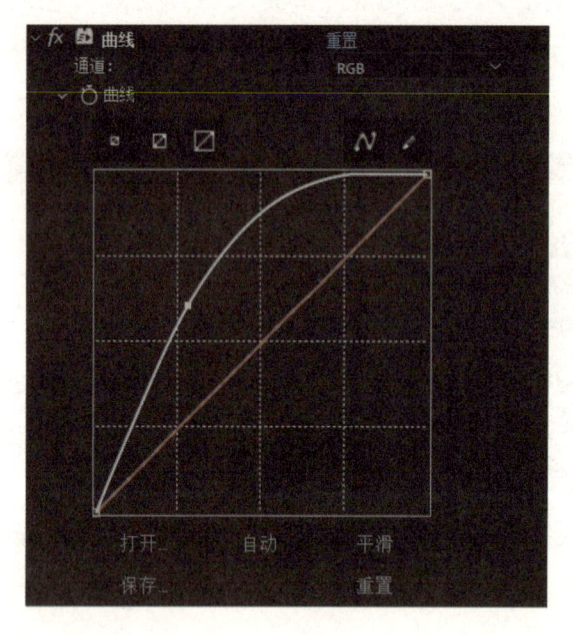

图 5.24 调整曲线

(5)选中"山水.mov"图层,按 Ctrl+D 组合键,新建一副本图层,并将该副本图层重命名为"山水(浅)"。在时间线面板中,将"山水(浅)"图层放于第二层,并删除该图层中的特效。选择"效果"→"颜色校正"→"色相/饱和度"命令,在"效果控件"面板中将主饱和度调至"-100",将素材转换为灰度模式。选择"效果"→"颜色校正"→"曲线"命令,在曲线编辑器中将曲线中部提高,调整画面整体亮度,如图 5.25 所示。

图 5.25 调整"山水(浅)"图层的色彩效果

(6)在时间线面板的下方单击 按钮,打开混合模式,选中"山水.mov"图层,在混合模式中选择"变暗"模式,在合成面板中观察效果,并对色彩进行相应的调整,从而完成水墨效果的制作,如图 5.26 所示。

图 5.26　水墨山水效果的制作

（7）按 Ctrl+N 组合键，新建一个合成，并命名为"水墨动画"。其格式为 HDTV 720 29.97 制，时长为 10 秒。按 Ctrl+Y 组合键，在时间线面板中新建一个固态层，将固态层重命名为"背景"，将颜色设置为白色。

（8）在"项目"面板中将"墨水.mov"素材拖入时间线面板。按 Ctrl+Alt+F 组合键，将素材适配至合成面板的大小；按 T 快捷键，打开图层的"透明度"属性，将"透明度"设置为"36%"；按 P 快捷键，打开图层的"位置"属性，将时间线指示器拖到第 0 帧处，将"位置"设置为"530.0,400.0"，将时间线指示器拖到合成的最后一帧处，将"位置"设置为"50.0,400.0"，完成墨水移动动画的制作，如图 5.27 所示。

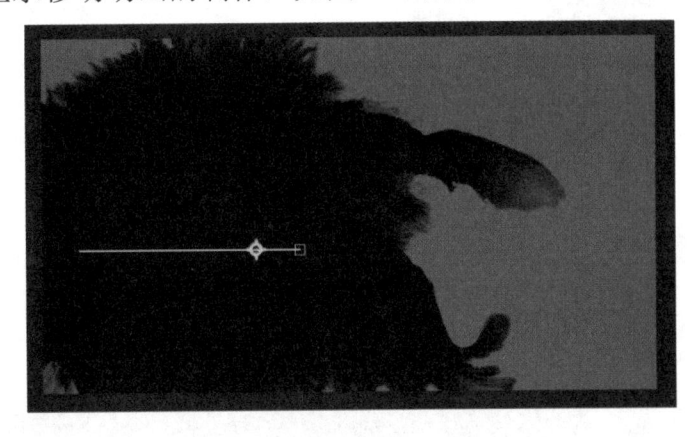

图 5.27　墨水移动动画的制作

（9）使用文字工具，输入文字"水墨江山"。在时间线面板中，将时间线指示器拖到第 2 秒处，按 Alt+[组合键，使图层从第 2 秒开始；按 P 快捷键，打开图层的"位置"属性，单击 按钮为其添加关键帧。将"位置"设置为"633.0,456.0"，将时间线指示器拖到图层的最后一帧处，将"位置"设置为"177.0,456.0"。将时间线指示器拖到第 2 秒处，按 T 快捷键，打开图层的"透明度"属性，单击 按钮为其添加关键帧。将"透明度"设置为"0%"，将时间线指示器拖到第 4 秒处，将"透明度"设置为"100%"，如图 5.28 所示。

图 5.28　时间线面板

（10）将"毛笔字.png"素材拖入时间线面板，按 S 快捷键，打开图层的"缩放"属性，并缩放至合适大小。将时间线指示器拖到第 5 秒处，按 Alt+[组合键，使图层从第 5 秒开始。按 P 快捷键，打开图层的"位置"属性，将"位置"设置为"1130.0,180.0"，单击按钮为其添加关键帧。将时间线指示器拖到合成的最后一帧，将"位置"设置为"970.0,180.0"。将时间线指示器拖到第 5 秒处，按 T 快捷键，打开图层的"透明度"属性，将"透明度"设置为"0%"，单击按钮为其添加关键帧。将时间线指示器拖到第 6 秒处，将"透明度"设置为"36%"，完成文字动画的制作，如图 5.29 所示。

图 5.29　文字动画的制作

（11）将"山水动画"合成和"墨水.mov"素材拖到时间线面板的第 5 秒处，且"墨水.mov"图层在"山水动画"图层的上方。选中"山水动画"图层，在"轨道遮罩"下拉列表中选择"亮度反转遮罩'[墨水]'"选项，通过蒙版将墨水部分的山水动画显示出来，墨水外的山水动画部分遮盖掉，如图 5.30 所示。

图 5.30　设置蒙版

（12）选中"山水动画"图层和"墨水.mov"图层，将它们的"位置"均设置为"1032.0,530.0"，并放置在画面的右下角，如图 5.31 所示。

图 5.31 调整位置

（13）制作卷轴动画。按 Ctrl+N 组合键，新建一个合成，并命名为"总合成"。其格式为 HDTV 720 29.97 制，时长为 10 秒。在"项目"面板中，将"卷轴.png"素材拖到时间线面板中。选中"卷轴.png"图层，按 Ctrl+D 组合键，新建两个副本图层，并将其重命名为"左卷轴"和"右卷轴"。选中"左卷轴"图层，使用钢笔工具在图层上绘制遮罩，将素材中的左卷轴抠出，如图 5.32 所示。使用相同的操作，将素材画面中的右卷轴抠出。

（14）选中"卷轴.png"图层，单击■按钮，使用矩形遮罩工具，在图层中央绘制一个矩形遮罩。按 M 快捷键，打开图层的"遮罩形状"属性，将时间线指示器拖到第 0 帧处，单击"遮罩形状"属性左侧的■按钮，添加关键帧，并将遮罩宽度设置为 0。将时间线指示器拖到第 2 秒处，将遮罩宽度设置为最大，如图 5.33 所示。

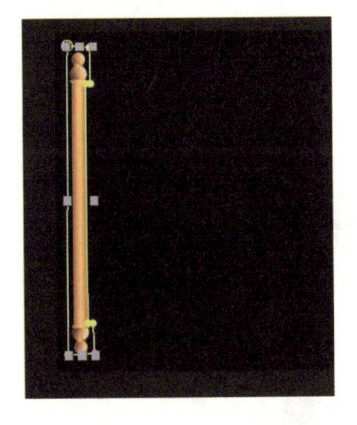

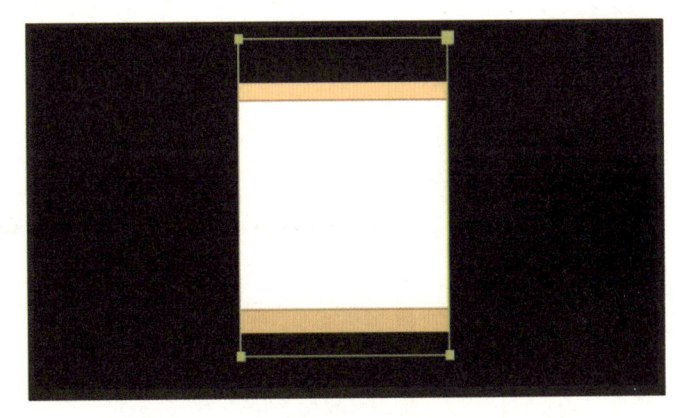

图 5.32 使用钢笔工具抠图　　图 5.33 使用矩形遮罩工具制作动画

（15）将时间线指示器拖到第 0 帧处，选中"左卷轴"图层，并将其拖到画面中央画卷展开的位置。按 P 快捷键，打开图层的"位置"属性，单击■按钮为其添加关键帧。将时间线指示器拖到第 2 秒处，调整图层位置至画卷完全展开后左侧卷轴的位置，即可添加第 2 个关键帧，完成左卷轴打开动画。使用相同的操作，制作右卷轴展开动画，如图 5.34 所示。

237

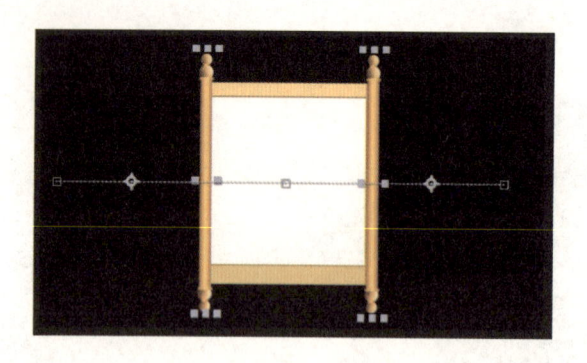

图 5.34 制作卷轴展开动画

（16）选中"卷轴.png""左卷轴""右卷轴"图层，按 Ctrl+Shift+C 组合键，新建预合成，并将预合成重命名为"卷轴动画"。将时间线指示器拖到第 2 秒处，选中"卷轴动画"图层，按 S 快捷键，打开图层的"缩放"属性，单击 按钮为其添加关键帧。将时间线指示器拖到第 3 秒处，将"缩放"设置为"170.0,170.0%"，使画卷上、下两边框与画面高度相吻合，从而完成画卷放大的动画，如图 5.35 所示。

图 5.35 制作画卷放大的动画

（17）在"项目"面板中，将"水墨动画"合成拖入时间线面板，置于时间轴第 3 秒处，并且该图层在"卷轴动画"图层的上方。使用矩形遮罩工具绘制遮罩，露出下方图层卷轴的上下边框，如图 5.36 所示。

图 5.36 为水墨动画绘制遮罩

（18）在时间线面板中，右击"山水.mov"图层，在弹出的快捷菜单中选择"图层样式"→"内发光"命令。在时间线面板中，单击"山水动画"图层左侧的小三角按钮，展开"图层样式"→"内发光"属性组，在"内发光"属性组下设置内发光效果，将"颜色"设置为"深灰色"，"混合模式"设置为"变暗"，"大小"设置为"10.0"，从而突出山水动画与背景画卷素材的层次感，如图 5.37 所示。

图 5.37　设置内发光效果

（19）案例制作完成后，按 0 键可以预览动画效果。

相关知识

After Effects 的图层混合模式与 Photoshop 的图层混合模式从原理和应用上来讲是大同小异的。实践中常用的是变暗组、变亮组和叠加组。

1. 变暗组

本组模式主要功能：去亮变暗。

变暗（Darken）：比较各原色通道，分别取出较小值来组成新的结果色。

相乘（Multiply）：正片叠底模式，是常用的模式之一，常用于去除白色背景。

颜色加深（Color Burn）：通过加强对比度来强化暗部与中间调区域。

经典颜色加深（Classic Color Burn）：相比颜色加深模式，该模式在画面变暗的同时大大增强对比度。

线性加深（Linear Burn）：通过减少亮度使像素变暗。它与正片叠底的效果类似，但可以保留下方图层更多的颜色细节信息。

较深的颜色（Darker Color）：深色模式。与其他变暗模式不同的是，该模式比较的是两个图层复合通道的值（RGB），并显示值小的颜色，因此不会产生新的颜色。

2. 变亮组

本组模式主要功能：去暗变亮。

相加（Add）：加法运算，将上、下图层对应像素的 R、G、B 值相加，组成新的结果色。

变亮（Lighten）：比较各原色通道，分别取出较大值来组成新的结果色。

屏幕（Screen）：滤色模式，是常用的模式之一，常用于去除黑色背景。

颜色减淡（Color Dodge）：通过降低对比度来使颜色变亮。

经典颜色减淡（Classic Color Dodge）：相比颜色减淡模式，该模式在画面变亮的同时能保留更多的暗部细节。

线性减淡（Linear Dodge）：一种加法运算。与相加模式不同的是，线性减淡模式将预乘 Alpha 通道之后的值作为本图层的原像素值，因此当 Alpha 通道不是纯白时，变亮效果要远低于相加模式。

较浅的颜色（Lighter Color）：浅色模式。与其他变亮模式不同的是，该模式比较的是两个图层复合通道的值（RGB），并显示值大的颜色，因此不会产生新的颜色。

3. 叠加组

本组模式主要功能：亮的变得更亮，暗的变得更暗，对比加强。

叠加（Overlay）：叠加与强光是一模一样的算法，可理解为"正片叠底+滤色"的组合。叠加模式是本组中唯一一个以下方图层为主导的模式。

柔光（Soft Light）：可以理解为是柔和版的强光模式。

强光（Hard Light）：以本图层为主导，亮处滤色，暗处正片叠底。

线性光（Linear Light）：可以理解为"线性加深+线性减淡"的组合，效果强烈。

亮光（Vivid Light）：可以理解为"颜色加深+颜色减淡"的组合，混合后颜色更加饱和。

点光（Pin Light）：可以理解为"变暗+变亮"的组合。

纯色混合（Hard Mix）：实色混合模式。该模式导致了最终结果仅包含 6 种基本颜色，以及黑色和白色，并且每个通道的像素色阶值要么是 0，要么是 255。

项目实训

1. 熟悉水墨风格动画的制作方法。
2. 按照案例步骤完成片头动画。
3. 按照遮罩动画的制作方法，选择相关素材制作水墨动画——《江南水乡》。

任务3 《校园掠影》片头

任务目标

- 掌握制作翻页动画的方法。
- 熟练使用模糊特效。
- 熟练使用序列图层命令，对素材进行序列化处理。

任务描述

本任务通过对多重素材图片进行序列叠加处理，从而制作翻页动画的效果，同时通过文字蒙版，渐显标题。

任务分析

本案例为素材添加翻页动画的效果，完成被遮罩图层的动画制作。创建文字图层，制作遮罩层动画，遮罩层在这里的作用主要是为背景动画提供遮盖形状，从而达到文字的遮罩效果。案例最终效果如图 5.38 所示。

图 5.38　案例最终效果

操作步骤

（1）启动 After Effects 2022，按 Ctrl+N 组合键，新建一个合成，并命名为"校园"，格式为 HDTV 720 29.97 制，时长为 5 秒，如图 5.39 所示。

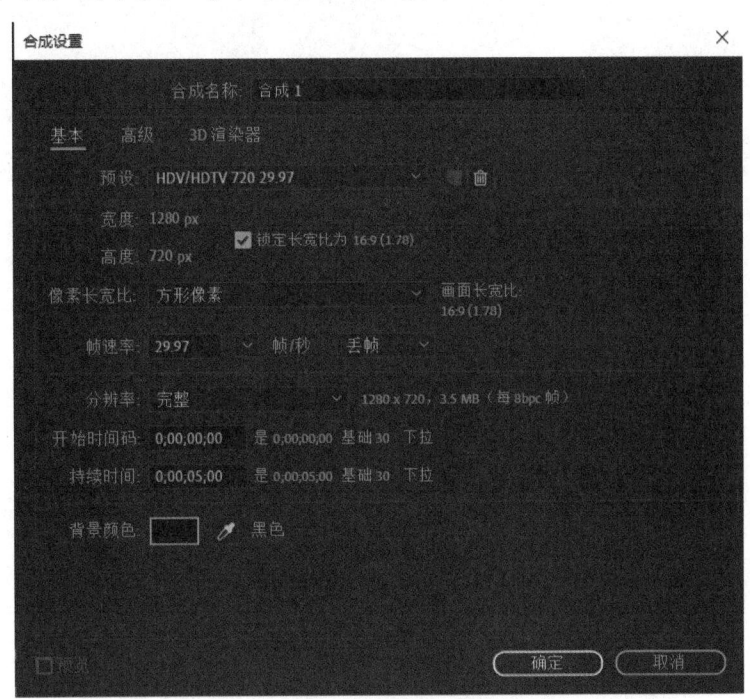

图 5.39　合成设置

（2）在"项目"面板的空白处双击，在弹出的对话框中选中"校园掠影"文件夹中的所有素材文件，并将其导入"项目"面板，如图 5.40 所示。将"项目"面板中的素材拖入时间线面板，如图 5.41 所示。

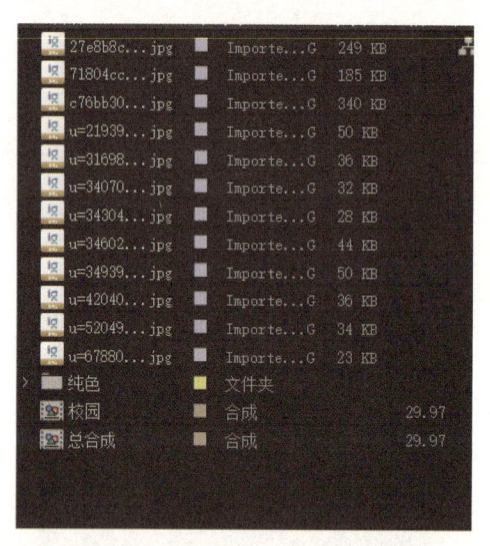

图 5.40　导入素材

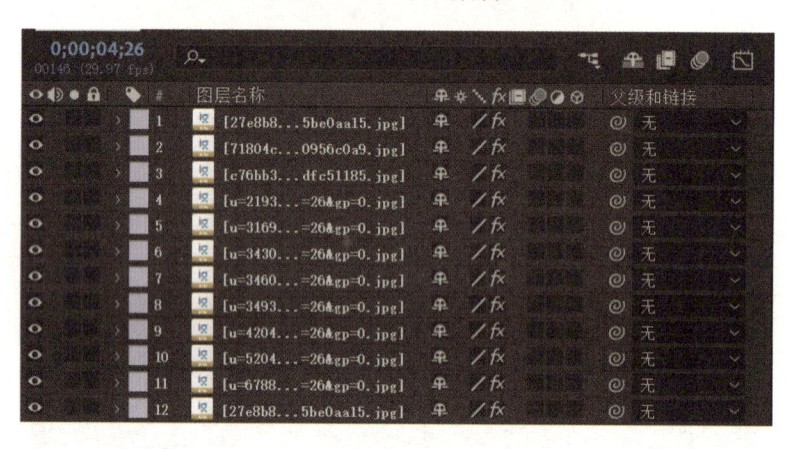

图 5.41　将素材拖入时间线面板

（3）选中所有图层，按 Ctrl+Alt+F 组合键，将图层缩放至合成面板的大小，如图 5.42 所示。

图 5.42　缩放图层

（4）选中所有图层，将时间线指示器停留在第 10 帧处，按 Alt+]组合键，将所有图层的长度调整为 10 帧，如图 5.43 所示。

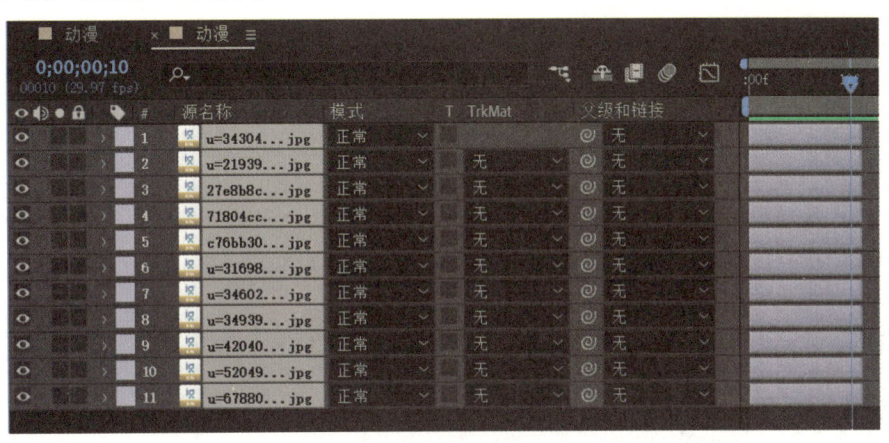

图 5.43 设置图层长度

（5）选择最下方的图层，按住 Shift 键，同时选择第一个图层，即可选中所有图层。在所选图层上右击，在弹出的快捷菜单中选择"关键帧辅助-序列图层"命令，并在弹出的"序列图层"对话框中勾选"重叠"复选框，将"持续时间"设置为"0;00;00;05"，"过渡"设置为"关"，如图 5.44 所示。

图 5.44 "序列图层"对话框

（6）制作翻页动画效果。选中最下方的图层，按 P 快捷键，打开图层的"位置"属性，将时间线指示器拖到第 0 帧处，单击 按钮为其添加关键帧。将图层的垂直坐标值设置为"-356.0"，使图片移出合成面板。将时间线指示器拖到第 7 帧处，将图层的垂直位置坐标值设置为"360.0"，使图层回到合成面板的中央，完成位移动画的制作，如图 5.45 所示。

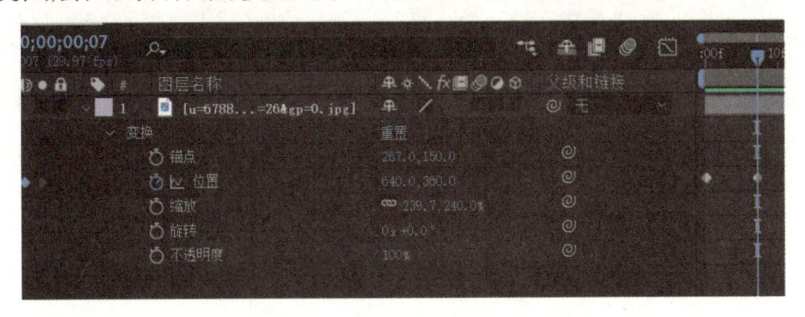

图 5.45 位移动画的制作

243

（7）选中最下方的图层，选择"效果"→"模糊与锐化"→"方向模糊"命令，为图层添加"方向模糊"效果。将时间线指示器拖到第 3 帧处，在"定向模糊"属性组中将"模糊长度"设置为"300.0"，单击 按钮为其添加关键帧。将时间线指示器拖到第 7 帧处，将"模糊长度"设置为"0.0"，如图 5.46 所示。

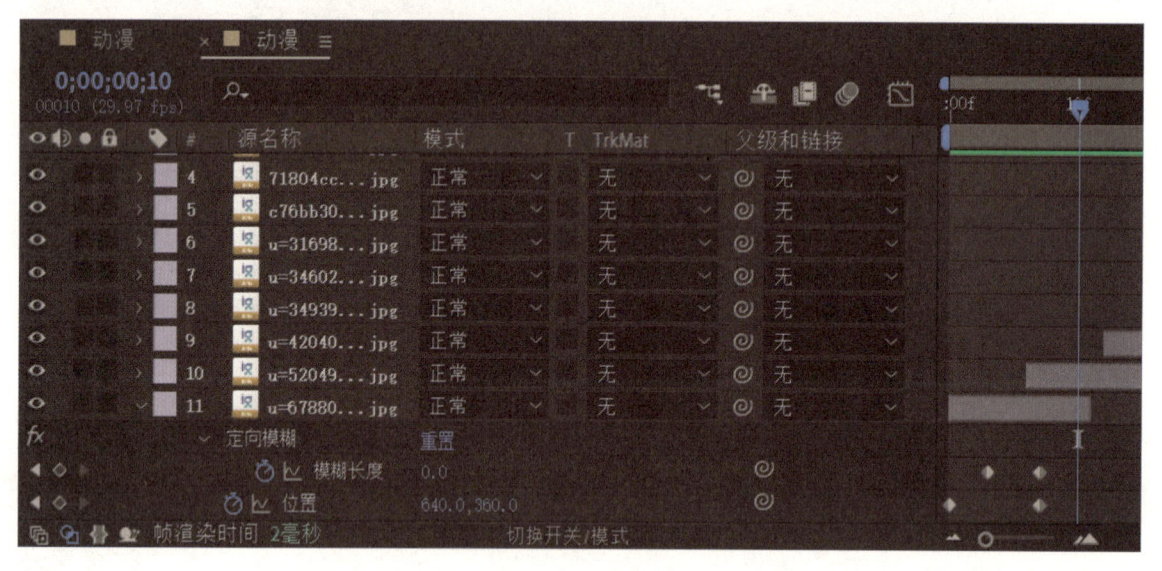

图 5.46　制作"方向模糊"效果

（8）选中"模糊长度"属性关键帧和"位置"属性关键帧，按 Ctrl+C 组合键，复制关键帧，将时间线指示器拖到上一图层开始的位置，按 Ctrl+V 组合键，粘贴关键帧，可以看到，上一个图层被赋予了相同的动画，从而形成了连续翻页的动画效果，如图 5.47 所示。

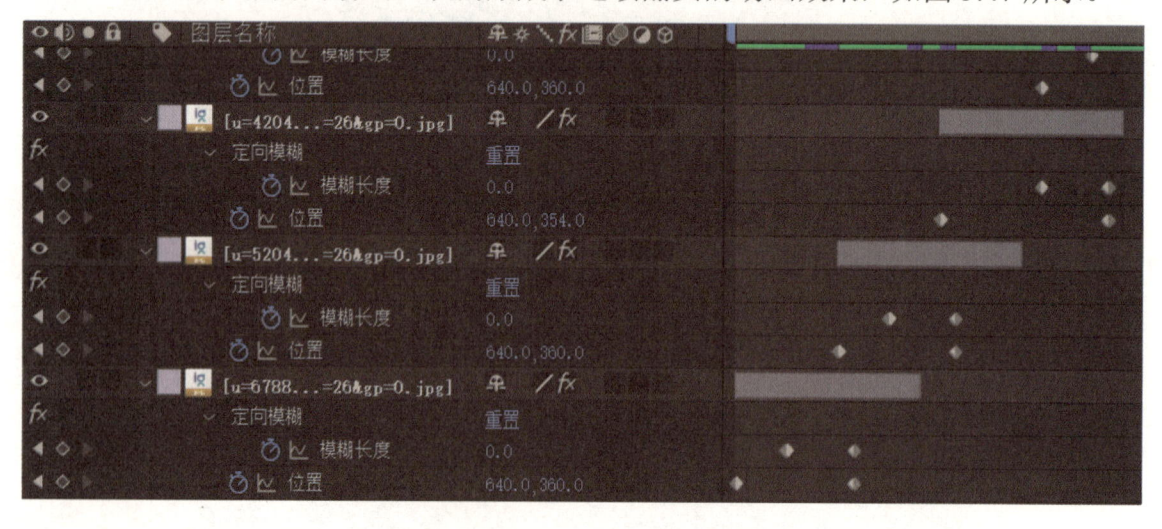

图 5.47　制作连续翻页的动画效果

（9）按 Ctrl+N 组合键，新建一个合成，并命名为"总合成"，格式为 HDV/HDTV 720 29.97 制，时长为 10 秒，如图 5.48 所示。

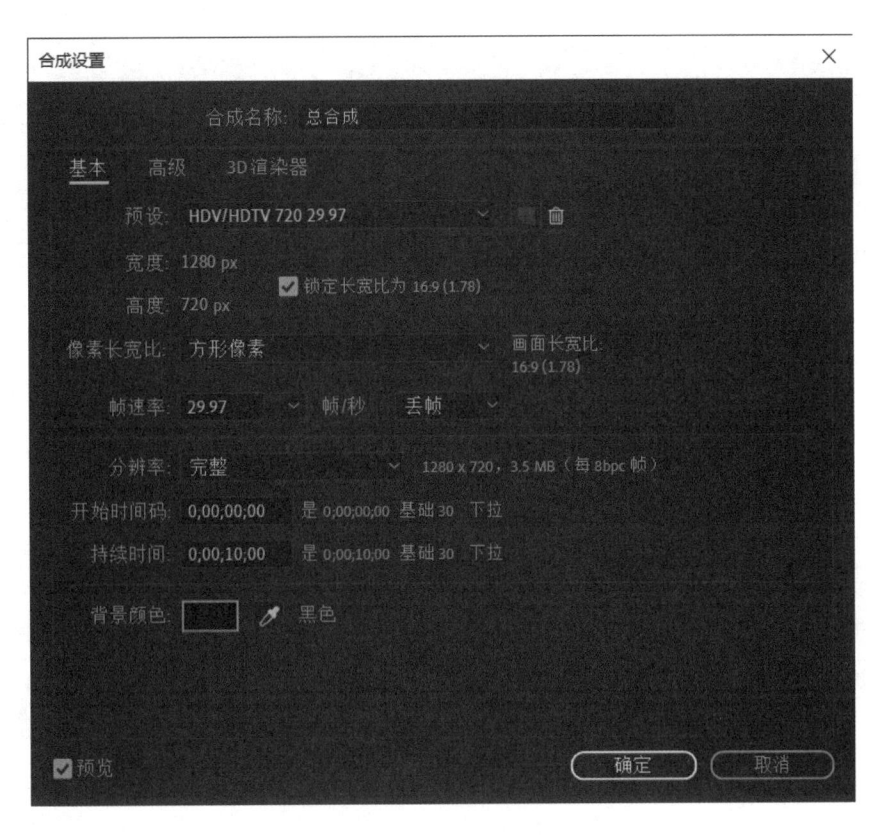

图 5.48　新建总合成

（10）使用文字工具，在合成面板中输入文字"校园掠影"，在"字符"面板中将字体设置为"Franklin Gothic Demi Cond"，字体大小设置为"260"，字间距设置为"-40"，开启文字效果。使用工具栏中的定位点工具，将文字图层的中心点定位在图层的中央，如图 5.49 所示。

图 5.49　设置文字图层

（11）选中文字图层，按 S 快捷键，打开图层的"缩放"属性，将"缩放"设置为"300.0,300.0%"，将时间线指示器拖到第 0 帧处，单击 按钮，添加关键帧，记录当前的缩放信息，如图 5.50 所示。将时间线指示器拖到第 5 秒处，将"缩放"设置为"100.0,100.0%"，形成文字由近至远的视觉效果。

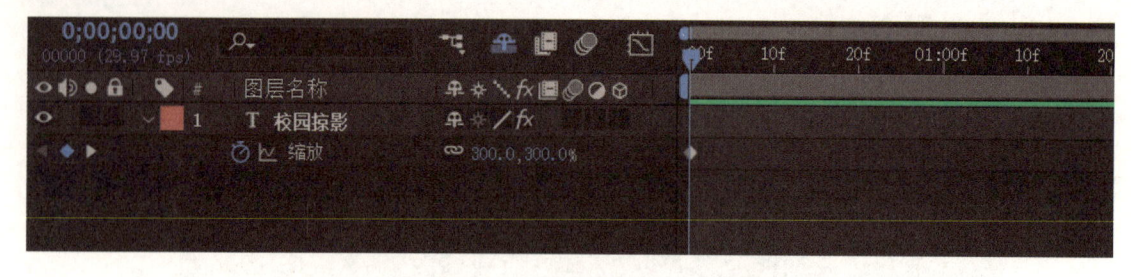

图 5.50　为文字图层添加关键帧

（12）将"校园"合成拖入时间线面板，放置在文字图层的下方。将时间线指示器拖到第 5 秒处，选中文字图层，选择菜单栏中的"编辑"→"拆分图层"命令，以第 5 秒为分界线，将文字图层分为前、后两个图层，并将前一个图层重命名为"文字遮罩层"，如图 5.51 所示。

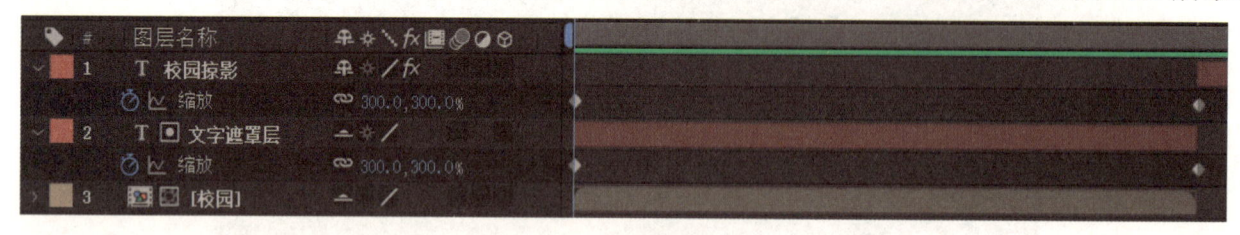

图 5.51　拆分文字图层

（13）时间线面板左下角的蒙版显示按钮，将"动漫"图层的"轨道遮罩"设置为"Alpha 蒙版'文字遮罩层'"，可以看到在"动漫"图层的动画中，文字以外的部分被遮挡，只露出文字内部的动画。此时，遮罩动画制作完成，如图 5.52 所示。

图 5.52　遮罩动画制作完成

（14）选中拆分文字图层的后一个文字图层"校园掠影"，选择菜单栏中的"效果"→"生成"→"梯度渐变"命令，为"校园掠影"图层添加"梯度渐变"效果。在"效果控件"面板中，将"渐变形状"设置为"线性渐变"，"起始颜色"设置为浅灰色"C9C9C9"，"结束颜色"设置为深灰色"2F2F2F"，"渐变起点"设置为"650.0,335.0"，"渐变终点"设置为"650.0,445.0"，如图 5.53 所示。文字的渐变效果，如图 5.54 所示。

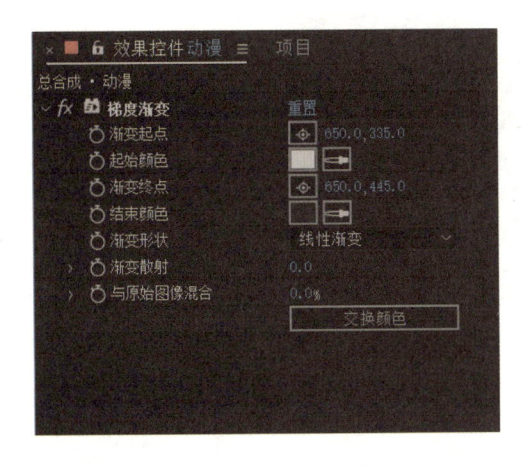

图 5.53　设置"梯度渐变"效果　　　　　　　图 5.54　文字的渐变效果

（15）制作文字淡入的效果。选中"校园掠影"文字图层，按 T 快捷键，打开文字图层的"透明度"属性，将时间线指示器拖到第 5 秒处，将"透明度"设置为"0%"，单击 按钮，添加关键帧，记录当前的透明度信息，如图 5.55 所示。将时间线指示器拖到第 8 秒处，将"透明度"设置为"100%"，完成文字图层淡入的效果。

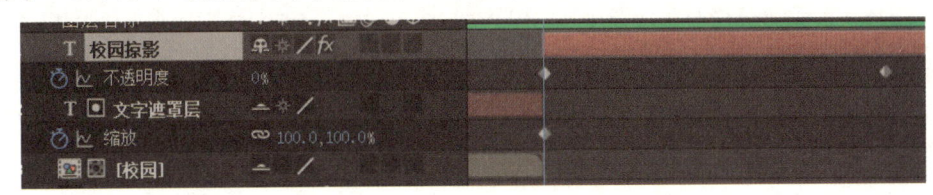

图 5.55　设置"透明度"属性

（16）制作背景渐变。按 Ctrl+Y 组合键，新建固态层，并命名为"背景"。将固态层的颜色设置为黑色，选中"背景"图层，将其拖到时间线面板的底层，在菜单栏中选择"效果"→"生成"→"梯度渐变"命令，为"背景"图层添加"梯度渐变"效果。在"效果控件"面板中，将"渐变形状"设置为"径向渐变"，"起始颜色"设置为暗红色"5C0000"，"结束颜色"设置为黑色，"渐变起点"设置为"630.0,318.0"，"渐变终点"设置为"1366.0,780.0"，如图 5.56 所示。至此，《校园掠影》片头制作完成，如图 5.57 所示。

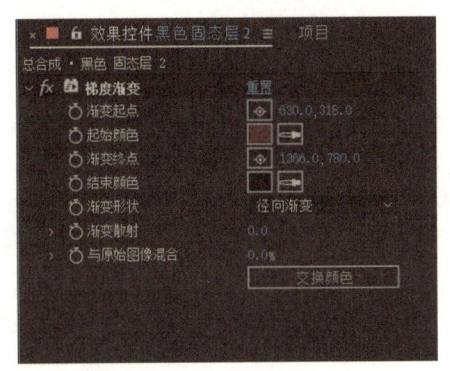

图 5.56　制作背景渐变

图 5.57 《校园掠影》片头制作完成

（17）按数字键盘上的 0 键可以预览动画效果。

相关知识

蒙版（Matte）用于遮挡、遮盖部分图像内容，或者显示特定区域的图像内容，相当于一个窗口。

蒙版是作为一个单独的图层存在的，并且通常是上层图像遮挡下层内容的关系。

蒙版包含透明通道蒙版（Alpha Matte）和亮度通道蒙版（Luma Matte）两种。

1．透明通道蒙版

透明通道蒙版也被称为 Alpha 遮罩，读取的是遮罩层的不透明度信息。使用 Alpha 遮罩之后，遮罩的透显程度受到自身不透明度影响。遮罩层的不透明度和透显程度成正比关系，即不透明度越高，显示的内容越清晰。也可以理解为遮罩层的不透明度越低（最低为 0%），显示出的内容越清晰。

2．亮度通道蒙版

亮度通道蒙版也被称为亮度遮罩。即白色的部分（亮度为 255 时）透显程度最高，图片最清晰；黑色的部分（亮度为 0 时）图片完全不显示，图片最暗；灰色部分（亮度为 255/2=127.5 时）图片的清晰度为原图的一半，介于两者之间。

也就是说，遮罩层亮度值越大，显示出的图片越亮、越清晰，反之越暗。同样地，亮度遮罩模式下遮罩层的透显程度，也会受到遮罩层不透明度的影响，且不透明度越高，图像显示得越清晰。Alpha 反转遮罩和亮度反转遮罩都是将选区进行反转，其原理都相同。

Alpha 遮罩和亮度遮罩是在被遮罩层上添加效果，仅对下方的一个图层起作用，使用时遮罩层不显示（眼睛按钮呈关闭状态）。

项目实训

1. 熟悉遮罩的类型和创建方法，理解遮罩动画的原理。
2. 按照案例步骤完成片头动画。
3. 按照遮罩动画的制作方法，制作电影海报混剪动画。

任务4　三维文字动画

任务目标

- 掌握制作三维文字的方法。
- 学会使用"CC Sphere"效果制作旋转火星动画。
- 学会使用"CC Star Burst"效果制作星空背景动画。

任务描述

After Effects作为一款平面的后期合成软件提供了多个三维特效，通过这些特效对平面素材进行处理，模拟出仿三维的动画风格，从而达到使用三维软件制作出的片头效果。

任务分析

本任务首先使用"碎片"效果，为文字制作出立体效果，同时利用摄像机位置的变化来模拟文字的空间运动；然后利用"CC Sphere"效果将二维地图进行扭曲处理，呈现出立体火星的效果；最后利用"CC Star Burst"效果来模拟在太空背景中行星掠过的视觉效果。案例最终效果如图5.58所示。

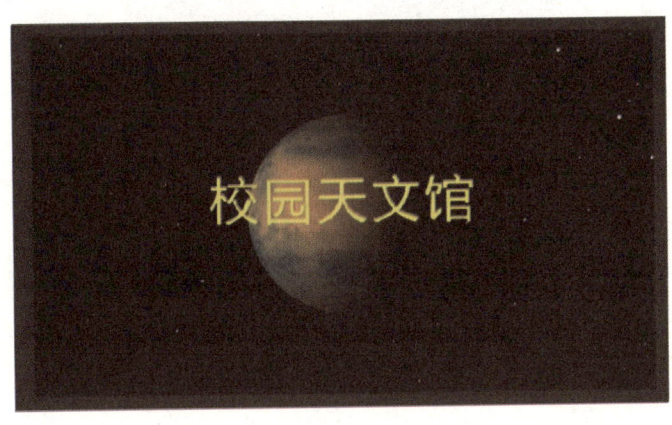

图5.58　案例最终效果

操作步骤

（1）启动 After Effects 2022，按 Ctrl+N 组合键，新建一个合成，并命名为"校园天文馆"，格式为 HDV/HDTV 720 29.97 制，时长为 5 秒，如图 5.59 所示。

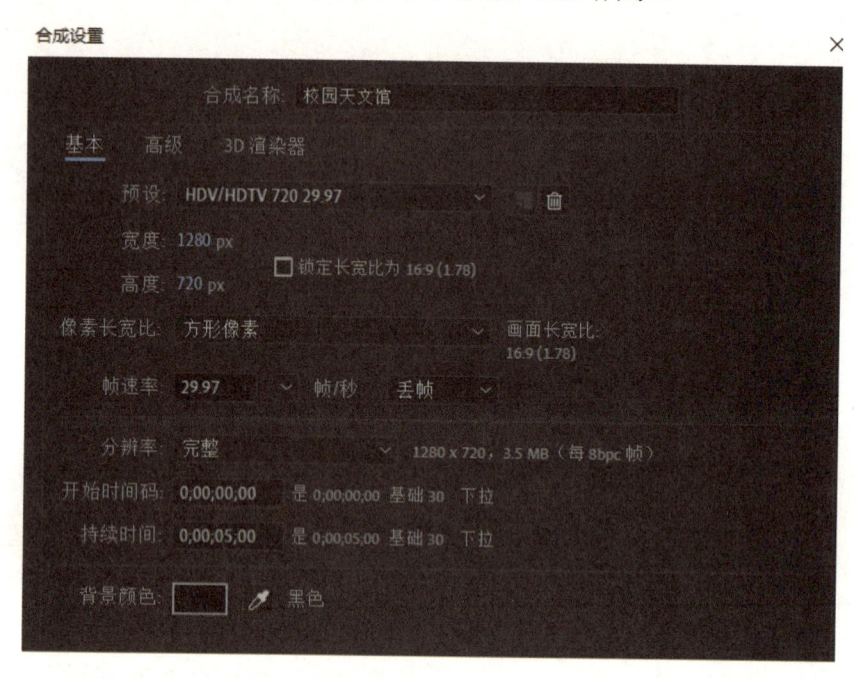

图 5.59　新建合成

（2）使用文字工具，在合成面板中输入文字"校园天文馆"，并在"字符"面板中将文字大小设置为"100 像素"，字间距设置为"100"，字体设置为"方正粗黑宋简体"，如图 5.60 所示。

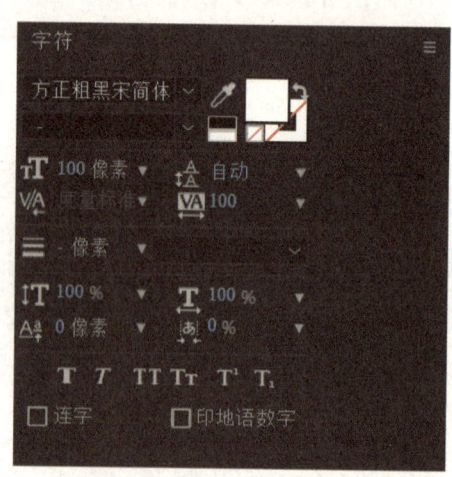

图 5.60　"字符"面板

（3）按 Ctrl+Y 组合键，新建一个固态层，并将其命名为"碎片层"，颜色设置为金黄"#FFC74E"，如图 5.61 所示。

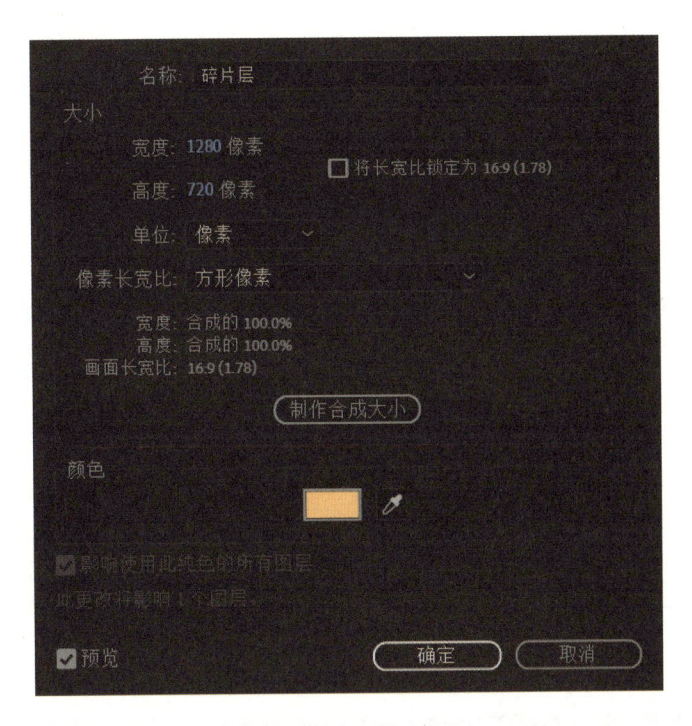

图 5.61　新建固态层

（4）选中"碎片层"图层，选择"效果"→"模拟仿真"→"碎片"命令，为图层添加"碎片"效果。

（5）在"效果控件"面板中，展开"碎片"效果，将"视图"设置为"已渲染"。展开"形状"属性组，将"图案"设置为"自定义"，"自定义碎片图"设置为"校园天文馆"文字图层，"凸出深度"设置为"0.36"，如图 5.62 所示。观察合成面板，我们可以看到碎片被定义为文字的形状，并且每块文字碎片出现厚度，呈现出立体效果。

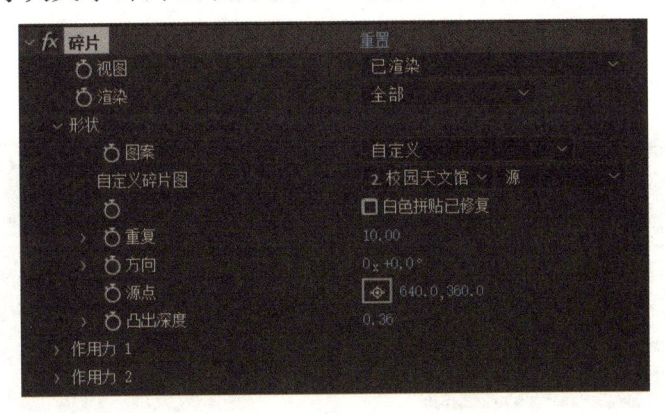

图 5.62　设置"碎片"效果

（6）展开"作用力 1"属性组，将"强度"设置为"0"，以便降低爆炸强度。展开"物理学"属性组，将"重力"设置为"0"，使文字碎片静止不动，如图 5.63 所示。

图5.63 调整碎片属性

（7）设置碎片文字运动动画。展开"碎片层"图层下方的"碎片"属性组，将时间指示器拖到第0秒处，将"X、Y位置"设置为"640.0，-70.0"，将"X轴旋转"设置为"0x+100.0°"，单击"X、Y位置"和"X轴旋转"属性左侧的秒表按钮，添加关键帧。将时间指示器拖到第3秒处，将"X、Y位置"设置为"640.0，360.0"，将"X轴旋转"设置为"0x+0.0°"，如图5.64所示。

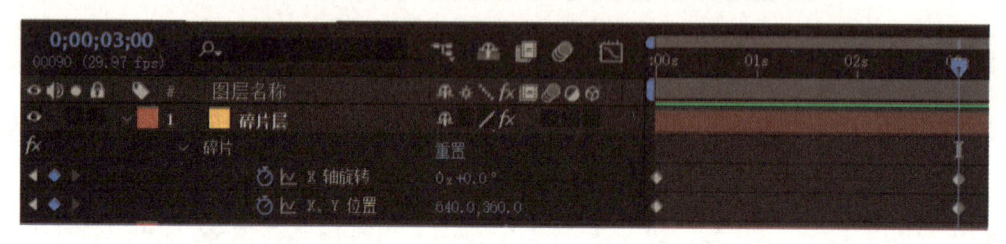

图5.64 设置碎片文字运动动画

（8）制作火星动画。导入"火星.jpg"素材，将其拖到时间线面板中，调整图层大小，如图5.65所示。

（9）选中"火星.jpg"图层，选择"效果"→"透视"→"CC Sphere"命令，为"火星"图层添加"CC Sphere"效果，如图5.66所示。

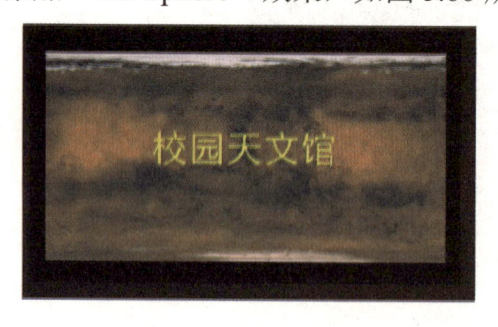

图5.65 导入火星素材

图5.66 添加"CC Sphere"效果

（10）设置火星旋转动画。展开"CC Sphere"属性组，将时间指示器拖到第0秒处，单击"Rotation Y"属性左侧的秒表按钮，添加关键帧，如图5.67所示。将时间指示器拖到第5秒处，将Rotation Y值设置为"1x+0.0°"，完成火星旋转动画的制作。

图 5.67 添加关键帧

（11）制作星空背景动画。按 Ctrl+Y 组合键，新建一个固态层，并将其命名为"背景"，颜色设置为纯白，如图 5.68 所示。将固态层拖到时间线面板的底层。

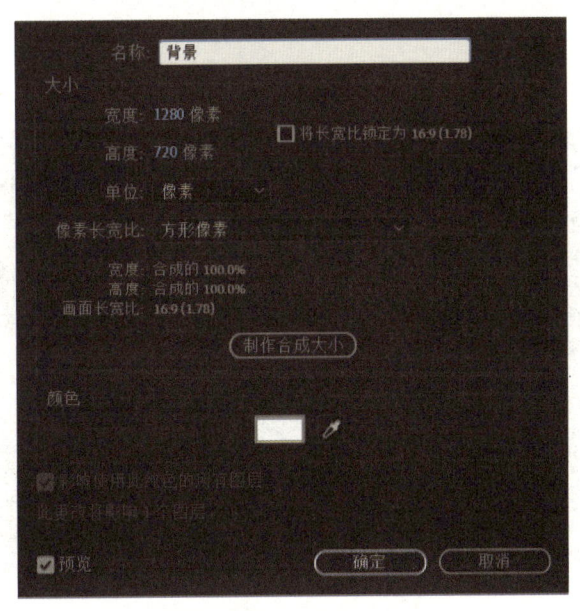

图 5.68 新建固态层

（12）为"背景"图层添加特效。选择"效果"→"模拟"→"CC Star Burst"命令，为图层添加星爆效果，并设置星爆属性，如图 5.69 所示。

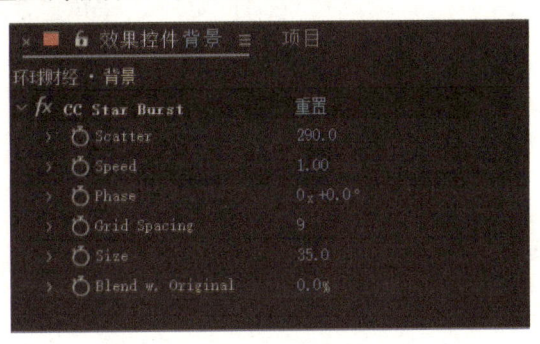

图 5.69 设置星爆属性

（13）星爆效果如图 5.70 所示。

图 5.70　星爆效果

（14）至此，三维文字动画制作完成，完成效果如图 5.71 所示。

图 5.71　完成效果

相关知识

影响碎片特效的参数有很多，主要包括视图、渲染、形状、作用力、物理、材质、摄像机系统、照明、质感等。下面重点讲一下本任务中用到的几个参数。

1. 作用力和物理

"作用力 1"属性组和"作用力 2"属性组的设置是一样的。碎片特效把作用力当作一个"球"，所以它的中心是有着三维坐标的。其中，位置代表球心的 X、Y 坐标，而深度就是它的 Z 坐标，X、Y、Z 坐标共同决定作用力中这个"球"的位置。"球"和源层相交的部分就是真正的碎片特效的"作用区域"，这时爆炸的碎片总是飞离球心的。半径是"球"的半径，决定"球"的大小，如果要使作用力起作用，则必须使深度的绝对值小于半径，这样才能保证"球"

和源层有相交的区域。

"强度"是作用力的强度值，决定碎片的飞行速度。正值可以使碎片飞离球心，而负值则相反。当然碎片的飞离方向与作用力的深度和强度有关。当碎片炸开后，就不会再受到作用力的影响了。因此只要将强度设置得足够小，就可以只产生裂纹而不会使碎片分离。当半径、强度均设为 0，或者 Z 坐标（深度）的绝对值大于半径时，作用力就没有作用了。

物理部分：

旋转轴指定碎片旋转围绕的轴向，旋转速度指定碎片的旋转速度。用户需要根据不同的材质为其指定较为真实的旋转速度。如果只有一个作用力作用于图层，则碎片围绕 Z 轴旋转的设定是没有作用的。随机可以使碎片在初始的速度和旋转上有一定的随机性，避免变化效果呆板和失真。

"重力"是作用于作用力区域的另一个力，如果将作用力的强度设为 0，而重力不为 0，则同样会令物体碎开。当然，重力的作用区域是由作用力的"作用区域"决定的。它和强度一样，影响碎片的运动速度。重力和作用力一样，是由三维方向决定的。

2．视图、渲染、形状

"视图"表示视图控制，不影响最后的影片。"渲染"决定最后表现什么，默认是"全部"。"形状"属性组包含若干属性，用于设置每个碎片形状的效果。其中，"重复"用于指定碎片的数量和大小，只能用于预制图案，对用户自定义的无效，且数值越大，碎片的数量越多，碎片的尺寸越小，反之亦然；"方向"表示预制图案的旋转方向；"源点"用于设置碎片的中心爆炸点；"凸出深度"用于设置爆炸碎片的侧面厚度。

项目实训

1. 熟悉碎片特效的使用方法，理解三维文字的制作原理。
2. 熟悉"CC Sphere"效果的使用方法，掌握制作立体球体的方法。
3. 按照三维文字动画的制作方法，制作《新闻联播》片头。

反侵权盗版声明

电子工业出版社依法对本作品享有专有出版权。任何未经权利人书面许可，复制、销售或通过信息网络传播本作品的行为；歪曲、篡改、剽窃本作品的行为，均违反《中华人民共和国著作权法》，其行为人应承担相应的民事责任和行政责任，构成犯罪的，将被依法追究刑事责任。

为了维护市场秩序，保护权利人的合法权益，我社将依法查处和打击侵权盗版的单位和个人。欢迎社会各界人士积极举报侵权盗版行为，本社将奖励举报有功人员，并保证举报人的信息不被泄露。

举报电话：（010）88254396；（010）88258888
传　　真：（010）88254397
E-mail：dbqq@phei.com.cn
通信地址：北京市万寿路173信箱
　　　　　电子工业出版社总编办公室
邮　　编：100036